普通高等教育"十一五"国家级规划教材

PUTONG GAODENG JIAOYU SHIYIWU GUOJIAJI GUIHUA JIAOCAI

电气工程 CAD 技术

AD Technology in Electrical Engineering

主　编　冯林桥

副主编　许文玉　张志文　王姿雅

编　写　邵　霞　李培强

主　审　程时杰　李欣然

U0363896

中国电力出版社

CHINA ELECTRIC POWER PRESS

内 容 简 介

本书为普通高等教育"十一五"国家级规划教材。

全书分为两篇。基础篇介绍了电气工程 CAD 的概念、特点、系统硬件、软件组成、计算机绘图知识、AutoCAD 与二次开发、工程数据库、电气 CAD 建模与开发，同时介绍面向对象与图形化、智能化、网络化 CAD 新技术。应用篇介绍了在电气工程领域的应用，包括供配电系统智能集成图形化 CAD 与无功优化节电辅助分析软件，工业动力电气控制系统 CAD 及 SuperWORKS 软件设计实践，建筑电气CAD 及 IDq 软件设计实践，电子设计 OrCAD 的应用实践。

本书大部分内容是作者多年研究、开发及工程应用的成果和实践总结，对电气工程各领域的 CAD 应用研究和运行管理都有参考意义。

本书可作为高等院校电气信息类相关专业本科生及研究生 CAD 课程教材与毕业设计工具书，还可作为高职高专相关专业教材，同时还可供电气工程技术人员在职培训、社会培训或自学使用。

图书在版编目（CIP）数据

电气工程 CAD 技术/冯林桥主编. —北京：中国电力出版社，2010.3（2018.8重印）

普通高等教育"十一五"国家级规划教材

ISBN 978 - 7 - 5083 - 9956 - 0

Ⅰ.①电…　Ⅱ.①冯…　Ⅲ.①电气工程-计算机辅助设计-应用软件，AutoCAD-高等学校-教材　Ⅳ.①TM02 - 39

中国版本图书馆 CIP 数据核字（2010）第 001585 号

中国电力出版社出版、发行

（北京市东城区北京站西街 19 号　100005　http：//jc. cepp. com. cn）

三河市百盛印装有限公司印刷

各地新华书店经售

＊

2010 年 3 月第一版　2018 年 8 月北京第四次印刷

787 毫米×1092 毫米　16 开本　17.5 印张　427 千字

定价 35.00 元

前　言

　　CAD技术是一项跨学科的综合性高新技术，已经成为一个国家科技现代化和工业现代化水平的标志。电气工程CAD技术是现代计算机与信息技术在电气工程领域应用的一个重要方面，高校电气类专业毕业生掌握CAD技术的基本知识和技能是时代的要求、社会的需求，也是个人的需要。

　　我国CAD技术已经得到较快的发展，但与发达国家相比还有较大差距，而电气工程CAD技术较其他行业CAD技术还要落后一些，相当数量的企业和设计院还停留在仅用计算机完成绘图的初级CAD阶段，已有的CAD教材也多以介绍美国的绘图软件AutoCAD的操作方法为主，难以实现计算机辅助设计的任务。

　　本书较系统地介绍了电气工程CAD技术的概念、组成和结构原理，对计算机绘图、工程数据管理、电气工程建模、分析处理算法等作了重点论述，也结合电气工程实际对推动CAD技术发展的面向对象与图形化、智能化、网络化等新技术作了介绍。本书应用篇介绍了CAD技术在智能辅助供配电设计、电网优化分析、电气控制系统设计、建筑电气设计及电子设计中的应用技术，详细介绍了用专业电气CAD软件进行控制系统及建筑电气的设计实践。

　　本书主要特点如下：

　　（1）包含了用CAD技术实现方案设计、分析计算、设备选择、绘图制表及文档生成等完整内容，摒弃现有CAD教材仅介绍绘图或绘图软件应用的单一模式，使学生对CAD技术的概念有深入全面的了解。

　　（2）改革创新，跟踪和吸纳新技术，书中引入已在CAD中得到应用的面向对象、图形化、智能化、网络化等新技术，引导学生密切接触学科前沿，尽早学习和掌握新技术。

　　（3）将技术原理、实现方法、应用实例与操作实践相结合。书中引用了北京浩辰公司电气软件IDq2007i、上海利驰公司电气设计软件SuperWORKS对实例项目的设计过程和操作步骤，有利于学生动手能力训练及各层次的读者参考。

　　（4）适用不同教学模式。基础篇（第1～9章）包含AutoCAD操作基本训练，供通识教学。应用篇（第10～14章）供深入学习和实践训练，可结合操作相关软件进行。这样，学生在掌握基本原理的基础上，还能熟悉电气专业CAD软件的应用与开发方法，提高实际操作和动手能力。

　　课程可按48学时（讲授36学时，上机12学时）组织教学。上机实践穿插在第4、6、7、9、12、14章后进行。

　　本书由冯林桥（第1、2、5、8～11章）、许文玉（第4、6、14章）、张志文（第7章、王姿雅（第12章）、李培强（第3章）、邵霞（第13章）编写，全书由冯林桥统稿。

　　本书在编著过程中得到了湖南大学电气与信息工程学院王耀南院长和罗隆福等教授的大力支持，中国科学院院士、华中科技大学程时杰教授和湖南大学李欣然教授审核了全书并提供了宝贵意见，上海利驰公司令永卓总经理、杨李红总监提供了软件的操作实践步骤，在此一并致以诚挚谢意！

限于作者水平，书中难免有疏漏和不妥之处，敬请读者批评指正。

编者

2009 年 10 月

目　　录

第 2 篇 应 用 篇

第1篇 基 础 篇

第1章 概 述

利用计算机作为工具,帮助工程师进行设计的一切实用技术的总和称为计算机辅助设计(Computer Aided Design,CAD)。CAD是研究综合应用计算机帮助人们进行工程和产品设计的技术,是一门多学科综合应用的新技术,也是近年计算机应用中发展最快的技术领域之一。它将计算机快速准确的处理能力和设计者的创造力、判断力有机地结合起来,有缩短设计周期、提高功效、优化设计成果的作用。

计算机辅助设计包括的内容很多,如概念设计、优化设计、有限元分析、计算机仿真、计算机辅助绘图、计算机辅助设计过程管理等。工程设计中,一般包括两种内容:一种是带有创造性的设计(方案的构思、工作原理的拟定等);一种是非创造性的工作,如绘图、设计和计算等。创造性的设计需要发挥人的创造性思维能力,创造出以前不存在的设计方案,这项工作一般应由人来完成。非创造性的工作是一些繁琐的、重复性的计算分析和信息检索,完全可以借助计算机来完成。一个好的计算机辅助设计系统既能充分发挥人的创造性作用,又能充分利用计算机的高速分析计算能力,即能够找到人和计算机的最佳结合点。

计算机辅助设计作为一门学科始于20世纪60年代初,一直到20世纪70年代,由于受到计算机技术的限制,CAD的发展都很缓慢。进入20世纪80年代以来,计算机技术突飞猛进,特别是微机和工作站的发展和普及,再加上功能强大的外围设备(如大型图形显示器、绘图仪、激光打印机的问世),极大地推动了CAD技术的发展,CAD技术已进入实用化阶段,广泛服务于机械、电子、宇航、建筑、纺织等产品的总体设计、造型设计、结构设计、工艺过程设计等环节。早期的CAD技术只能进行一些分析、计算和文件编写工作,后来发展到计算机辅助绘图和设计结果模拟。目前的CAD技术正朝着人工智能和知识工程方向发展,即所谓的ICAD(Intelligent CAD),另外,设计和制造一体化技术即CAD/CAM技术以及CAD作为一个主要技术单元的集成制造业(CIMS)技术都是CAD技术发展的重要方向。

在工业化国家,如美国、日本和欧洲,CAD已广泛应用于设计与制造的各个领域如航空、汽车、机械、模具、建筑、集成电路等,基本实现100%的计算机绘图。CAD系统的销售额每年以30%~40%的速度递增,各种CAD软件的功能也越来越完善。国内于20世纪70年代末开始CAD技术的推广应用工作,已经取得可喜的成绩,其应用方兴未艾。

CAD技术是电子信息技术的一个重要组成部分,是促进科研成果的开发和转化、促进传统产业更新和改造、实现设计自动化、增强企业及其产品的市场竞争力,加速国民经济发展和国防现代化的一项关键性高新技术,也是CIMS发展的技术基础。

电气工程设计直接关系到生产的安全性与可靠性,提高设计质量,优质、高效准确完成设计任务,是电气技术工作者永恒的课题。电气工程CAD技术则是借助于计算机技术,完成电气工程设计的有效工具。

当前我国正面临新的工业革命的挑战，大力发展和推广应用 CAD 技术，尤其是面向对象的图形化智能 CAD 技术，是我国加快发展高新技术产业的技术政策之一。

本章从计算机在电气工程中的应用入手，介绍电气工程 CAD 技术的概念、作用、功能、技术特点及发展趋势，详细介绍电气工程专业的设计内容，论述电气 CAD 系统的特点及主要任务。

1.1　CAD 技术概要

一、CAD 的基本概念和工作模式

（一）基本概念

CAD 技术包括开发设想、方案建模、二维绘图、三维几何设计、投资概算、数据信息处理与文档管理、仿真模拟及综合集成技术等。电气工程 CAD 技术就是利用计算机及其软件对电气工程进行分析，计算与仿真、绘图及文档制作的现代设计技术。

（二）基本工作模式

电气工程设计的传统模式框图如图 1-1 所示。

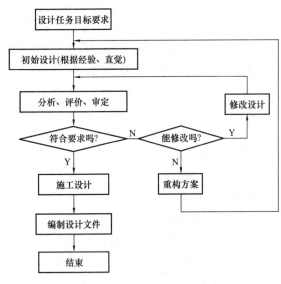

图 1-1　电气工程设计的传统模式框图

设计师首先通过绘制草图进行概念设计，选择可能的方案，如构建一个电气网络。接下来进入到工程设计阶段。实际上，概念设计和工程设计阶段应当紧密结合在一起，而不是截然分开，并且概念设计也要考虑实际的需求。工程设计的目的是确保电气系统能正常运行，需要进行详细方案设计及电路分析，以确保安全可靠。这种模式的特点如下：

（1）全部设计都由设计者手工完成。常凭借设计人员的经验，通过类比分析、经验公式或直觉来确定方案，周期长、效率低、繁琐且劳动强度大。

（2）设计方案取决于设计者的个人经验，难以获得最优方案。

（3）难以完成分析计算复杂的项目。

针对传统设计模式，CAD 内容可以包含全部环节，也可以只包含其中某些部分。早期的 CAD 主要运用计算机来完成设计工作中一部分复杂、繁琐、重复性的数值计算，帮助设计人员担负计算、信息存储和制图等项工作，如：

（1）对设计中的繁杂环节进行计算、分析和比较。

（2）存放和快速检索数字、文字或图形设计信息。

（3）绘制草图，并将草图变为工作图，包括图形的编辑、修改等图形数据加工。

（4）文档图形的输出打印。

随着计算机及其外围设备的发展，CAD技术逐步深入到各个设计阶段，充分发挥人与计算机的各自优势，高质、高效完成设计工作。在CAD中，计算机的任务实质是进行大量的信息加工、处理和交换。在设计人员构思判断、决策的基础上，由计算机对大量的设计资料、原始数据进行处理，根据设计目标要求进行分析计算和优化，提供初步结果的文档与图形，由设计人员进行交互式修改，最后形成满意的成果存储或由打印机、绘图机输出。因此先进的CAD系统能自动按设计流程逐步完成设计，输出设计结果。

图1-2是一个典型的人-机交互式电气工程CAD系统工作结构框图。

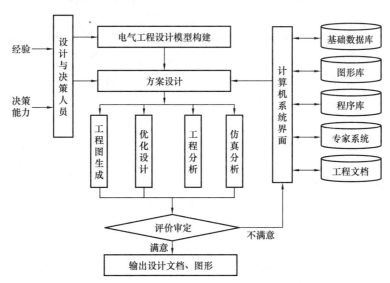

图1-2　人-机交互式电气工程CAD系统工作结构框图

图1-2主要部分说明如下：

（1）设计模型构建。作用是对设计对象的结构给出确切的数字描述，以便计算机能存储和识别、显示、观察、调用、修改。设计模型分为通用模型和专用模型。不同的对象有不同要求，电气工程的分类建模详见第8章。

（2）方案设计。提出和拟定实现目标的可行方案的过程称方案设计，如电气一次方案设计、控制原理方案设计等。

（3）工程分析、计算。电气系统的安全性、可靠性、经济性及必须满足的经济技术指标等方面的要求，如电压水平、各元件上的功率和电流大小、保护配置与整定、动热稳定性校验等。

（4）评价审定与优化设计。对提出的多种方案的各项经济技术指标进行综合比较评价，确定最佳方案，此方案就是最终设计方案。多方案的比较历来是人工进行，电气工程CAD中由装有判别比较能力的计算机专家系统自动排序确定。

（5）文档编制及图形输出。文档与图形是设计成果的表现形式，也是施工的唯一依据，应包括设计说明书、计算书、概算书、设备明细表、系统图、布置图、施工安装图等资料。

二、CAD的功能与基本内容

（一）CAD的作用

CAD首先使繁琐复杂的方案分析、数值计算和重复的机械绘图由计算机辅助完成，极大地减轻了设计者的劳动强度。使用CAD技术能提高设计质量和效率、缩短设计周期，而且使设计工作发生了重大变革：①使设计工作深入到前所未有的深度；②提高图纸设计的速度和质量；③简化设计过程；④实现设计仿真和设计检验，在设计之初就对产品进行优化，设计中可以对其过程中的方案组建、动态特征和阶段成果进行分析和检验，从而提高了工程设计的一次成功性；⑤设计与施工紧密结合，可以通过数据传输系统与数控加工设备联结，直接进行产品的加工（CAM）。

使用CAD技术可使人与计算机的强项结合起来，做到优势互补，使用CAD有如下优点：

（1）具有计算机的优点，能扩大电气设计师的记忆容量、增强分析能力、减少繁琐劳动，帮助设计者选择方案，进行结果验证及信息存储、文档管理等。

（2）速度快、效率高、周期短，一般可节省2/3～9/10的时间。

（3）可看到设计的阶段成果，方便人工干预设计过程，有利于修改、更新和使用已有的成果、元件库。

（4）有利于多方案比较，提供最佳方案，提高设计质量。

（5）有利于发挥人的创造性，使设计人员从繁琐重复的劳动中解放出来，将更多的精力投入创新技术的研究。

（6）有利于设计方案的标准化、系列化、通用化。

（二）CAD系统的基本功能

CAD系统的基本功能如下：

（1）输入、输出功能。输入、输出相关数据，包括数值、图形、文本和字符等。

（2）交互功能。具有友好的人机交互界面是完成设计任务的必要条件。

（3）图形显示功能。

（4）信息存储及传输管理功能。

（5）分析计算功能。

（三）CAD系统的基本内容

一个CAD系统应包括建模、方案设计、绘图、工程数据管理及仿真等内容，具体如下：

（1）数学模型构造。

（2）工程计算分析和对设计的模拟、验证、优化。

（3）工程信息的存储、数据库管理。

（4）工程制图及文档生成。

（5）知识库基础上的专家及人工智能的引用。

三、电气工程CAD的特点

（一）CAD技术特征

CAD技术与计算机软件、硬件技术的发展及工程设计改革密切相关，具有以下特征：

（1）高难度。体现了计算机的最新成就，其成果广泛实用，促进了工程领域的发展，是多层次、多学科的组合产物。

（2）高知识密集。在较高层次上应用计算机技术和有关的专业技能，涉及计算机硬件、软件中的图形处理、数值计算、数据库、语言系统、操作系统以及显示技术、交互技术、输入输出技术及专业设计的各个环节。

（3）高速度、高效率。CAD技术一旦在工程设计中得到应用，形成生产力，就将发挥强大的威力。据统计，CAD的应用使集成电路设计平均功效提高18倍、制图可提高5倍、土建设计可提高3倍、机械设计可提高5倍。

（4）更新快。CAD技术实际上是随计算机硬件技术和软件水平的提高而同步更新的，大约每四年更新一届。

（5）高渗透性。可渗透到国民经济的各个领域，因为任何经济活动，尤其是工业工程领域更离不开规划、设计和决策。因此，CAD与各类应用领域密切相关，只有结合到各个具体工程中，CAD技术才能充分发挥强大的作用，从而带动该领域的革新。

（二）电气工程CAD软件的特点

现今，电气工程CAD软件还应具备下列特点：

（1）具备专家特点。能在很短的时间内完成电气工程各项设计，如配电中的负荷计算、变压器选择、无功功率补偿、保护整定及配合效验、线路压降效验、启动压降效验及设备选择与绘图制表等全套设计。能满足工程要求，符合规程且达到优化。

（2）模糊定位。工程图纸必须精确，传统CAD软件由于是靠人来手工定位，操作速度慢、图纸精度差且容易疲惫。现今的CAD软件具有模糊定位功能，用户只要定位在大体的位置上，软件会将用户的模糊操作自动转换为准确位置，完成精确绘图。

（3）动态可视。采用动态可视化技术本身就是一个创造。工程设计是一个构思、实践、比较、修改并不断反复的过程，比如按EES电气设计软件的动态可视功能布置灯具时，可以预先看到每一盏灯的位置、形式、布置角度及数量，并可用光标动态拖动调整直到满意。这样的操作一目了然，几乎不需要修改，大大提高了设计速度和质量。

（4）开放性。一个良好的软件系统必须具有全面的开放性。在给用户提供配套的电气设计功能的同时，其图形库、数据库、甚至菜单都可以根据用户需要随意扩充修改。

（5）动态数据库。工程数据库的所谓动态，是指数据库中的数据记录随着工程文件中相关图形符号的操作同步变化，以保证统计数量与绘图文件一致。国内采用工程数据库的CAD软件还很少，而且采用的多是在图形文件之外挂接数据文件的简单办法，这样做的缺点在于绘图文件与外挂数据库不能同步操作。动态数据库是将图形文件的电气符号与其名称、型号、功率等工程参数记录在一起，在设计中被同时放置、移动、删除和修改，完全能够保证材料统计的准确性。

（6）良好的兼容性。工程软件市场日趋繁荣，软件的兼容性也就显得越来越重要了。AutoCAD兼容性不好，如某些版本开发的电气软件不能使用其他建筑软件绘制的建筑平面，工程师需要的是可以不分版本地读取各类图形文件，它应该可以方便地与建筑软件相连接。

（7）网络应用。计算机联网运行，可以最大限度地节约硬件资源、共享数据，便于多工种同步作业，这也是计算机发展的必然方向。EES是一个真正的网络软件，它可以单机运行，也可以直接安装在网络上，单机版本和网络版本的通用是其突出的特点。

（8）动态存储。人们最怕误操作、掉电和死机，这将因为来不及存盘而丢失图形文件，令工作前功尽弃。有的软件采用每隔一段时间自动存盘，但占用了过多的机时，而且两次存盘之间的内容还是会丢失。动态存盘，即在完成一步操作后，利用与下一次操作的间隙，自动存储刚做过的内容，由于仅仅储存一步操作，所用时间几乎感觉不到。

(9) 汉化技术。语言的本土化是计算机辅助设计必须攻克的一道难关。由于目前建筑和电气工程设计的基础平台软件是美国的 AUTOCAD，所以其汉化一直是一个关键的问题。一般工程软件的汉化是在中文操作系统下完成的，这是一种不彻底的汉化。好的软件则采用纯西文环境下的汉化方式，其优点是能够避免内存冲突，而且将所有菜单和操作提示都进行了汉化，这对于中国的工程师是个好消息。

此外还需提醒一点，无论什么软件，其所有细节都必须符合国家电气有关标准，功能要覆盖常规电气工程设计的全部内容。具体来说包括图纸目录、说明书、设备材料表；高低压供配电系统；照明系统；消防、电话、广播、共用天线、公寓对讲及综合布线等全部弱电系统；高压二次接线图；控制原理图；盘箱面布置；建筑平面；高低压变配电室布置及条件图；动力、照明、消防、广播、电视等工程图纸的设计，并将常用工程设计手册中的有关内容输入到计算机中去，使工程师能够在甩掉图板的同时，甩掉手册，在计算机上完成全部工作。

四、CAD 技术的应用现状及发展趋势

(一) CAD 技术的发展历史

20 世纪 60 年代初，美国麻省理工学院（MIT）林肯实验室的 I. E. Sutherland 发表了题为 "sketchpad" 一个人机通信的图形系统的博士论文，首次提出了计算机图形学、交互技术、分层存储的数据结构等新思想及 CAD 的概念，为 CAD 技术的发展打下了基础，也打开了图形处理和计算机辅助设计的大门。

1958 年，美国 Cal comp 公司研制出了滚筒式绘图仪，Gerber 公司研制出了平板绘图仪，并开始了交互式图形学的研究。20 世纪 60 年代是交互式计算机图形学蓬勃发展的时期。

20 世纪 70 年代，CAD 专家的理论研究和程序设计方法的发展给 CAD 技术的软件发展提供了理论基础。1970 年，美国 Applicon 公司推出了第一个完整的 CAD 系统。超大规模集成电路和光栅图形显示器、光笔、图形输入板的出现使计算机成本大幅下降，给 CAD 发展带来了动力。20 世纪 70 年代末在美国 CAD 工作站安装数量超过 12 000 台。

20 世纪 80 年代，微型机和图形工作站的大量涌现为 CAD 推广应用开辟了广阔的前景。CAD 在工业发达国家得到广泛应用；日本有 80% 公司不同程度应用了 CAD 技术；80 年代末美国实际安装 CAD 系统达到 63 000 套。

1988 年，参数化设计方法推出，人们开始运用这一技术进行三维设计。在之后的 15 年里，参数化设计一直是主流的三维设计方式，参数化设计的一大好处是，二维工程图可以自动生成。在这个阶段，工程师花时间最多的是进行三维造型。

就设计方法而言，几十年中经历了翻天覆地的变化。早期的设计方式是工程师通过笔和纸进行绘图，然后通过图纸进行交流，那时工程师大部分精力花费在绘图上面。20 世纪 80 年代，随着 AutoCAD 的推出，二维 CAD 软件真正进入实用阶段。这个阶段设计工程师把创意用 CAD 软件绘制出来，并生成蓝图。在整个设计过程中，都需要创新。而功能导向设计，作为一种全新的创新设计方法，体现了整个 CAD 行业正在发生的巨大变化。设计方法的进化过程可表示如下：笔和纸→2 维 CAD→3 维 CAD→功能导向设计→虚拟设计。

采用参数化设计方法，虽然能够生成三维模型，但需要制造样机，然后进行试验。如果不能满足需求，又需要修改三维模型，还要制造样机，再进行试验，因此，这种方式效率很

低。而通过功能导向设计，CAD 软件不仅用来造型、通过数字化的工程知识库来指导设计过程，并且在设计的早期阶段就可以通过虚拟仿真、可视化等方式，结合工程师的经验，设计出更好的产品，大大缩短了设计周期，减少了反复次数，可迅速投放市场。

Autodesk 推出功能导向设计的目的，就是要将工程师真正解放出来，将大部分时间用到关注设计对象的功能、设计构思等 CAD 不能完成的高级思维活动中，CAD 系统会自动生成相应的三维模型和二维工程图。因此，从传统的手工绘图，到二维 CAD、三维参数化设计，再到功能导向设计，体现了设计方法的不断创新和进化。1989 年，美国国家工程科学院将 CAD 技术评为当代十项杰出的工程技术成就之一。

（二）我国 CAD 技术的发展

2008 年 12 月 18 日是中国改革开放 30 周年的纪念日，中国 CAD 产业伴随着祖国发展走过了近 30 年的艰辛路程，以下 10 个重要的关键词，较确切地反映了中国 CAD 技术近 30 年的发展和壮大。

1. 探索

"七五"期间机械工业部投入 8200 万元，组织浙江大学、中科院沈阳计算所、北京自动化研究所、武汉外部设备所分别开发 4 套 CAD 通用支撑软件，并由 34 家下属厂、所、校合作开发 24 种重点产品的 CAD 应用系统。1983 年 8 个部委在南通联合召开首届 CAD 应用工作会议；1986 年我国启动"863"高技术计划，提出进一步深入研究 CAD 的可实施计划。

2. 甩图版

1991 年，当时的国务委员宋健提出"甩掉绘图板"的号召，我国政府开始重视 CAD 技术的应用推广，并促成了一场在各工业领域轰轰烈烈的企业革新，甩图版工程促进了 CAD 技术的进一步发展。1992 年，邓小平南巡讲话，同年国家启动"CAD 应用工程"，并将它列为"九五"计划的重中之重，掀起自主开发 CAD 软件的新热潮。众多国产 CAD 企业如雨后春笋般的建立起来，浩辰、CAXA、清软英泰、鸿业、博超相继建立，充实了国产 CAD 阵营。而正是这一年建立起来的 CAD 企业，成了日后的联盟伙伴，对国外 CAD 的市场垄断构成了实质威胁。

3. 清华大学

浩辰、清软英泰、艾克斯特、清华天河等知名 CAD 企业都出身于中国理工科最高学府——清华大学。随着产学研的进一步结合，今后会有更多的高校科研成果造福于广大中国用户，像浩辰公司与清华大学合作开发的"协同设计与冲突管理系统"，已经为数百家企业解决了未来发展上的难题。

4. 正版化

随着我国政府对知识产权的保护力度逐步加大，尤其是进入"十一五"规划阶段，我国大力推动软件正版化普及工作，软件正版化工作提升到了新的高度。在二维 CAD 市场，技术逐渐成熟的国产 CAD 已成为解决企业软件正版化的宠儿。

5. 融资

迅速扩大的市场，给国产 CAD 创造了空前的发展空间，成熟稳定的国产 CAD 企业受到了风险投资机构的青睐。按照时间顺序，发生在国内的三次比较大的国产 CAD 融资情况如下：

2001 年，中国著名二维 CAD 软件开发商浩辰公司成功引进拥有 50 亿资产的苏州工业园区政府的风险投资。

2007 年 12 月 12 日知名风险投资公司 IDG 技术创业投资基金宣布，向 CAXA 注资 1000 万美元。

2008 年 5 月 20 日，北京艾克斯特信息技术有限公司获美国 NEA、CROSSLINK 等公司融资 1000 万美元。

6. 拓展海外

经过国内市场多年的洗礼，国产软件的羽翼更加丰满，越来越多的本土厂商加入到了海外扩张的队伍中。在 CAD 行业，以浩辰为例，拥有自主知识产权的 ICAD 的稳定性能已得到更多用户的认可，目前已将产品远销海外 70 多个国家和地区，在 50 多个国家建立了核心经销商，凭借着性价比的优势，成功地在海外开拓出一片中国 CAD 市场。

7. 成果与应用

目前在国内众多机械高等院校，CAXA 的名字已经取代了 AutoCAD。国产 CAD 成功地运用自己的产品优势，积极加强院校间合作，从基础工作做起，收复了数年前国外 CAD 靠盗版策略统治的中国 CAD 市场。国产 CAD 已经在各行业发挥了重要的作用，占据了相当的市场份额，已有多家 CAD 企业用户突破 100 000。

8. 合作

无论是企业还是软件商都感觉到，解决行业问题不能单靠一己之力，要调动各方资源完善软件的性能。下面的实例很具代表性。

2008 年 5 月 20 日，北京艾克斯特科技有限公司与欧洲 PLM 供应商 Think3 公司在京召开新闻发布会，联合宣布双方在技术、资金、市场等战略层面展开紧密合作，共同致力于 PLM 领域（包括 CAD/CAPP/PDM/MPM 等全套集成解决方案）的研发、销售和技术服务。

不仅如此，国产 CAD 平台软件还积极开展与二次开发商之间的合作，力求为用户提供最好的 CAD 整体解决方案。在不远的将来，应该以真正为用户解决涉及软件版权和应用的所有问题为使命。

9. 成熟

在 CAD 技术上，AutoCAD 在绘图功能上已经相对成熟，模式也较为稳定，但上升空间已不明显。对于国产 CAD，在进一步提升技术性能的同时，还可以根据用户的不同需要，跳出国外 CAD 的模式，积极开拓新的功能和合作。历史上也曾出现国产 CAD 厂商为了获取短期的利益，通过各方合作来满足用户需求，但在产品上却没有深挖，从而影响了整个国产 CAD 的形象和发展。可以预见的是，未来的 CAD 解决方案的核心思想还是基于成熟的核心技术，站在用户的角度去解决实际问题。

10. 创新与发展

AutoCAD 进入我国市场已有 20 年。目前相当部分单位仍在使用美国 AUTODESK 公司的盗版 AutoCAD，中国自己的软件厂商在相当长时间内生存和发展都会很艰难。随着中国市场的国际化，尊重和保护知识产权是必须遵循的准则，近年国家版权部门举行了"版权保护与创新型国家"活动，为国产 CAD 未来的发展指出了出路。CAD 软件的开发应在二次开发的同时大力发展自主产权的国产软件，在引进、消化的同时，不断创新、发展有自主产权的国产软件，并逐步转向以国产软件为主，改变 AutoCAD 软件长期主宰我国 CAD 市场的局面。

内地CAD软件厂商应保持务实和谦逊的态度，立足于国内，开发真正用于生产第一线产品。借政府大力支持国内建立自主产权软件支撑平台的东风，国产CAD力争早日作为民族产业进入世界软件行业。

（三）CAD技术的应用现状

近几年，CAD技术在国内外各行各业都得到了蓬勃发展，尤其在汽车、船舶、航空电子、服装、建筑等领域成效显著。

典型例子是美国波音公司对波音777飞机的设计。波音公司花了近亿美元，采用美国IBM公司和法国达索公司开发的CATIA三维设计与仿真系统，用来定义、描述整架飞机外形及有关零部件，使波音777飞机在设计制造过程中不再制作传统的全尺寸实物模型，设计数据实现共享，达到了飞机设计史上的最高阶段"无纸"飞机设计。

美国福特汽车公司1985年已有一半以上产品设计工作使用图形终端实现；法国雷诺汽车公司应用Euclid软件作为CAD/CAM主导软件，目前已有95％的设计工作由该软件完成。

我国较工业发达国家晚了约10年，"六五"和"七五"期间，CAD技术在汽车、拖拉机、电机、机床等产品上开发；"八五"期间根据"抓应用、促发展、见效益"方针，重点抓了CAD技术推广应用，得到了较快发展；"九五"期间国家科委将CAD应用工程列为重中之重，将进一步普及和深化CAD应用工程列为"科教兴国"的重要内容，提出大规模推广和应用CAD技术。科技部在CAD应用工程2000年规划纲要中提出，加快应用CAD等新技术对传统产业改造。CAD应用工程的实施标志着我国在"企业信息化、信息企业化"的大道上取得了长足的发展，它使工程设计、产品制造的工作内容和方式发生了根本性变革。这一技术是工业发达国家制造业保持竞争优势、开拓市场的重要手段，也应成为发展中国家提高劳动生产率、增强竞争力的有效工具。

国内高校和科研院所在CAD支撑和应用软件开发上担任重要角色，开发了一批拥有自主产权的CAD软件，如PICAD绘图系统、高华CAD集成系统、CAXA电子图版等，并已在相关行业推广应用，为我国CAD行业的发展奠定了基础。

在中国CAD市场的特殊情况下，国产CAD厂商成功走出了兼容、替代、超越的三步走战略。短短的几年内，通过学习、模仿，国产CAD软件已完美走完了前两步，比如CAD厂商自主开发的国产浩辰ICAD平台软件不但在技术上实现了与AutoCAD完美兼容，在功能方面也可以完全替代。这标志着国产CAD已彻底打破国外软件的垄断，走出跟随和模仿的阶段，进入了全新的超越发展的阶段。

（四）CAD技术的发展趋势

随着计算机技术的快速发展，CAD技术也将显示其更强大的功能。面向对象的体系结构、模块化单元库、先进的内存管理、多媒体、人工智能、协同等新技术的出现，标志着CAD技术在性能、协同操作和设计智能化方面的飞跃。

目前，CAD技术已向着标准化、开放式、集成化、智能化和网络化方向发展。计算机及其Windows98/2000/NT/xp/vista操作系统与工作站、Unix操作系统在以太网环境下构成了CAD的主流平台。以高级微机组成的网络型CAD工作站投资少，功能强而受到中小企业的欢迎。图形接口，图形功能日趋标准化，如CGI、CGM、GKS、IGES等标准为

CAD技术的推广，移植和资源共享起了重要作用。

随着计算机性价比的提高，网络通信的普及化、信息处理的智能化、多媒体技术的实用化，CAD技术的普及应用越来越广泛和深入。应用范围已经延伸到艺术、电影、动画、广告和娱乐领域，可以预言，CAD技术将渗透到国民经济各个领域，产生巨大的技术变革和经济效益。

1.2 CAD技术在电气工程领域中的应用

CAD技术在电气工程领域得到广泛的应用，越来越多的地区、技术人员、专业领域开展了工程设计CAD应用工作。电气工程包括工业与民用电力、电子、控制、建筑供用电及其控制工程，电气工程CAD技术的推广普及是信息化带动工业化的重要组成部分，CAD在这一领域应用的深化必将使电气工程的设计革命实现跨越式的发展。

一、CAD技术在电力系统中的应用

（一）起步早、发展迅速

电力系统在国内外都是较早应用计算机的部门之一，在我国已有近40年的历史，但早期的CAD技术仅应用于电网的分析计算等数值处理。

自20世纪60年代，发达国家广泛应用计算机计算电力系统的运行方式，分析电力系统稳态和动态特性，计算机成为规划设计和调度运行不可缺少的工具。

我国自20世纪60年代初才开始进行计算机应用于电力系统计算的研究，并着手编制常用的计算程序，但由于多方面的原因，进展缓慢。20世纪70～80年代，我国电力系统应用计算机分析计算才有了迅速的发展，电力系统计算分析软件开发和应用也进入了一个新的阶段。

随着计算机技术的发展，我国电力设计部门和电力调度机构开始使用计算机进行电力系统运行方式、确定设计方案、研究提高稳定性的措施、优化调度等方面的计算。目前，CAD已广泛应用于电力系统的计算机辅助分析、制图和设计，并扩展到辅助试验及电网与发电、输变电设备的仿真与在线监控，使电力部门的技术人员从繁重的手工计算中解放了出来。

（二）应用范围涵盖电力领域

（1）工程计算分析。早期CAD主要用于设计、计算和工程分析，其中潮流、短路和稳定计算是电力系统经常要进行的三大基本计算项目。

（2）各层次计算机辅助设计。目前应用范围已扩大到电力系统与厂矿供电系统的各个组成部分，并与设备监控及管理信息系统融合为一体。电力系统的计算机辅助设计分支为电网规划CAD、输变电工程CAD、发电厂CAD、变配电所CAD、仪器仪表造型设计CAD、二次CAD等专用工程CAD系统。

（3）形成电力工程CAD专用软件。电力工程CAD辅助设计系统软件包的功能覆盖常规电力工程设计的全部内容，能够完成图纸绘制、说明书、设备材料表生成；6～220kV电力一次系统主接线，及高、低压供配系统等电力工程的设计工作。

（4）应用普及迅速。2003年11月内蒙古电力勘测设计院引进英国AVEVA公司三维设计系统PDMS，使用美国Bentely公司的Microstation建立电厂厂区三维模型和厂区三维动画漫游，30多项工程的设计方案中使用三维动画及三维渲染。目前已有光栅图档库容量213 463张，矢量图库容量 60 440 张，已建立起有四个完整的 2×300MW 机组工程的三维模型库，且随着新的工程设计逐步增大容量。至 2004 年该院已有图形工作站 15 台，设计计算 100％采用计算机软件。

福建电力勘测设计院在火力发电、输变电及电力系统工程规划、勘测和设计全过程中，广泛推广应用 CAD 技术，解决规划、勘测、设计过程中大量繁重的方案优化、设计计算和作图工作，并开发了"架空送电线路综合设计软件包"。

许继集团各类 CAD 软件及文档处理、电子表格等软件已在企业的产品设计及日常工作过程中起到了无法替代的作用，CAD 技术应用收到了明显的效益。

贵州电力设计研究院引进、开发了覆盖设计全过程的专业应用软件，拥有大量专业信息资料，是科技部命名的全国 CAD 技术应用工程示范企业。

浙江省各地市电力系统 CAD 技术应用工作普遍起步，大都配备了 CAD 系统，引进或开发了各种 CAD 软件。浙江省电力设计院近几年来大力推广应用 CAD 技术，目前已有 VAX6210 小型机一套、阿波罗工作站四套、CAD 微机工作站 80 余套，平均每四个技术人员配备一台 CAD 工作站，其自主开发的"浙江省发电工程概算编制软件"、"浙江省送电线路预算编制软件"、"热控系统软件"、送电线路铁塔基础设计等都已在全省各项电力工程中应用。

（5）专业涉及面广。在高压和低压供配电、弱电及综合布线系统设计、平面设计、防雷接地设计等方面均有涉及。在低压电器和高压电力技术领域，长期以来设计人员用手工方式进行电气原理图、器件布置图及连线表的绘制，计算校核也是处于分散低效率的工作状态。由于牵涉众多的器件类型和厂家、规格型号不完整，设计人员要花大量的时间和精力去进行元器件和材料的查询和统计，因而使产品开发难以摆脱少、慢、差、贵的状态。

计算机软、硬件平台的飞速进步，使人们有可能针对低压电器和电力领域开展 CAD 应用工作。电气 CAD 软件的优点之一是自动根据原理图的连线关系，去生成各元器件之间的连线表和端子排，提供给施工人员在现场制造时使用，生成的材料清单（BOM）提供给采购及库管人员作为生产管理的重要依据；使用电气 CAD 软件进行设计的另一优点是便于设计方案的比较和修改，由于各种 CAD 软件不同程度地集成有电路的计算功能，因而对不同元器件的规格参数的取值和运行效果可进行多种方案的比较，实现性能的优化，获得较好的性价比。

二、CAD 在厂矿供电中的应用

作为电力系统的重要组成部分、传输电量占全国总发电量 70％的厂矿供电系统，早期被人们所忽视，这是一个庞大的电气工程市场，其电压等级高者达 220kV、低者仅 0.4～0.66kV，其计算机应用技术也在逐步扩展和深入。

厂矿供配电系统的设计是一项复杂的工程，包括高压配电系统、低压配电系统和变电站及高低压变电线路的设计，需要进行分析计算和绘制大量的图纸，近年逐步得到了发展。

（一）供配电系统分析计算

起初 CAD 应用局限于完成单项的短路电流、负荷统计与功率分布、保护整定等计算型项目。

（二）变电站辅助设备选型设计

有条件的企业已逐步引入包括设备选择校验、电气绘图及信息管理等集成设计技术。

（三）厂矿供配电系统方案决策

厂矿供配电系统规划、供配电方案的优选、经济技术比较等智能化技术应用是厂矿供配电 CAD 技术应用的高级阶段。

（四）应用向高层次发展

已形成用于供配电系统的 CAD 专业软件，如浩辰公司的供配电系统集成设计软件、利驰公司的 Super WORKS 也提供了专门的工厂供配电 CAD 版本。不过大部分的电气工程 CAD 软件，如天正电气、理正电气都有供配电 CAD 的功能，但主要是面向建筑行业。

三、CAD 技术在拖动控制中的应用

拖动控制中的 CAD 技术包括电机控制原理图、控制屏柜图、接线图和报表等的设计。

（一）应用概况

CAD 技术在我国的电气控制行业的应用发展缓慢，因此发挥计算机辅助设计在电气控制行业的作用是十分紧迫的任务，近些年来已经日益引起各方面的重视。但直到现在，电气控制设计师还在使用通用软件，这些软件需要手动布置电气原理图，经常会出现设计错误，再加上无法以便捷的方式共享设计信息，导致时间和财力的浪费。

（二）专用软件形成

现在，已有专门用于创建和修改电气控制设计的 AutoCAD Electrical（ACE），可以帮助用户减少错误，提供准确的制造信息。ACE 中包含有助于用户提高设计效率的专用绘图功能，如快速修剪导线、复制和删除元件或电路、快速移动和对齐元件等，让工程图创建工作变得更加轻松。

ACE 通过简洁的界面来管理和编辑端子排信息，使用数据移植实用程序可以轻松地将 AutoCAD 或 AutoCAD LT®（如 AutoCAD LT® 2009，全球最畅销的二维绘图与详图绘制产品）软件所创建的现有设计移植到 ACE 中，以进一步进行修改。只需从软件附带的库中选择特定制造商的 PLC I/O 模块，便可快速创建智能 PLC I/O 图。通过在 ACE 和相应的可编程序控制器（PLC）程序间复用关键设计数据，即可轻松地将现有的制造商目录数据库、PLC I/O 库、示意图查找数据库和相应的示意图符号与每个新版本中提供的内容合并，也可将标准 AutoCAD 块转换为智能的 ACE 符号。ACE 还具有灵活的阶梯插入功能，可以快捷地将阶梯插入工程图中，根据预定义的配置自动放置参考线编号，将横档插入到现有阶梯中，可以更快地创建电气控制原理图。借助可浏览报告功能，ACE 还可以节省浏览报告及相应设计的时间，可以快速"浏览"到相应的原理图装置，自动生成报告、智能面板布局图、在原理图和面板装置表达之间创建一个电子连接，自动组合以创建"智能"面板 BOM 表及电缆和导线的使用情况管理。

ACE 给电气工程师和整个企业带来的收益在于：

（1）提供电气元件库，节约设计师的查找和绘制时间。

（2）智能元件插入和编号可以大大缩短绘制原理图所需时间。

（3）由原理图自动生成接线图，节省大量时间，并可减少错误。

（4）自动端子排生成、关联修改、重排极其方便。

（5）各种电气报表统计、输出。

（6）解决了电气图纸标准化问题。

（三）CAD 在数控机床设计加工过程中的应用

CAD 已开始用于数控机床电气设计和 CAD/CAM 一体化，如南京工业大学运动控制研究所生产的 NUT 系列数控雕刻机床采用控制板卡与 PC 连接，Windows 操作控制界面控制数控电机，使用 CAD/CAM 软件将加工思想经过软件的一系列操作生成 G 代码，使用执行操作软件执行代码进而加工成品。使在 CAD 中设计生成的零件信息自动转换成 CAM 所需要的输入信息，利用网络技术与 CAD/CAM 技术的结合，建立 CAD/CAM 设计→代码传输→机床执行→网络监控整条流程的共享，可实现多人共用几台甚至一台数控机床，充分利用设备。

（四）在电气控制设计中的应用

利用 CAD 技术已能进行电气控制电路图、电气安装接线图等的设计，如武汉开目公司的开目电气 CAD 软件就是一个有智能化功能的典型的工业控制电气 CAD 系统。其中电气原理图"拖放式"绘制，可根据原理图自动生成分屏图、根据分屏图半自动生成外部连线图、半自动生成电气元件布置图。软件提供了通用的国标电气图库、开放的图库系统及多图模式的设计过程。

四、CAD 技术在建筑电气中的应用

CAD 技术因具有简单、快捷、存储方便等优点，已在建筑工程设计中承担着不可替代的重要作用。

（一）应用概况

由中国建筑设计研究院设计，被评为 20 世纪 90 年代十大建筑的外交部办公大楼、北京国际饭店、北京外研社、北京图书馆等，由于使用了 CAD 技术使得设计工作量大大减少，且质量优良从而最终获奖。还有像 SOGO 现代城等许多工程都应用计算机进行辅助设计和辅助绘图，尤其是建立了计算机网络辅助设计与管理后，不仅能提高设计质量、缩短设计周期，而且创造了良好的经济效益和社会效益。

再如 2008 年北京奥运国家游泳中心工程设计人员使用 Bentley Structural 和 MicroStation TriForma 软件制作了一个晶莹剔透的"水立方"形象。从创作 3D 线框、将经过分析的模型输出到一个包含有几何和结构元件设计资料的文本文件中，在 CAD 软件帮助下，设计人员可以在几分钟内制作出结构模型，减少人为错误造成的风险，并且每次改进结构后都能立即将草绘重新建模。CAD 技术的应用使工程设计人员如虎添翼，可以在更加广阔的天地里施展才华。

微机和工作站的结合形成了多层次全方位的 CAD 应用体系，使 CAD 技术应用既有广度又有深度。现在已有相当多的建筑设计单位建立了局域网，且已实现了数据网络共享，基本进入 CAD 应用的第二阶段。

此外，CAD 还具有三维立体功能，即建筑物模型的建立，可由二维图形拉伸后生成三维图形，并可对三维模型进行方案优化、渲染和制作动画，从而达到感觉真实的效果。

（二）应用软件

目前我国在建筑行业中主要使用基于 AutoCAD 的二次开发软件，如建筑华远的 HOUSE 软件、中国建筑研究院的 ABD 集成化软件和 BICAD 软件、理正的 CAD 软件、方圆公司的方圆三维室内设计系统等。中国建筑研究院先后购置了美国 Intergraph 公司的工作站、微机、绘图仪、打印机等硬件设备，又从中国台湾引进了建筑工程集成化软件 CAD 系统，对设计人员进行计算机基础和 CAD 应用技术的培训。

赢得北京奥运会国家游泳中心等世界级项目的 Bentley 工程软件系统公司建筑电气系统
(Bentley Building Electrical Systems 2004 Edition. v8)，提供了电气系统设计和工程、文档
以及管理功能，它为自动标记布置、电路和标识、布线设计、电缆/电路设置和管理，以及
自动生成干线图和图例提供了全面的专用工具，有关建筑电气 CAD 详细内容见第 13 章。

五、CAD 技术在电子电路设计中的应用

CAD 技术在电子设计中的广泛应用形成了电子领域专用的 EDA 软件技术。利用 EDA
技术，电子设计师可以方便地实现 IC、电子电路和 PCB 设计等工作；掌握从原理图的绘制、
性能仿真到 PCB 设计的全过程，可提高电子技术课程的学习效果和电子设计的效率。目前
最新的 EDA 设计软件有 Altium Designer6、Pads2007、Cadence16.0、OrCAD 等。

传统的电子电路与系统设计方法，周期长、耗材多、效率低，难以满足电子技术飞速发
展的要求。我国高校是从 20 世纪 90 年代中期开始开设 EDA 教育的，现在几乎所有理工科
类高校都开设了电子 CAD 或 EDA 课程。这些课程主要是让学生了解 CAD 或 EDA 的基本
概念和原理，使用 EDA 软件进行电子电路课程的实验及从事简单系统的设计。应用 EDA
技术极大地提高了电子电路与系统设计的质量和效率，熟练掌握和运用 EDA 技术是电类专
业的基本要求。

CAD 技术在电子封装的应用分以下四个阶段：①起步阶段；②普遍应用阶段；③一体化
和智能化的阶段；④高度一体化、智能化和网络化阶段。有关电子 CAD 详细内容见第 14 章。

1.3 电气工程CAD介绍

电气工程 CAD 是计算机在电气工程中应用的重要组成部分，是随计算机应用技术的发
展而兴起的。目前电气工程 CAD 较国内其他行业落后。

一、电气工程的特点及其设计内容

电气工程是指与电能的生产、输配、应用相关联的电类工程项目。主要包括：发电、输
变电、供配电、工业与民用电、建筑与照明电气、防雷与接地、弱电、动力照明及家电、电
机拖动控制等。

（一）行业特点

（1）模型复杂性。范围广、元件多、模型复杂是电气工程系统有别于其他行业的主要特
点。例如一次设备发电机、电动机，其描述数学模型的微分方程阶数，最简单的是 2 阶，精
确的可达 8 阶，而每一电气系统都由众多的发电机、电动机、电气网络组成，其系统模型的
复杂程度可想而知，因此在进行分析和计算时，都必须要事先化简处理，否则即使是最高档
的计算机，也难以胜任。

（2）系统分布性。对输变电和供配电网络由按地域分布的"点"、"线"和"面"组成，
动力控制、照明与弱电电路均是由元件、节点和支路拓扑组成的结构分布、电气量紧密联系
的系统。各类高低压、强弱电电气系统中都含有无数的电气元件。

（3）结构多样性。电力系统是发电厂、变电站、输配电线及用电设备组成的整体，厂矿
及建筑电气系统通常不含发电厂，电机拖动控制仅含有电动机及控制电路，电子系统则由电
子元器件和电子电路组成。四者各有特点，模型和分析方法也不完全相同，电力系统分析计

算中既要考虑无限电源，也要考虑有限容量电源；联网分析中必须考虑稳定问题；厂矿及建筑电气系统分析计算及保护装置相对简单；电机控制电路只需考虑本回路的电气要素；电子系统则既有表示元件电气连接关系的原理结构图，还要组建其安装结构的印制电路板。

（二）电气工程传统设计内容举例

下面以企业供电设计为例，说明传统电气设计的内容和步骤，其他项目的电气设计与此大同小异。

（1）传统设计内容

企业供电设计要完成供配电系统的接线、电压等级、变配电所位置、布置等项设计，进行电气设备及导线电缆的选择。通常供配设计是企业建筑综合设计的组成部分，应与相关的土建、机械、给排水、自控通信、工艺、环保、消防等环节密切配合。

（2）传统设计过程如图 1-1 所示。

（3）设计阶段分为两部分：初步设计和施工设计。

二、电气工程 CAD 的特点

电气工程 CAD 的特点如下：

（1）数据量大。

（2）模型复杂计算项目多。

（3）与数据库链接的高级图形功能。

（4）符合相关的规范、标准和习惯。

（5）效率高、适应性强。

（6）使用方便，人机界面友好。

（7）运行可靠、维护简单、便于扩充。

三、电气工程 CAD 的主要任务

（1）建立电气工程 CAD 数据库。此数据库包括电气设备元件图形符号库、结构参数库、包括运行数据库及结果数据库等。

（2）建立开放的图形程序库。图形程序库包括处理电气工程图形信息的图元、图块、图形标注、图形绘制、变换等程序库，以及与数据库动态连接的接口程序。

（3）建立应用程序方法库。该方法库包括解决各类计算、分析比较用的数学算法程序，电气设备选型校验、短路计算、潮流计算、模拟仿真、优化设计、图文生成等程序集及专家方法库等。

（4）建立交互式图形界面。在完成上述各项任务的基础上，按输入→设计→修改→输出的 CAD 流程即可逐步完成整个设计任务。

四、电气工程 CAD 技术的发展趋势

与整体 CAD 技术的发展趋势相同，随着计算机硬件的不断更新和软件水平的提高，仅用于计算机绘图的电气工程 CAD 技术初级阶段即将过去，电气工程 CAD 技术范围已由单纯分析计算、绘图发展到与电力市场、电子信息、地理信息及管理信息的有机融合。面向对象技术、人工智能技术、网络技术以及数据库技术等高新技术的逐步运用，使电气工程 CAD 技术向着开放式、集成化、智能化、网络化和标准化的方向发展。未来的 CAD 技术将全面支持异地的、数字化的、采用不同设计原理与方法的设计。

第 2 章　电气工程 CAD 系统构成及交互处理技术

电气工程 CAD 系统含硬件和软件两大部分，硬件主要由计算机及其外围设备组成，是 CAD 系统的物质基础，软件是 CAD 的技术核心。要想充分发挥 CAD 的作用，必须要有高性能的硬件和功能强大的软件。本章将介绍电气工程 CAD 系统的硬件和软件组成、输入输出设备及交互处理技术。

2.1　电气 CAD 系统的组成和分类

CAD 系统按其硬件组成一般可分为五类：主机系统、小型机系统、工作站系统、微机系统和基于网络的微机-工作站系统。按工作方法及功能大致分为四种：检索型、自动型、交互型和智能型，下面具体讲解。

一、检索型 CAD 系统

检索型 CAD 系统主要用于已经实现标准化、系列化、模块化的工程或产品结构中。

检索型 CAD 系统中，产品或工程的图纸、有关程序都已存储在计算机内部。在设计过程中，用户只需按照要求给出不同的参数与设计数据，或调用原有相似图形模板进行修改，并校核技术性能，输出文档和图纸。检索型 CAD 是对已有设计实例的检索与重用。

二、自动型 CAD 系统

对于自动型 CAD 系统，用户根据产品或工程的性能、规格、要求输入基本参数后，不需要人工干预，系统即可按照既定的程序自动完成设计工作，并输出工程设计图纸与技术文件。这类系统可用于设计理论成熟、计算公式确定、设计步骤和判别标准清楚、设计资料完备的产品或工程项目。

三、交互型 CAD 系统

在产品设计过程中，方案决策及结构布置要完全实现自动设计是非常困难的事情。交互型 CAD 系统可以最大限度地将计算机系统的高速运算能力、严格的逻辑推理能力以及大容量的信息存储能力与设计人员的经验、智慧结合起来，在交互方便、界面友好的环境下完成产品或工程项目设计，使人机得到最佳配合的系统。交互型 CAD 系统是软件开发中最容易实现的系统，也是目前使用最多的 CAD 系统。

四、智能型 CAD 系统

现有的 CAD 技术在工程设计中大多数只能做数值型工作如计算、分析、绘图等，实际上，在设计过程中还存在着方案构思、最佳方案选择、结构设计优化、设计评价等决策内容，这类工作往往需要根据一定的知识模型，采用推理的方法才能获得比较圆满的答案。将人工智能技术应用于工程设计中，即形成专业领域的设计型专家系统，这就是智能型 CAD 系统。智能型 CAD 系统主要由知识库、推理机、实时系统、知识获取系统和人机接口等组成。使用这种系统，用户只需输入设计对象的概念、用途、性能等信息，系统通过逻辑推理、计算和数据处理，即可完成产品或工程的方案与详细设计。

2.2　电气工程 CAD 系统的硬件组成和布局方式

　　CAD 系统的硬件由计算机及其外围设备和网络组成。外围设备包括鼠标、键盘、扫描仪等输入设备和显示器、打印机、绘图仪、拷贝机等输出设备。网络系统包括由中继器、网桥、路由器、网关、Modem 等连接到网络上，以实现资源共享。先进的 CAD 系统都是以网络形式出现的，特别是在并行工程环境中，为了进行产品的并行设计，网络更是必不可少。CAD 系统的硬件配置与通用计算机系统略有差别，主要不同之处在于 CAD 系统的硬件应有较强的人机交互设备及图形系统，硬件平台目前主要为工作站和微机两种。

一、系统的硬件构成

　　电气工程 CAD 系统的硬件主要由主机及外存储器、输入装置和输出装置组成，CAD 系统的硬件组成如图 2-1 所示。

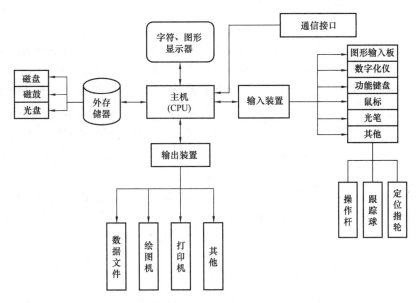

图 2-1　CAD 系统的硬件组成

　　（一）主机

　　主机是系统的核心，用来控制和指挥整个系统，并进行数学运算和逻辑分析。主机由中央处理机（Central Processing Unit，CPU）和内存储器组成。

　　（二）外存储器

　　外存储器用来存放暂时不用或等待调用的程序、数据等信息，简称为外存。CAD 系统将大量的程序、数据库、图形库存放在外存储器中，需要时再调入内存进行处理。外存储器通常包括硬盘、软盘、光盘以及各种移动存储设备。

　　（三）输入装置

　　输入装置是向计算机输入数据和各种字符信息及程序的设备，即输入用户对 CAD 系统进行作业的操作指令。输入装置是人与 CAD 系统进行信息交互的主要工具，常见的输入装置有键盘、鼠标器、光笔、轨迹球和操纵杆、图形输入板、数字化仪、扫描仪、数码相机、信号采集设备及声音信息输入设备等。

（四）输出装置

输出装置是将 CAD 系统处理结果输出的装置，包括显示器、打印机、绘图仪等。

图形显示器可将 CAD 系统的操作过程及结果实时显示出来，供用户编辑、修改。图形显示加速卡承担图形数据的实时计算与处理，目前用于 CAD 系统的显卡要求能够支持 OpenGL 接口标准，显卡的技术指标有图形加速芯片的频率以及显卡内存的容量。

打印机和绘图仪能够将 CAD 系统的设计结果以图纸方式输出，以便在生产中使用。打印机常用的类型有针式、喷墨、激光等，颜色有黑白和彩色，一般幅面为 A3 及以下规格。绘图仪有笔式、喷墨、激光型等类型，其绘图精度要比打印机高，幅面也较大，一般为 A2 及其以上尺寸。

二、系统硬件布局方式

根据系统总体配置及组织方式的不同，CAD 硬件系统按布局方式可分为独立式系统、网络式系统、工作站和微机三种基本类型。

（一）独立式系统

根据所用计算机的不同，可分为主机系统、小型机系统、工作站系统和微机系统。

（1）主机系统。主机系统以主机为中心，具有一个中央处理机 CPU 和多个与其相连的

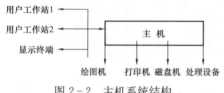

图 2-2 主机系统结构

图形终端，如图 2-2 所示。这类系统的优点是：用户可以共享资源、降低成本。缺点是：当主机出现故障时，整个系统便处于瘫痪状态，中断所有用户的作业；当用户数量增加时，每个终端的处理速度及响应时间会减慢。

（2）小型机系统。小型机系统出现于 20 世纪 70 年代后期，以 32 位超级小型机为主机，通常带有几个到十几个终端，是由从事 CAD 技术开发的公司专门为用户配置的计算机配套系统。

小型机系统配有专用的硬件和软件，且两者紧密结合、配套使用。小型机系统具有很强的工作针对性，价格昂贵，其 CAD 作业水平主要取决于所配置的软件功能。

小型机系统适于中等规模企业的应用要求，缺点是系统的针对性过强，用户难以进一步开发，应用范围受到限制。目前，这类系统大多已被淘汰。

（3）工作站系统。工作站系统包括工程工作站和图形工作站，性能界于个人机与小型机之间的一种计算机系统，安装单一的专用设计或计算软件，主要用于满足特定用户在工程和图形图像处理上的专业需求。特点是性能高、人机界面良好、支持高技术指标的外围设备及网络环境、响应时间短。

（4）微机系统。微机系统具有丰富的商品化支撑软件与应用软件，其原始投资少、见效快、成本低、具有良好的可扩充性。随着微机硬件技术及软件开发水平的不断提高，价格日趋降低，以微机为基础的 CAD 系统已逐步显示其独特的优势，广泛用于中小型企业和个人用户。

（二）网络式系统

单机 CAD 的工作方式已远远不能满足现代企业设计的要求。网络式系统利用计算机技术及通信技术将分布于各处的计算机以网络形式联结起来，微机和工作站都是网络上的节

点。网络式又分为集中式、分布式和环网式，网络上节点的分布形式可以是星形、环形、总线型或混合型。

（三）工作站和微机

工作站和微机是目前 CAD 系统计算机配置的主流。CAD 系统对硬件的要求一般都比较高，未来的 CAD 硬件系统将主要以工作站和微机为主。工作站由于其性能不同，价格差异也非常大，使用单位在配置时应根据需要合理选择。运行 CAD 软件的微机应选择运算和图形处理能力较强的机型。

工作站主要面向专业应用领域，提供强大的数据运算、图形图像处理、网络通信等功能。工作站的应用领域包括 CAD、CAM、动画制作、科学研究、软件开发、金融管理、信息服务、模拟仿真等。工作站采用先进的操作系统，如 UNIX 或 Windows 2000/NT/XP 操作系统，具有优越的多用户、多任务功能，并具有可靠的系统安全性。

工作站的主要任务是解决工程问题和进行图形图像处理，通常采用专门设计的 CPU 和图形处理芯片，并支持多 CPU。采用专用内存，且内存容量巨大、可扩展性强。

工作站有极强的网络功能，能够很方便地提供分布处理环境，进行网络计算及充分利用其他工作站的系统资源。

目前，市场上主要有两类工作站，即 UNIX 工作站和 NT（或 Windows）工作站。基于 RISC 处理器（即精简指令系统处理器，采用 RISC 芯片），采用 UNIX 操作系统的工作站，称为 UNIX 工作站。基于 Intel 处理器架构的、采用 Windows 2000/NT/XP 操作系统的工作站，称为 NT（或 Windows）工作站。NT 工作站采用高性能的 Pentium 处理器和稳定可靠的 Windows 2000/ NT/XP 操作系统，符合专业图形标准（OpenGL）的图形系统，以及高性能的存储、输入/输出和网络设备可满足专业软件的运行要求。由于 NT 工作站采用的是标准的、开放的系统平台，因此成本大幅度降低，升级换代的速度也不断提高。

2.3　电气工程 CAD 系统的软件组成

CAD 系统的软件水平是决定该系统的性能优劣、功能强弱和是否方便使用的关键因素。不同的 CAD 系统中对软件的要求不相同，软件的开发设计需要由计算机软件人员和专业领域的设计人员密切合作，才能取得满意的效果。

一、软件组成及分类

CAD 软件系统由系统软件、支撑软件、应用软件组成。对不同行业应用软件有所不同，其他部分区别不大，各软件之间关系如图 2-3 所示。

（一）系统软件

系统软件与计算机直接关联，用于计算机的管理、维护、控制和运行的软件。系统软件有两个特点：一是公用性，无论哪个领域都可用到它，即多机通用和多用户通用；二是基础性，即各种支撑软件及应用软件都需要在其支持下运行。系统软件有以下三类：

（1）操作系统。操作系统是指协调和组织计算机

图 2-3　各类软件的关系

运行的软件，是对计算机系统硬件及系统配置的各种软件进行全面控制和管理的程序集合。目前最常用的多用户、多任务操作系统 Unix，已成为事实上的工业标准。工作站所配置的系统软件主要是 Unix、Windows NT/2000、Linux 操作系统、X Window 和 Motif 以及图形用户接口（GUI）开发工具、TCP/IP 网络协议等。微机上所带的系统软件通常有 Windos98/2000/NT/XP、Linux 操作系统。

（2）编译系统。编译系统的作用是将用计算机语言编写的程序编译成计算机能够直接执行的机器指令。计算机语言分为低级语言和高级语言，低级语言即汇编语言，是一种与计算机硬件相关的符号指令，如 Intel8088；高级语言与自然语言比较接近，所编程序与具体计算机无关，经编译及连接后方可执行，用得较多的高级语言有 Basic、Fortran、Pascal、Lisp、Prolog、C 及 C++等。

（3）网络通信及管理软件：现代 CAD 系统都是联网系统，用户能共享网内硬软件资源，可以使工作小组共同进行某个产品的辅助设计或开发同一软件系统。为了使网络中信息交换能正常有效地进行，一般都分层次规定了双方通信的约定，即协议。目前这种层次型网络协议已逐步标准化。

（二）支撑软件

CAD 支撑软件是建立在计算机硬件和系统软件平台之上，是由面向应用的基础公用程序、数据库及其应用接口、二次开发环境等组成。支撑软件包括程序设计语言（Fortran、VB、VC 等二次开发语言和汇编语言）、数据库管理系统和图形支撑软件。支撑软件是 CAD 系统的核心，为满足 CAD 工作中一些用户共同的需要而开发的通用软件。支撑软件具有很强的通用性，是开发应用软件的基础。支撑软件从功能上分为以下六类：

（1）基本图形资源软件。基本图形资源软件实现各种图形标准或规范的软件包，大多是供应用程序调用的图形程序或函数库。比较流行的基本图形资源软件有面向设备驱动的 CGI，面向应用的图形程序包 GKS 及 PHIGS 等。

（2）二维计算机辅助设计绘图软件。二维计算机辅助设计绘图软件主要解决零件图的详细设计，输出符合工程要求的零件图或装配图。商品化的交互式绘图系统有 AutoCAD、Visio 等。

（3）三维几何造型软件。三维几何造型软件为用户提供一个完整、准确地描述和显示三维几何形状的方法和工具。它的基本功能包括构建产品的几何模型、真实感立体图形显示、干涉检查和自动生成剖视图等。几何造型软件构建的几何模型储存了完整的产品三维几何信息，可为有限元分析、参数化设计、数控加工等提供几何处理基础。CAD 三维几何造型软件有 I-DEAS、Pro/E、UGII、CATIA、MDT 和 CAXA 实体设计、金银花 MDA 等。

（4）工程分析及计算软件。针对电气工程领域的需要，时常配置以下商品化软件：计算方法库、优化方法库及常用电网分析计算程序等。

（5）工程数据管理软件。数据库（Database）在 CAD 系统中具有重要地位，大量工程图纸、技术文档的集成管理均需由数据库系统来完成。当前，微型机 CAD 上流行的数据库管理软件有：dBase、FOXBASE、FoxPro、Access、SQL Server 等。产品数据管理（PDM）已逐渐扩展到工程开发过程中的各个领域，传统的大型数据库（Oracle，Sybase 等）仍是 PDM 系统的首选。这些数据库通常都采用客户机/服务器结构、分布式结构等。

（6）电气工程系统数字模拟仿真软件。仿真技术是一种建立真实系统的计算机模型的技术，数字模拟可以仿真、分析、计算电气工程系统在不同状态下的响应特征。

（三）应用软件

应用软件是根据电气工程特点，利用支撑软件系统二次开发的解决电气专业各种实际问题的应用软件系统，包括设计计算方法库（常用数学方法库、统计数学方法库、常规设计计算方法库、优化设计方法库、可靠性设计软件、动态设计软件等）、各种专业程序库（常用产品设计软件包、电气专业程序库等）和专业图形库，如潮流和故障分析软件、控制回路设计软件、电气工程图库等。应用软件与支撑软件间无本质区别，当某种应用软件逐步商品化形成通用软件时也可成为一种支撑软件。专家系统也是一种应用软件，它使 CAD 应用软件趋向智能化、自动化。

CAD 系统的功能最终反映在解决具体设计问题的应用软件上，应用软件的性能对 CAD 的效率有极大的影响，所以应特别重视它的开发和应用。应用软件应由用户自行开发，因为其开发需要专业人员的知识和经验，所以 CAD 系统的开发是工程技术人员应用计算机技术生产的综合产物。国内已经开发出众多的二维 CAD 应用软件，包括基于 AutoCAD 平台和自主平台两类应用软件。

二、系统的软件型式

随着计算机功能的不断增强和 CAD 技术的逐渐推广，许多设计、研究、教学单位与企业都建立了 CAD 系统。电气工程 CAD 软件一般由图形库、数据库和设计程序三部分组成。其中图形库是指储存电气设计所需要的图形，小到一个电气符合如灯具；大到一个组件，如 GCK 配电柜；甚至可以把一个标准图存入数据库供设计绘图使用。图形库是工程绘图的重要基础工具。数据库用来储存产品型号、规格、设计规程规范、常用技术数据及中间与结果数据。设计程序是 CAD 系统的主体，进行工程计算、绘图、统计、系统分析、智能推理等工作。电气工程 CAD 软件系统按工作原理可分为四类，即模板型、计算型、人机交互型和自动设计型。

（一）模板型 CAD 系统

在模板型 CAD 系统中，首先要把某些定型设计信息、图形变成文本与图形信息存入标准样本库，将一系列设计计算算法与应用程序装入标准程序库，同时在数据库中存入相关技术条件信息。

用户可从中选出接近自身要求的形式进行局部修改，得到符合要求的设计结果，由模板型 CAD 系统可以很快地得到完整的图形资料。这种系统在建立标准图形库、算法模型库、程序库、数据库时，要花费大量劳动，它适用于已有定型的标准设计，不适用于新产品的设计工作。

（二）计算型 CAD 系统

计算型 CAD 系统主要通过计算选择合适的数学模型和方法，通过大量计算求得最优解，得到技术上和经济上均佳的最优方案。系统以优化设计为主，如输电线路走向设计、无功功率补偿配置、网络规划等。

（三）人机交互型 CAD 系统

人机交互型 CAD 系统设计流程如下：①先由设计者描述设计模型，再由计算机对资料进行检索；②对有关数据和公式进行高速运算；③设计者在提示或分析中间结果的基础上，通过图形输入设备和人机对话语言直接对设计条件或图形进行实时修改，计算机根据修改的指令，做出响应，并重新组织显示。这是一种人机交互对话式的作业过程，其设计流程如图 2-4 所示。

人机交互型 CAD 系统使设计人员能对运算过程和结果进行实时观察，对不满意的地方做出实时修改。

但不能把自动型 CAD 系统与人机交互型 CAD 系统截然分割开来，如有一些设计参数能够通过优化程序由计算机来自动化处理的话，那就无需设计者再通过人机对话来决定，直接在交互型作业方式中实现部分的自动设计。

（四）自动设计型 CAD 系统

自动设计型 CAD 系统的工作方式是把设计对象的目标函数编制成程序输入计算机，经计算机处理后，直接输出已经优化的最终结果，其流程图如图 2-5 所示。

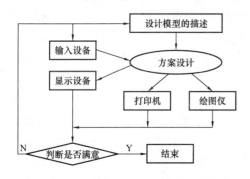

图 2-4 人机交互型 CAD 系统设计流程图　　　　图 2-5 自动设计型 CAD 系统流程图

在这种设计系统中，整个设计过程都由计算机自动进行，设计过程对于目标函数的优化，不是靠人的参与，而是自动调入相应的优化程序来做出决策。目标函数所需要的数据和解析程序，能从数据库和程序库中获得。例如，无功功率补偿配置设计中，以补偿后的网络总损耗作为目标，则在一定的网络结构及约束条件下，建立目标函数，并将求解流程及方程式编成程序输入计算机，就可在此方式下自动求得最优配置。

自动设计型 CAD 系统的作业方式也存在如下一些问题：

（1）只适用于解决能用数学形式描述的一类工程问题。

（2）难以发挥人的直觉、经验优势和创造性。

（3）自动处理程序庞大，数据录入量大，只适于解决目标函数较简单的一类设计问题。

2.4 电气工程 CAD 中常用图形输入/输出设备

输入和输出设备是 CAD 系统的重要组成部分，其任务是将原始数据、计算程序和控制命令送入计算机并输出计算结果和图形等相关信息。输入/输出设备主要处理字符与图形，其中图形输入和输出设备的使用更普遍。

一、图形输入设备

早期使用的图形和数据输入设备是键盘、光笔、操纵杆和跟踪球等，后来出现了鼠标器、图形数字化仪、扫描仪等，这些设备已广泛应用于计算机辅助设计中，成为主要的操作工具。

（一）主要功能

（1）向计算机传送命令和数据或进行功能选择。

（2）将图形信息如地图、机械图、建筑图、电气接线图等送入计算机。典型的硬件设备是图形扫描仪和数字摄像机。

（3）在交互式图形显示过程中，用来控制显示屏幕上光标的移动，以便进行定位和绘图等操作。典型的硬件设备有数字化仪、鼠标器等。

（二）常用图形输入设备

（1）鼠标器。鼠标器（也称鼠标）是计算机辅助设计系统中最常见的图形输入设备，从出现到现在已经有 40 年的历史。1968 年 12 月 9 日，全世界第一个鼠标器诞生于美国加州斯坦福大学，它的发明者是 Douglas Engelbart 博士。鼠标器按其工作原理可以分为机械鼠标器和光电鼠标器两种；按外形分为两键鼠标、三键鼠标、滚轴鼠标和感应鼠标；按接口类型可分为串行鼠标、PS/2 鼠标、总线鼠标三种。滚轴鼠标和感应鼠标在笔记本电脑上用得很普遍，新出现的无线鼠标和 3D 振动鼠标都是比较新颖的鼠标，无线鼠标器是为了适应大屏幕显示器而生产的，接收范围在 10m 以内。

移动鼠标器可以驱动光标在显示器的屏幕上运行，用于拾取坐标或选择菜单命令等。鼠标器是一种手持式的可移动装置，表面有 2 或 3 个功能键，对于机械鼠标器，底部装有可摩擦移动的滚动球；对于光电鼠标器底部装有可发送和接受光信息的光电装置。鼠标器的结构简图如图 2-6所示。

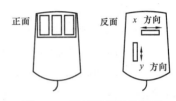

图 2-6　鼠标器的结构简图

当鼠标器在平面上移动时，它记录了坐标在 x 及 y 方向的位移增量，经转换后送入计算机，可控制光标在图形显示器上移动，并提供光标所在位置的坐标，使用这种设备可以很方便地进行定位。无线鼠标工作原理也很简单，鼠标部分工作与传统鼠标相同，只是用无线发射器把鼠标在 x 或 y 轴上的移动、按键按下或抬起的信息转换成无线信号并发送出去，无线接收器收到信号后经过解码传递给主机，驱动程序告诉操作系统鼠标的动作，再执行相应指令。

（2）数字化仪。数字化仪也是常用的图形输入设备，它除了具有鼠标器的所有功能外，还可以准确地定位图纸坐标。

数字化仪可将放置在它上面的图纸上的图形坐标输入计算机或选择菜单命令等。数字化仪由台板、数字化处理机和可以在平板上移动的游标组成，台板上覆盖了一层电阻栅格膜，在这层薄膜上，坐标 x 和 y 方向交替地产生电势。

如图 2-7 所示，将游标在数字化仪台板上移动，对准图纸的某一个位置，按动游标上的按钮，游标上线圈与栅格产生电磁感应信号，便可得到相应的 x 和 y 坐标数据。

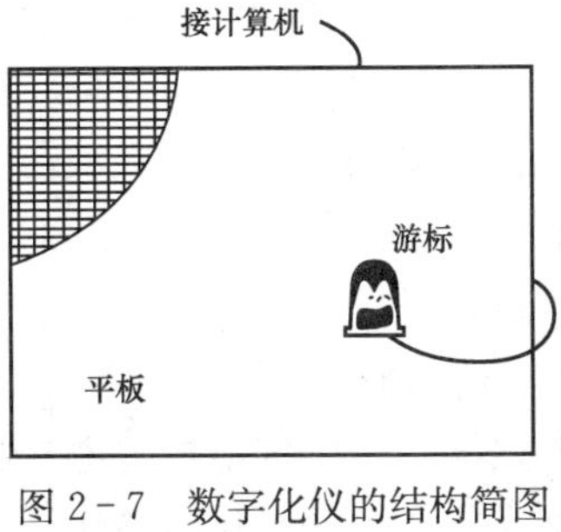

（3）扫描仪和数字摄像机。扫描仪和数字摄像机是近年来出现的图形获取及输入设备，其工作流程是：对图纸或图像经光栅（点阵）扫描得光栅（点阵）图像数据，直接由计算机接收后对图像进行去污、字符辨识及对点阵图形矢量化处理后形成可供编辑修改的工程图形，最后转换成特定的 CAD 图形格式文件，由主机处理。

图 2-7　数字化仪的结构简图

扫描仪和数字相机的特点是输入工作量小、速度快、成像准确，但输入的信息量大，对存储器容量要求高，对图形的加工处理也很复杂。

二、图形输出设备

图形输出设备是电气工程 CAD 中必不可少的核心装置，常用图形输出设备可分为两类：一类是与图形输入设备相结合，构成具有交互功能的可快速生成和修改图形的显示系统；一类是在纸上或其他介质上输出可以永久保存的文字或图纸的打印系统或绘图系统。

大多数图形设备中的监视器采用标准的阴极射管（Cathode Ray Tube，CRT）结构，也有采用其他技术的显示器，如液晶显示器、激光显示器、光极管显示器及等离子体显示器等。显示器的主要技术指标有：分辨率、屏幕形状大小、刷新率。目前 CAD 系统要求的分辨率在 800×600 以上，最好是 1024×768 或 1024×1024。

（一）光栅式图形显示设备

光栅式图形显示系统是目前使用最多的图形输出设备，是 CAD 的主要工具之一。

1. 作用

光栅式图形显示设备用于实时图形显示，展示设计效果和进行交互式图形处理等。

2. 结构

在光栅扫描图形显示器上，显示屏被分割为许多大小相等的可编址点，称为像素，它们在屏幕上形成了一个矩形的阵列，称为栅格。阵列中的每一行称为扫描行或扫描线，扫描线上像素个数乘以扫描线行数称为分辨率。欲显示的图形是以二进制形式存放在一个称为帧存储器的随机存储器中，同时，帧存储器中的每一位都唯一对应于显示屏上像素阵列的一个像素点，所以显示屏上有多少像素点，帧存储器中就有多少个二进制位与之对应；对彩色显示器，帧缓存由多个二进制位来显示屏上的一个像素。

3. 工作原理

首先将欲显示的图形以二进制形式存放在帧缓存中，此时光栅扫描发生器产生使阴极射线管（CRT）电子束偏转的电压，同时还控制 x 和 y 地址寄存器，将显示信息连续地从帧缓存中读出，并通过像素寄存器和数/模转换器，以一定的光强在显示屏上显示出图形。

（二）液晶显示器（LCD）

液晶显示器是近年来发展较快的新型图文输出设备，由于其纯平、节能、轻巧、无辐射等优越性能，正在逐步占领计算机显示设备市场。

1. 作用

用于 CAD 系统中的图文显示，设计成果展示及交互图形图像处理。

2. 结构

无论是笔记本电脑还是台式机，采用的 LCD 显示屏都是由不同部分组成的分层结构。LCD 由两块玻璃板构成，其厚约 1mm，玻璃板间由包含有液晶（LC）材料的 $5\mu m$ 均匀间隔隔开。因为液晶材料本身并不发光，所在显示屏两边都没有作为光源的灯管，而在液晶显示屏背面有一块背光板（或称匀光板）和反光膜，背光板是由荧光物质组成，可以发射光线，其作用主要是提供均匀的背景光源，背光板发出的光线在穿过第一层偏振过滤层之后进入包含成千上万水晶液滴的液晶层。液晶层中的水晶液滴都被包含在细小的单元格结构中，一个或多个单元格构成屏幕上的一个像素。在玻璃板与液晶材料之间是透明的电极，电极分为行和列，在行与列的交叉点上，通过改变电压而改变液晶的旋光状态，液晶材料的作用类似于一个个小的光阀。在液晶材料周边是控制电路部分和驱动电路部分。当 LCD 中的电极产生电场时，液晶分子就会产生扭曲，从而将穿越其中的光线进行有规则的折射，然后经过第二层过滤层的过滤在屏幕上显示出来。

常见的液晶显示器按物理结构分为四种：扭曲向列型（TN）、超扭曲向列型（STN）、双层扭曲向列型（DSTN）及薄膜晶体管型（TFT）。

3. 工作原理

液晶显示器利用液晶通电时导通、排列有序、使光线容易通过；而不通电时排列混乱、阻止光线通过的物理特性，把液晶灌入两个列有细槽的平面之间。这两个平面上的槽互相垂直，由于光线顺着分子的排列方向传播，所以光线经过液晶时也被扭转 90°。但当液晶上加一个电压时，分子会重新垂直排列，使光线能直射出去，而不发生任何扭转。

TN - LCD、STN - LCD、DSTN - LCD 的基本显示原理相同，仅液晶分子扭曲角度不同，分别为 90°、180°和 270°，使用的是单纯驱动电极方式。

TFT - LCD 显示方式与其他 LCD 不同，采用主动式矩阵驱动方式，电极是由薄膜式晶体管排列而成的矩阵开关。被驱动信号扫描中选择的显示点，才能得到驱动液晶分子的电压，使液晶分子轴转向，形成"亮"点。TFT 型液晶显示器工作原理如图 2 - 8 所示。

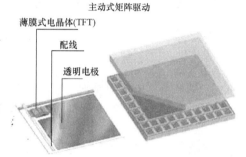

在彩色 LCD 显示器中，每一个像素都由三个液晶单元格构成，每一个单元格前面分别有红色、绿色或蓝色过滤器，通过不同单元格的光线就可以显示出不同的颜色。LCD 克服了 CRT 体积大、耗电和闪烁的缺点，也带来了价高、视角不广及彩色显示不理想等问题。且由于 LCD 含有固定数量的液晶单元，只能在全屏幕使用一种分辨率。因每个液晶单元都是单独开关的，故不存在聚焦问题。

图 2 - 8　TFT 型液晶显示器工作原理

现在，几乎所有应用于笔记本电脑或台式电脑的 LCD 都使用薄膜晶体管（TFT）激活液晶中的单元格。

（三）笔式绘图仪

笔式绘图仪是一种电子机械设备，按其工作方式可分为固定介质（平板式绘图仪）和可移动介质（滚筒式绘图仪）两种。

1. 功能

将计算机产生的图形用绘图笔绘制在图纸上。

2. 结构

滚筒式绘图仪和平板式绘图仪的结构简图分别如图 2 - 9 和图 2 - 10 所示。滚筒式绘图仪是用两只步进式电机分别带动绘图纸和绘图笔运动从而产生图形轨迹，而平板绘图仪的两只步进电机分别拖动导杆和笔架产生 x 和 y 方向的运动。

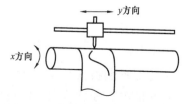

图 2 - 9　滚筒式绘图仪的结构简图

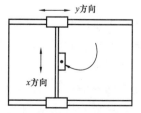

图 2 - 10　平板式绘图仪的结构简图

绘图仪的指标除大小和精度外，还有绘图速度，低档绘图仪的绘图速度为 3～10cm/s，约 1.8～6m/min；中档绘图仪的绘图速度为 6～36m/min；高档的机械传动绘图仪则为 38～210m/min。滚筒式绘图使纵向长度不受限制，宽度受滚筒长度的限制，一般在 216～1067mm 之间；平板式绘图仪精度高于滚筒式，综合精度±0.15mm，重复精度可达 0.01mm，平面可很大（3～10m），速度较滚筒式快，在 15～60m/min 之间。

3. 工作原理

绘图作业时，绘图笔或纸的移动是由绘图仪控制电路通过步进电机实现的。当 x 方向步进电动机得到一个脉冲时，就带动纸或画笔在 x 方向前进（或后退）一个步长。同样，当 y 方向步进电动机得到一个脉冲时，则产生 y 方向的一个前进（或后退）步长。x 和 y 方向的运动组合就绘制出各种图形。

（四）静电绘图机

静电绘图机具有笔式绘图仪的优点，而且速度快、噪声小、可靠性高。由于利用光栅扫描原理，其绘图速度较笔式绘图仪速度快 10～20 倍。绘图纸长不受限制，宽度常为 1.83m。

2.5　电气工程 CAD 系统的选用

一、硬件系统的选用原则

CAD 系统硬件选择应考虑以下四个方面：

1. 系统的功能

总的原则是硬件系统应与软件系统相适应，即高档次的 CAD 系统要求的硬件系统配置较高，而以二维绘图为主的电气工程 CAD 系统要求的硬件配置相应就低一些。另外还应注意以下两点：

（1）CAD 系统特别是对 CPU、内存储器、图形显示加速卡的性能要求应比一般商用的计算机硬件系统要高。由于计算机硬件性能在迅速提高，具体的硬件指标随着市场的发展而定。

（2）要根据实际的工作特点来配置各种外设配备，除了常规的输入输出设备外，一般还应配备扫描仪、数码相机、大幅面绘图仪、数字化仪等。

2. 系统升级扩展能力

由于硬件的发展、更新很快，所选购的系统，应随着应用规模的扩大具有升级扩展能力。原有的系统应在新的系统中继续使用，保护用户的投资不受损失。

3. 系统的可靠性与维护支持能力

可靠性是指在给定的时间内，系统运行不出错的概率。可维护性是纠正错误或故障以及满足新的要求需要改变原有系统的难易程度。对于一个具体的 CAD 系统，不仅要求它本身的质量好，还要求供应商有完善的维护服务机构和手段，维修服务效率高，能为用户提供有效的技术支持、培训、故障检修和技术文件。

4. 供应商的发展趋势与经营状况

计算机技术的发展日新月异，CAD 系统厂商的发展也是此起彼伏变化很大。所以在选购一种系统时，还要分析供应商的技术发展变化趋势和它的财务经营状况，以免以后产生后患。

二、软件系统的选用原则

主要指系统软件和支撑软件的选用，一般应考虑以下因素：

1. 软件的性能

软件的性能应满足设计的功能要求，系统运行稳定可靠、容错性好、人机界面友好；在满足了功能要求的前提下，应有良好的性价比。

2. 与硬件匹配

不同的软件要求不同的硬件环境支持，软件决定着 CAD 系统的功能。如果是软、硬件都需要配置，则要先选软件，再选硬件；如果已有硬件，只配软件，则必须先考虑硬件能力，再配备相应档次的软件。软件分工作站版和微机版，随着硬件性能的不断提高，许多工作站上运行的大型 CAD 软件都已经微机化，如 I - DEAS、Pro/E、UG II 及 CATIA 等。

3. 二次开发环境

CAD 软件必须经过二次开发才能满足某一特定领域的需求，为高质、高效率地充分发挥 CAD 软件的作用，要了解所选软件是否具有二次开发能力。

4. 开放性

为了便于系统的应用和扩展，所选软件应具有以下接口：①与其他 CAD 系统的接口；②与通用数据库的接口；③驱动绘图机与打印机的接口。

5. 软件开发商的综合能力

包括软件开发商的信誉、免费升级和优良的售后服务、经济实力及培训等技术支持能力。

CAD 应用软件是 CAD 技术应用水平提高的一个极其重要的因素。因为国内目前使用的 CAD 应用软件绝大多数是在 AutoCAD 上开发的，均不够完善，与先进国家相比存在很大差距，存在环境问题、软件的规范化、软件产品的质量落后于网络发展等问题。在选择软件时，还应注意以下几个具体问题：①软件的功能应满足自身发展的需要；②软件的文件转换接口要好；③软件外接接口好，并应具有很好的通用性，具有可开发性；④人机界面要好，便于掌握和操作。

2.6　电气工程 CAD 中的交互处理技术

CAD 软件中，除计算机本身的软件如操作系统、编译程序外，主要使用交互式图形显示、CAD 应用和数据管理三类软件。

交互式图形显示软件用于图形显示的开窗、剪辑、观看，图形的变换、修改，以及相应的人机交互。CAD 应用软件提供几何造型、特征计算、方案设计、绘图等功能，以完成电气工程专业领域的专门设计。数据管理软件用于存储、检索和处理大量数据，包括文字和图形信息。

人机交互处理是 CAD 的组成部分。采用交互式系统，人们可以边构思、边修改，随时看到每一步操作的显示结果，非常直观。电气工程 CAD 系统必须允许用户动态干预设计过程，如选择设计功能、交换设置参数、修改设计条件等。这些功能是由用户接口管理系统完成的，通过接口中人机交互界面实现。接口是系统信息交流的桥梁，通过接口系统接收用户输入的操作命令及参数，经检验无误后系统调出相应的程序模块来执行，并将结果通知用户。良好的接口使人机界面友好，易学、易用、易理解，方便了用户，提高了工效。

一、交互接口的形式

常用的面向应用程序的交互接口形式有子程序包、专用语言和交互命令三种。

（一）子程序包

选择一种合适的高级程序语言为主语言，扩展一系列的子程序或函数，以实现有关的设计分析和图形处理。此时的用户程序包括两部分：①主语言语句；②扩展子程序和函数调用语句。

国际标准化组织公布的图形核心系统GKS程序、OPENGL程序库等都是这类程序包。子程序包按功能分为设计分析和图形处理两类，每一类中又可分为若干个子模式，图形处理子程序包应包括设备管理、图形的生成、变换、属性管理、图形管理等。子程序包的格式要求随所用主语言而定，对子程序的使用应遵循主语言对子程序调用的规定。

（二）专用语言

专用语言使用形式不同于子程序包，常见的有解释执行和编译执行两种。解释执行过程为扫描专用语言的每条语言，解释并执行；编译执行是把用户的专用语言应用程序段经编译、连接后生成可执行的目标代码。

专用语言的开发远比开发一个高级的程序设计语言复杂。针对CAD的特点，设计分析大多采用子程序调用形式，图形设计普遍采用交互命令的形式。

（三）交互命令

交互接口基于某种模型实现用户所需的删、增、改等编辑操作，子程序包中子程序及专用语言中的语句都可按命令方式提供给用户使用。

1. 用户接口模型

目前，用户接口模型普遍被接受的模型是Secheim模型，如图2-11所示。

图2-11中"表示部分"是用户接口的外部特性，包括输入/输出设备、屏幕、布局、交互技术和显示技术，主要完成如何接收用户数据，数据如何显示给用户看并转化成内部表示的形式；对话控制负责处理用户与计算机之间的对话，包括使用的命令和对话结构；应用接口规定了用户接口本身与应用程序之间的接口，如应用程序的选择和调用等。

2. 一条交互命令的执行过程

交互式用户接口是用户与应用系统的核心功能模块之间的界面，负责接收用户向系统输入的操作命令及参数，经检查无误后调出相应的应用程序模块执行，执行的结果再以一定的形式通知用户，交互式命令处理过程如图2-12所示。

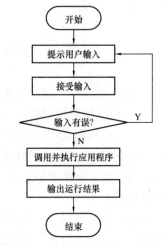

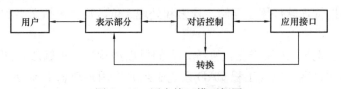

图2-11　用户接口模型框图　　　　　图2-12　交互命令处理过程

3. 编辑操作

交互处理中的编辑操作最常用的是增、删、改操作，另外还有询问、设置等。操作的对象包括图形、属性以及字符串说明等。

二、交互任务、交互输入及交互控制技术

(一) 交互任务

与交互过程对应的交互任务通常可以归纳为选择、定位、定向、定路径、定量、文本等任务。

(1) 选择。选择任务是从一个选择集中挑选所需要的元素，常用的有命令选择、操作数选择、属性选择和对象选择等。选择集一般分定长和变长两种，选择任务的完成有基于名字 (或标识符) 和基于位置 (坐标点) 两种实现方式。

(2) 定位。定位任务用来给应用程序指定位置坐标，包括空间定位和语义定位。对于空间定位任务，通过在图形屏幕上捕捉或直接创建方式来完成，如过两已知圆的圆心画一条直线段。对于语义定位任务，通常需要键入相关的数值来完成，如过某已知点并沿某个方向键入该点的位置增量 (或坐标增量) 来创建一条直线段。

(3) 定向。定向任务是在指定的坐标系中确定形体的方向，此时需要由应用程序来确定其反馈类型、自由度和精度。

(4) 定路径。定路径任务是一系列定位和定向任务的结合，与时间、空间有关。如动态运动仿真过程，仿真对象随着时间的变化出现在不同的位置和方向上。

(5) 定量。定量任务是要确定一个值。通过键盘键入一个数值，或通过其他数字对话输入工具指定一个数值 (如窗口系统中常见的音量控制、对比度调节等)。

(6) 文本。文本任务指输入一个字符串到字处理器中，此字符串不应具有指令意义，即不是一个命令，如图纸设计中的技术要求标注等。

交互处理过程可分解为一系列基本任务，交互技术是完成交互任务的手段，对交互任务的处理要求产生了相应的交互输入技术和交互控制技术。

(二) 交互输入技术

交互输入技术是对交互任务的实现技术，可归纳成与交互任务对应的六类：

(1) 选择技术。要求确定可选择集合的大小及选择值，这个集合可以是固定的，也可以是变长的。选择方法有以下几种：①光笔选择；②图形输入板或鼠标器控制光标选择；③键入名字、名字缩写或排列的唯一序号选择；④功能键选择；⑤语音选择和笔画识别。

(2) 定位技术。用来指定一个坐标，这里需确定维数，如一维、二维或三维；分辨率即定位精度；是离散点还是连续点。定位方法主要有三种：①图形输入板或鼠标器控制光标定位；②键入坐标定位；③光笔定位。

(3) 定向技术。定向即在一个坐标系中规定形体的一个方向，此时需要确定坐标系的维数 (即自由度)、分辨率、精度和反馈类型，需要的设备是数值器或定位器或键盘。定向方法有两种：①用度盘或操纵杆控制方向角；②键入角度值。

(4) 定路径技术。即在一定的时间或一定的空间内，确定一系列的定位点和方向角及其次序，要求有定位点的最大数目和两个定位点之间的间隔。

(5) 定量技术。定量技术是指输入一个数值，指定一个数量，这时需要确定精度 (单位)。定量技术也有两种：①键入数值；②改变电位计阻值产生要求的数量。

(6) 文本技术。文本技术需要确定字符及字符串的长度。文本技术有：①键盘输入字符；②菜单选择字符；③语音识别；④笔画识别等。

（三）交互控制技术

常用的交互控制技术有以下四种：

（1）橡皮筋技术。橡皮筋技术主要针对变形类的要求，可以动态、连续地将变形过程表示出来，直到出现用户满意的结果为止，如在二维绘图中经常用到的绘圆、绘任意直线等绘图命令。

（2）徒手画技术。徒手画技术也称为草图勾画技术，主要用来实现用户快速、近似勾画各种产品图形的要求。徒手画技术的实现分为基于时间和基于距离采样取点，然后用折线或拟合曲线连接采集点，生成对应的图形。

（3）拖动技术。拖动技术是将物体在二维或三维空间中的移动过程连续、动态地表现出来，直至满足用户的位置要求为止。

（4）定位技术。是实现精确定位的技术，常用网络、辅助线、比例尺技术，以帮助提高定位精度，减少定位误差。

交互输入过程中的输入控制方式多种多样，这些方式主要取决于程序与输入设备之间如何相互作用，通常采用请求、取样和事件三种方式。

请求方式中，只有用输入方式设置命令（或语句）对相应的设备设置需要的输入方式，该设备才能做相应的输入处理。

取样方式中，一旦对一台或多台设备设置了取样方式，就可以立即进行数据输入，而不必等待程序中的输入语句。

事件方式是指当一台设备被设置成事件方式时，程序和设备将同时工作。

（四）图形的拾取

拾取图形是交互式用户接口中的重要任务之一，在交互式图形系统的编辑操作中，都是以拾取图形、或以拾取图形的某一位置点为基础的。

从屏幕上拾取一个图形，其直观现象是该图形变颜色、或闪烁、或增亮，其实际意义是要在存储用户图形的数据结构中找到存放该图形的几何参数及其属性的地址，以便对该图形作进一步的操作（例如修改其几何参数、连接关系或属性）。

三、交互系统的构造

交互系统的构造主要涉及交互式用户接口的表现形式、工作方式、用户命令集的描述、人机对话序列的设计以及实现方式等内容。下面介绍交互式用户系统的表现形式、工作方式及实现方式。

（一）交互式用户接口的表现形式

交互式用户接口的表现形式涉及屏幕划分、显示内容、符号选用、网格划分、颜色选择等多方面的内容。

（1）屏幕的划分。显示屏幕有不同的大小格式和分辨率，要合理、充分地利用屏幕，必须对屏幕作适当划分，屏幕上元素的排列可按照对屏幕的要求进行划分。屏幕划分有对称型和非对称型，如图2-13所示。

（2）字型的选用。字型选用得好可给屏幕带来生气，可以利用字体的不同，建立起一种层次关系。例如标题、子标题常用黑体字，以达到清晰、简单、醒目，而文本要易于阅读，常用宋体字。但大面积使用黑体字，将会降低可读性，在屏幕上显示时还会模糊和闪烁。

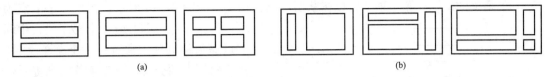

图 2-13　屏幕划分
(a) 对称型；(b) 非对称型

（3）颜色的选择。用不同颜色和灰度来标志信息、分离不同的形体，对减少错误是非常有效的。在颜色选择时应注意其效果与周围环境色彩的协调。

（4）系统的开启。系统开始的启动信息是用户使用系统的第一印象，生疏的用户要求步骤详细、提示信息丰富；熟练用户则要求命令、提示信息简洁，出入系统迅速。

（5）窗口。通常以矩形窗口为主，另外应考虑窗口的边界、窗口的标注，对多窗口应考虑窗口的排列、窗口的刷新等问题。

（6）菜单。菜单是一组功能、对象、数据或其他用户可选择实体的列表，在用户界面中普遍被采用。按照菜单的出现与消失可分为固定式、翻页式、卷帘式、增长式、弹出式。

（7）图形符号和光标。图形符号和光标是用户界面中出现频率最高、停留时间最长的元素。例如箭头光标可表示移动或点取，铅笔光标可用来表示临时性的写和画，文件夹表示文档管理，手指表示定位等。

（二）交互式用户接口常见的工作方式

交互式用户接口常见的工作式有以下六种，有些情况是某些方式的组合形式：

（1）固定域输入/输出方式。固定域输入/输出方式是在程序中用固定格式的输入/输出语句实现人机交互处理，这种方式对格式要求严格，不能出错。

（2）问答方式。交互过程的每一步都通过问答形式实现人机对话，这种方式对新用户方便，对熟练用户显得麻烦。

（3）表处理方式。表处理方式要求设备有制表功能，并只适用于数据驱动的用户接口。

（4）命令语言。命令语言流行较广，目前仍在不少的用户接口中使用，但要求用户记忆较多的命令语句。

（5）菜单方式。菜单方式适合于各种用户，而且方便易学，目前在用户接口中被普遍采用，缺点是限制了用户使用系统的通路，有时也嫌繁琐。

（6）图形符号方式。图形符号方式比较接近现实生活中人们的活动，把各种操作图形化，用户操作计算机如同现实生活中处理事务一般。

目前，CAD 软件的用户接口工作方式实际上是上述各种方式的不同组合。应用软件开发人员应根据软件的特点，采用合适的接口工作方式或组合工作方式来实现人机交互。

人机对话序列通常由两部分组成：指定对话命令和该命令输入所需要的参数。

（三）交互式用户接口的实现

交互式用户接口通常采用菜单驱动、数据表格驱动和事件驱动等形式，其中层次分支又是基础。无论菜单驱动，还是数据表格驱动的交互方式，都要把用户接口所具有的功能命令做成菜单形式，在屏幕上显示输出、或贴在台板上，供用户选择。

1. 菜单驱动的交互方式

菜单驱动就是根据用户选择的菜单项转向相应的程序入口去执行相应的程序段。

（1）菜单的组织。菜单项通常以树状层次结构描述，如图 2-14 所示，树中叶子节点为可执行菜单项，即对应一个程序段；中间节点提示信息项，常对应一个菜单文件。树中每层中的分枝取决于菜单项和提示信息项的个数。

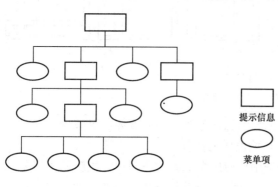

提示信息

菜单项

图 2-14　菜单树结构

（2）菜单的选择。菜单采用交互处理中的选择技术来实现，最常用的方式有三种：

1）标号选择。适用于带标号的菜单项，如：1—打开文件；2—保存文件；3—关闭文件；4—返回。

2）名字选择。通过键盘键入相应的菜单项名执行相应的程序段。

3）位置选择。位置选择是以定位技术为基础的。在组织菜单时，每个菜单项的边框、即其左下角的位置与水平、垂直方向的边长是已知的，对于 $m \times n$ 个菜单项的矩阵排列，见表 2-1，若已知指点菜单项的定位设备的位置坐标是 (X_i, Y_i)，则有下述不等式

$$x_1 + (i-1)\mathrm{d}x \leqslant x_i \leqslant x_1 + i\mathrm{d}x$$
$$y_b + (j-1)\mathrm{d}y \leqslant y_i \leqslant y_b + j\mathrm{d}y$$

式中，(x_1, y_b) 为矩阵排列的左下角坐标，$\mathrm{d}x$，$\mathrm{d}y$ 为每个菜单项的边长，由不等式可求出 i 和 j，从而可确定相应的菜单项。

表 2-1　　　　　　　　　　　　　菜 单 项 的 矩 阵 排 列

菜单项 l_1	...	菜单项 m_1
...		...
菜单项 l_n	...	菜单项 m_n

（3）菜单的驱动。当用户选择了某个菜单项后，就需执行相应的程序，程序分为输出下一层子菜单的提示信息和执行相应菜单项的功能子程序两种。菜单驱动示意图如图 2-15 所示，当用户选择"二次曲线"菜单项后并不挂靠一个功能子程序，而是把其下一层的子菜单项显示输出，只有当选择了"三点"子菜单项时才执行画圆子程序。这种接口程序规模大、编译时间长。

图 2-15　菜单驱动示意图

2. 数据表格驱动的交互方式

数据表格驱动的设计思想是：用户接口接收一条命令的对话过程由一组预先设计好的控制信息控制，所有命令的全部对话控制信息集中存放在一个控制信息文件中。对话过程中所涉及的各种数据（菜单、提示信息、出错提示）存放在一个独立的接口数据文件中，控制信息通过指针指向所涉及的有关数据。因此用户接口程序只按照用户所输入的命令码，从控制信息文件中读出该命令所对应的控制信息序列，按照其指出的对话步骤及所使用的接口数

据，就能实现所有命令对话过程的控制。数据表格驱动式用户接口如图 2 - 16 所示，这样，交互命令的增减、命令内容的修改、对话内容的改变等，均只通过修改控制信息文件和接口数据文件就能达到目的。

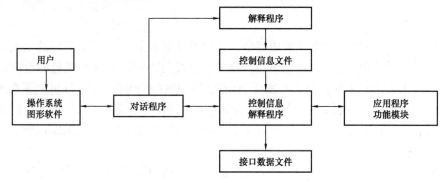

图 2 - 16　数据表格驱动式用户接口

3. 事件驱动方式

对于事件驱动方式而言，在一个事件驱动程序中，程序将控制交给用户，用户通过一系列事件驱动程序的动作。该驱动方式的特点是事件可以在任何时候以任何方式进入，程序内核始终处于一个中心循环之中，其每接收一个事件，便以某种方式做出反应。

第3章 电气工程CAD绘图基础及常用软件简介

图形处理是CAD系统的重要组成部分。在微型计算机越来越广泛应用的今天,各种为适应实际需要而发展起来的CAD工作站、绘图平台及与之配套的形形色色的绘图软件令人眼花缭乱、目不暇接。微型计算机绘图无与伦比的优越性使得用微型计算机绘图取代传统的手工方式已成为必然,统计表明,以微机为基础的CAD工作站每年以40%左右的速率增长。现成的图形软件,诸如AutoCAD(美)、GmmPC‐CAD(日)、CKS(德)、Protel等在我国也已获得广泛的应用。

图形界面是Windons操作系统下的一大特色,其用户界面更友好、更方便。交互式的图形操作是CAD中最基本、最大量的工作内容,图形功能的强弱是评价CAD系统的重要指标之一。本章将主要介绍计算机绘图的基本知识,电气工程图的技术要求及主要专用CAD软件简介。

3.1 电气工程CAD绘图基本知识

一、计算机绘图的基本原理与方法

(一)计算机绘图的基本原理

计算机绘图是以计算机图形学为理论基础的工程实践活动,是研究怎样用数字计算机生成、处理和显示图形的一门学科,是计算机科学中最为活跃、得到广泛应用的分支之一。计算机中表示图形的方法是:图形由点构成,点的属性如所在位置坐标、颜色等组成图形数据,存放在存储器中;点阵枚举出图形中所有的点简称为图像(数字图像),表示由图形的形状参数(方程或分析表达式的系数、线段的端点坐标、线宽、线型、颜色等)和属性参数(颜色、线型等)来表示图形。计算机绘图的内容包括图形信息的输入、图形变换处理和运算、着色、形变及图形的生成、存储、输出。图形主要分为两类:基于线条信息表示明暗图(Shading)图形以及构成图形的要素图形。

计算机硬件的发展,尤其是图形显示器、图形输入设备、图形软件及软件标准的发展推动了绘图技术的不断发展。

(二)计算机绘图的基本方式及坐标系

1. 计算机绘图的基本方式

计算机是利用高速的运算能力和显示器的实时显示能力来处理图形信息的,包括图形信息的输入、输出、显示,图形的生成、变换、编辑、识别,图形之间的运算和交互绘图方面的内容。复杂图形均由基本图形元素组成,基本图素有点、线、圆、弧、字符。由图素组成的某些图形符号称为子图,图素本身也是最简单的子图。子图是图形交换、存储操作的对象,若干个子图的集合称为图块,图块可作为一个整体进行存储、插入、删除、平移等操作。

在计算机图形处理中,绘图方式主要有矢量法和像点法。矢量法中,任何曲线都是由直线逼近，绘图仪就是一种矢量输出设备。像点法主要用于光栅扫描显示器中，显示器中发光的离散亮点称像素，由像素组成的阵列称光栅，光栅的长乘以宽称为分辨率，如 600×800、720×1024 等，像素有多种颜色的显示器可显示彩色图形。产生一条曲线，就是将该曲线所经过的像素点亮便形成了曲线轮廓。

2. 图形坐标系

图形对象的描述、图形的输入输出都是在一定的坐标系中进行的，常用坐标系有：

（1）用户坐标系，即用户原始使用的坐标系。

（2）设备坐标系，即与具体设备有关的坐标系，一般是二维。

（3）规格化坐标系，即与设备无关的图形系统，通常取无量纲长度单位，X、Y 轴取值范围 [0.0，1.0]。不同的坐标系，有不同的坐标原点和坐标单位。

三者之间关系如图 3-1 所示。

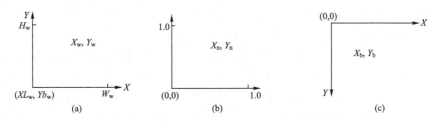

图 3-1　三种坐标系相互关系

(a) 用户坐标空间；(b) 规格化坐标空间；(c) 设备坐标空间

用户坐标中一点（X_w，Y_w）变换为规格化坐标系中的点（X_n，Y_n）时的表达式

$$X_n = (X_w - XL_w)/W_w$$
$$Y_n = (Y_w - Yb_w)/H_w$$

式中　W_w，H_w——用户绘图定义的范围；

　　　XL_w，Yb_w——用户坐标系的原点坐标。

用户坐标系变换到设备坐标系，可通过规格化坐标系过渡。例如，屏幕分辨率为 640×480 时，设备坐标系取值范围是 X：0～639；Y：0～479。若用户坐标系以（0，0）为原点，则规格化坐标系为

$$X_n = X_w/W_w$$
$$Y_n = Y_w/H_w$$

变换到屏幕坐标系时有

$$X_a = 639X_n = 639X_w/W_w$$
$$Y_a = 479Y_n = 479Y_w/H_w$$

屏幕坐标原点在左上角，可由下列变换将坐标原点转换到左下角。

$$X_b = 639X_w/W_w$$
$$Y_b = 479(1 - Y_w/H_w)$$

若用户绘图范围为 $W_w = 639$，$H_w = 479$，则可简化上式

$$X_b = X_w$$
$$Y_b = 479 - Y_w$$

（三）常用图形处理子程序

用高级语言编制 CAD 应用软件，须有一个通用绘图系统供调用。这个绘图系统由基本子程序、功能子程序和应用子程序三部分组成：

（1）基本子程序是直接与图形设备有关的一些子程序，包括设备初始化子程序、设备驱动子程序、设备控制子程序以及画点、画线子程序等。

（2）功能子程序是在基本子程序基础上设计的有特定绘图功能的子程序，如画圆弧、椭圆、多边形、曲线及图形变换子程序。这部分子程序不依赖硬件设备，具有通用性。

（3）应用子程序是用户根据专业需要而设计的一些专业性较强的子程序，如电气元件图、开关柜图、电气设备和布置图等。

（四）常用绘图方法

CAD 中绘制二维图形常用的方法有：

（1）直接利用图形支撑软件提供的各种功能，利用人机交互方式将图形一笔一笔地画出来。老式的 CAD 系统都采用这种方式，主要缺点是速度慢、绘图工作量大。

（2）利用图形支撑软件提供的尺寸驱动方式进行绘图（又称参数化绘图），比较先进的图形支撑软件都提供这种功能。尺寸驱动一般是建立在变量几何原理上的，设计者可以采用"Hand Free"方式随手勾画出元件的拓扑结构，然后再给拓扑结构添加几何尺寸约束，系统会自动将拓扑结构按照给定的约束转换成元件的几何形状和几何大小。这种方式大大提高了绘图效率，也支持快速的概念设计。

（3）利用图形支撑软件提供的二次开发工具，将一些常用的图素参数化，并将这些图素存在图库中。绘图时，根据需要从图库中按菜单调用有关图素，并将之拼装成有关的零件图形。由于图素已经参数化，可以方便地修改尺寸。这种利用参数化绘图的方法可以极大地提高绘图效率。

（4）采用三维造型系统完成零件的三维立体模型，然后采用投影和剖切方式由三维模型生成二维图形，最后再对二维图形进行必要的修改和补充并标注尺寸、公差和其他技术要求。目前比较先进的 CAD 系统都具有这种功能，这是最为理想的绘图方法，一般均可提供相关修改功能。在计算机辅助绘图系统中，绘图工作量的 $40\%\sim60\%$ 是各种标注，所以，计算机辅助绘图的研究和应用重点应放在标注上。

二、基本绘图算法

这里只介绍椭圆绘图算法，其余规则图形读者可据此自行推导。

椭圆方程

$$\frac{x^2}{a^2}+\frac{y^2}{b^2}=1 \quad 写成 \quad \begin{cases} y=\dfrac{b}{a}\sqrt{a^2-x^2} & x\geqslant0 \\ y=-\dfrac{b}{a}\sqrt{a^2-x^2} & x<0 \end{cases}$$

椭圆绘制流程图及所绘图形如图 3-2 所示。

注意：（1）建立对计算机绘图有利的数学模型，本例中 a、b 为长、短半轴，n 为绘图步数。

（2）总是用直线段趋近曲线，故须考虑逼近精度。

（3）应按规定范围设计要求的绘图动作。

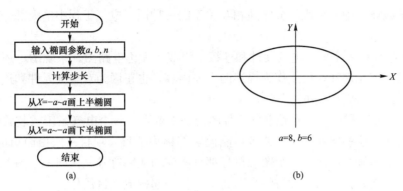

图 3-2　椭圆绘制

（a）椭圆绘制框图；（b）椭圆图形

3.2　电气工程绘图技术要求

一、电气工程图的种类及特点

（一）电气工程项目范围

电气工程项目范围很广，包括工业与民用电力、电子、控制、建筑供用电及其控制工程，大体分为以下几类。

（1）发变电及线路工程，包括发电、变配电、线路及其一、二次设备工程。

（2）动力、照明及电热工程，包括动力设备、照明灯具、电扇、空调、插座、配电箱等。

（3）电子工程，包括模拟电子、数字电子及印制电路等弱电工程。

（4）建筑电气工程，包括应用于工业和民用建筑领域的动力照明内外线及消防报警、微机网络、通信电视、智能楼宇等弱电工程。

（5）防雷接地工程。

（二）电气工程图分类

电气工程图用来表达各类电气工程的构成和功能，描述各种电气设备的工作原理，提供施工安装、调式、维护的依据。电气工程图有以下类型：

（1）图纸目录及前言。

（2）电气系统图和框图。

（3）电路图。

（4）安装接线图。

（5）电气平面图。

（6）设备、元件及材料表。

（7）设备布置图。

（8）大样图。

（9）产品使用说明用电气图。

（三）电气工程图的特点

（1）简图是电气工程图的主要表现。简图是采用标准的图形符号和带注释的框或者简化外形表示系统或设备中各组成部分之间相互关系的一种图，电气工程中绝大部分采用简图的形式。

（2）一种电气设备主要由电气元件和连接线组成。无论电路图、系统图，还是接线图和平面图都是以电气元件和连接线作为描述的主要内容。也正因为对电气元件和连接线有多种不同的描述方式，从而构成了电气图的多样性。

（3）图形、文字和项目代号是电气工程图的基本要素。一个电气系统或装置通常由许多部件、组件构成，这些部件、组件或者功能模块都称为项目。项目一般由简单的符号表示，这些符号就是图形符号，通常每个图形符号都有相应的文字符号。在同一个图上，为了区别相同的设备，需要设备编号，设备编号和文字符号一起构成项目代号。

（4）电气工程图在绘制过程中主要采用功能布局法和位置布局法。功能布局法指在绘图时，图中各元件的位置只考虑元件之间的功能关系，而不考虑元件的实际位置的一种布局方法，电气工程图中的系统图、电路图采用的是这种方法。位置布局法是指电气工程图中的元件位置对应于元件的实际位置的一种布局方法，电气工程中的接线图、设备布置图采用的就是这种方法。

（5）电气工程图具有多样性。不同的描述方法，如能量流、逻辑流、信息流、功能流等，形成了不同的电气工程图。系统图、电路图、框图、接线图就是描述能量流和信息流的电气工程图；逻辑图是描述逻辑流的电气工程图；功能表图、程序框图描述的是功能流。

二、电气工程制图的一般规定

本节根据国家标准 GB/18135—2000《电气工程 CAD 制图规则》中常用的有关规定，介绍电气工程制图的规范。

（一）图纸幅面及格式（GB/T 14690—1993）

1. 图纸的幅面尺寸

为了图纸规范统一，绘电气工程设计图纸应优先选用表3-1中规定的幅面。必要时，可以使用加长幅面，加长幅面的尺寸，按选用的基本幅面大一号的幅面尺寸来确定，例如 A2×3 的幅面，按 A1 的幅面尺寸确定，即 e 为 20mm（或 c 为 10mm）。

表3-1   基本幅面尺寸（单位：mm）

幅面代号		A0	A1	A2	A3	A4
尺寸 $B×L$		841×1189	594×841	420×594	297×420	210×297
边框	a	25				
	c	10			5	
	e	20		10		

2. 图框格式和标题栏（GB/T10609.1—1989）

图框格式如图3-3，标题栏格式如图3-4所示。

通常标题栏位于图框的右下角，看图的方向应与标题栏的方向一致。（GB/T 10609.1—1989）《技术制图 标题栏》规定了两种标题栏格式，图3-4、图3-5是第一种标题栏的格式，这种格式与 ISO 7200—1984 相一致。实用中各行业设计院稍有不同。

学校课程设计和毕业设计图可用图3-6简化标题栏。

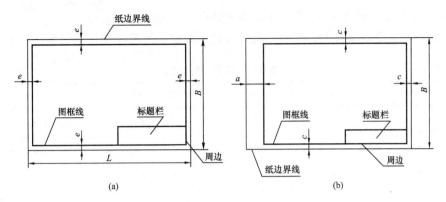

图 3-3　图框格式

（a）不留装订；（b）留装订边

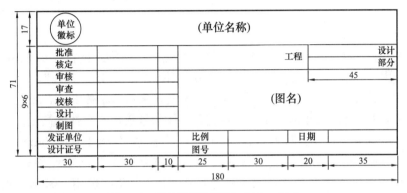

图 3-4　设计通用标题栏（A0～A1）

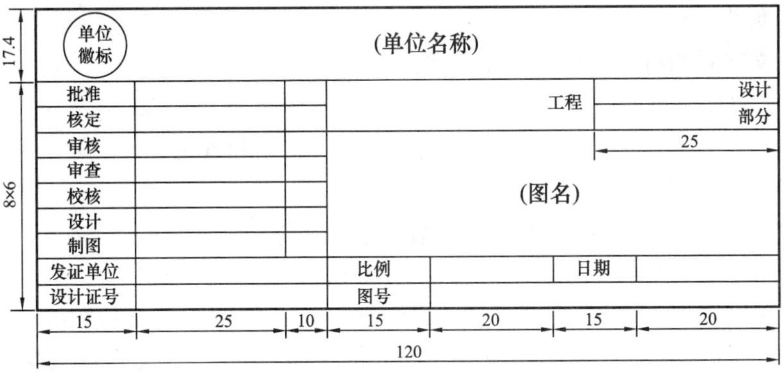

图 3-5　设计通用标题栏（A2～A4）

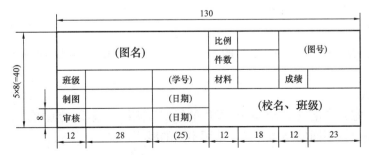

图 3-6　课程设计和毕业设计用简化标题栏

（二）电气工程绘图比例（GB/T 14690—1993）

电气工程图、设备布置图、安装图最好按比例绘制，推荐绘图比例见表 3 - 2。

表 3 - 2 推荐电气工程绘图比例

类　　别	比　　例		
放大比例	50 : 1 5 : 1	20 : 1 2 : 1	10 : 1
原尺寸			1 : 1
缩小比例	1 : 2 1 : 20 1 : 200 1 : 2000	1 : 5 1 : 50 1 : 500 1 : 5000	1 : 10 1 : 100 1 : 1000 1 : 10 000

（三）文本

（1）字体。字体要符合 GB/T 14691 中的有关规定。图样上的汉字应采用长仿宋体字，汉字字体可采用 Windows 系统所带的 TrueType 字体"仿宋 GB _ 2312"，CAD 文字格式选用：SHX 字体- gbenor. shx、大字体- gbcbig. shx 及仿宋单线字体 hztxt. shx。

（2）字符尺寸。字的大小应按字号的规定，字体的号数代表字体的高度。字符高度尺寸 h 为 1.8、2.5、3.5、5、7、10、14、20mm，汉字高度不能小于 3.5mm，字宽一般为 $h/1.5$。图样中的西文字符可写成斜体或直体，斜体字的字头向右倾斜，与水平基线成 $75°$，字宽一般为 $h/2$，宽高比例为 0.68。同一图样上只允许选用一种形式的字体。图纸格式中的汉字使用的是 5 号，也就是字高是 5mm。此时的数字、字母一般应为 4 号字，技术要求汉字一般为 6 号。

（3）各行文字间的行距不应小于 1.5 倍的字高。

（四）图线（GB 4457.4—1984 和 GB/T 17450—1998）

国标对电气工程图纸的图线、字体和比例做出了相应的规定。

1. 图线的宽度

根据用途，图线宽度宜从下列线宽中选用：

0.18、0.25、0.35、0.5、0.7、1、1.4、2mm。

在电气工程图样上，图线宽度尽量不多于两种，分别称为粗线和细线，其宽度之比为 2 : 1。在通常情况下，粗线的宽度采用 0.5mm 或 0.7mm，细线的宽度采用 0.25mm 或 0.35mm。在同一图样中，同类图线的宽度应基本保持一致；虚线、点画线及双点画线的画长和间隔长度也应各自大致相等。

2. 图线间距

平行线（包括画阴影线）之间的最小间距不小于粗线宽度的两倍，建议不小于 0.7mm。

3. 图线型式

根据国标规定，在电气工程制图中常用的线型有实线、虚线、点画线、双点画线、波浪线、双折线等，根据不同的结构含义，采用不同的线型，见表 3 - 3。

表 3 - 3　　　　　　　　　　　　　绘　图　图　线

线型编号	图线名称	线　型	线宽（mm）	颜色	一般用途
1	实线 1	——	1.0 / 0.7	蓝 / 红	(1) 外轮廓线或建筑轮廓线 (2) 钢筋 (3) 小型断层线
2	实线 2	——	0.5	黄	(4) 结构分缝线 (5) 材料断层线 (6) 标题字符 (7) 母线
3	实线 3	——	0.35	绿	(1) 剖面线 (2) 重合剖面轮廓线 (3) 粗地形线 (4) 风化界限、浸润线 (5) 示坡线 (6) 钢筋图结构轮廓线
4	实线 4	——	0.25	白	(7) 曲面上的素线 (8) 边界线 (9) 表格中的分格线 (10) 引出线 (11) 细地形线
5	实线 5	——	0.18	青	(12) 尺寸线、尺寸界线 (13) 设备和元件的可见轮廓线 (14) 电缆、电线、导体回路
6	虚线 1	— — —	0.7	红	(1) 单线管路图和三线管路图不可见管线 (2) 推测地层接线
7	虚线 2	— — — —	0.5	黄	(3) 不可见结构分缝线 (4) 不可见轮廓线 (5) 原轮廓线
8	虚线 3	- - - -	0.35	绿	(6) 设备和元件的可见轮廓线
9	虚线 4	- - - - -	0.25	白	(7) 不可见电缆、电线、母线、导体回路
10	点画线	—·—·—	0.25 / 0.18	白 / 青	(1) 中心线 (2) 轴线 (3) 对称线
11	双点画线	—··—··—	0.25	白	(1) 原轮廓线 (2) 假设投影轮廓线 (3) 运动构件在极限或中间位置的轮廓线 (4) 相配线（两剖面对接线）
12	点线	············	0.5	黄	(1) 牵引线 (2) 岩性分界线

3.3　开发和应用电气工程绘图软件的原则

电气工程领域中的设计有一套完整的设计标准和规则，尤其是编制规则和电气图形符号，都是电气工程的语言，作为一种专门为电气设计编制的软件，更要在这些方面注意，开发和应用电气制图软件的过程中需遵循以下的原则和规则：

一、建立相应的数据库

为保持在所有文件之间，整套装置或设备与其文件之间的一致性，应建立与电气工程 CAD 制图软件配套的设计数据（包括电气简图用图形符号）和文件的数据库，数据库应该便于扩展、修改、调用和管理。电气简图用图形符号库中的符号应符合 GB/T 4278：1996～2000《电气简图用图形符号》。该标准符号、形式、内容、数量等全部与 IEC 相同，为我国电气工程技术与国际接轨奠定了基础。

二、初始输入系统

当需要在计算机系统之间传递设计数据时，为简化数据传输过程，CAD 初始输入系统应采用公认的标准数据格式和符号集。

三、选择和应用设计输入终端导则

设计输入终端是图样录入和文件编制的重要方式，在选择和应用时应遵守如下导则：

（1）选用的终端应在符号、字符和所需格式方面支持适用的工业标准。

（2）在数据库和相关图表方面，设计输入系统应支持标准化格式，以便设计数据能在不同的系统间传输，或传送到其他系统作进一步处理。

（3）数据的编排应准许补充和修改，且不涉及大范围的改动。

四、制图的一般原则

文件最后表示必须遵守一致的准则，包括：①图纸格式，图号、张次号，图线的形式、宽度和间隔应符合 GB/T 4458.1，电气技术图样和简图中的字体汉字应为仿宋字，箭头和指引线，尺寸线终点和起点，视图，比例；②简图布局准则，包括：信号流方向，符号布局，简图中的图形符号，符号的选择，符号的大小，符号的取向，端子的表示法，引出线的表示法；③连接线准则；④图框和机壳准则；⑤简化的方法；⑥项目和端子代号；⑦信息的标记和注释。以上这些准则是电气软件设计的根本，违反了这些电气标准的符号和规则，就失去了电气软件的灵魂和根本。

五、建立电气工程专业图库

建立图库是电气工程专业软件开发的重要部分，图库的内容应越丰富越好。建立图库并不等同于简单提供各类图块，要规划好图块的大小、统一图块的比例，分类组织，让用户能顺利地使用、维护和扩充。

输出时注意输出比例，在输出时可用程序控制字高、符号大小等，改变输出比例时同时改变字高、线宽等与比例有关的图素。

3.4 CAD 图形软件的标准化

CAD 软件一般是集成在一个异构的工作平台之上，为了支持异构跨平台的环境，就要求应是一个开放的系统，主要是靠标准化技术来解决这个问题。

目前标准有两大类：一是公用标准，主要来自国家或国际标准制定单位；另一是市场标准或行业标准，属私有性质。前者注重标准的开放性和所采用技术的先进性，而后者以市场为导向，注重考虑有效性和经济利益。除了 CAD 支撑软件逐步实现 ISO 标准和工业标准外，面向应用的标准构件（零部件库）、标准化方法也已成为 CAD 系统中的必备内容。

计算机图形标准通常是指图形系统及其相关应用系统中各界面之间进行数据传送和通信

的接口标准，以及供图形应用程序调用的子程序功能及其格式标准。其中，前者称为数据及文件格式标准，后者称为子程序界面标准。本节将简要介绍 CAD 系统的常见图形软件标准，以及不同 CAD 系统间的产品数据交换标准。

一、图形软件标准化的意义

（1）可自由选择软硬件组合。

（2）适应性强。

（3）便于数据交换。

二、计算机图形软件标准

计算机图形软件标准是面向图形应用软件的标准，它提供了应用程序与图形软件的应用接口。图形软件（即图形程序库或图形程序包）是一组常用的有关图形处理的子程序的集合，它隔离了应用程序与物理设备的联系。图形软件的标准化保证了图形处理应用程序的设备无关性和应用程序在源程序级的可移植性。

计算机图形软件标准是 CAD 系统开发人员非常关心的有关图形处理的核心问题之一。目前，国际上通常采用的图形软件标准有 GKS 和 GKS-3D、PHIGS，以及非常流行的 OpenGL。

1. 图形核心系统（GKS 和 GKS-3D）

GKS（Graphics Kernel System）是最早颁布的国际图形标准，1979 年由原联邦德国国标准化组织（DIN）提出，1985 年被国际标准化组织接受，作为 ISO 国际标准和美国国家标准。GKS 是一个二维图形标准，提供了图形输入输出设备与应用程序之间的功能接口，定义了一个独立于语言的图形核心系统。描述应用程序和图形输入输出设备的接口：控制功能、输出功能、输出属性，变换功能、图组功能、输入功能、询问功能、实用程序、原文件处理及出错处理。

GKS 独立于设备和各种高级语言，定义了用高级语言编写程序与图形程序包的接口。这样编写的应用程序能方便地在具有 GKS 的不同图形系统之间移植。

2. 程序员层次交互式图形系统（PHIGS）

PHIGS（Programmer's Hierarchical Interactive Graphics System）是由 ANSI 提出、并于 1986 年被 ISO 批准的一个三维图形标准。与 GKS-3D 相比，PHIGS 同时支持造型和图形显示，图形处理功能更加强大和丰富，在图形数据的组织、管理形式上也更为合理。GKS 与 PHIGS 在应用中的地位示意图如图 3-7 所示。

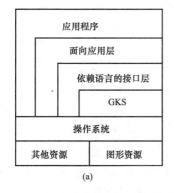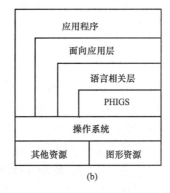

图 3-7　GKS 与 PHIGS 在应用中的地位示意图

(a) GKS；(b) PHIGS

三、基本图形交换规范（IGES）

基本图形交换规范（Initial Graphics Exchange Specification，IGES）是1980年由美国国家标准局主持开发，1982年成为ANSI标准的。IGES的作用是在不同的CAD/CAM系统之

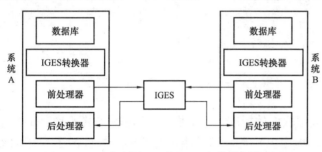

图3-8　不同系统间通过IGES交换数据的过程

间交换数据，将某种CAD系统的输出转换成IGES文件时需用前置处理程序；将IGES文件传送至另一种CAD系统也需要经后置程序。IGES交换数据的过程如图3-8。为了克服IGES存在的问题，扩大CAD数据交换中几何、拓扑数据的范围，ISO开发了STEP标准。

3.5　电气工程专用CAD软件简介

一、德国AUCOTEC公司电气工程CAD设计软件

AUCOTEC公司作为全球在电气和自动化设计领域最大的独立电气设计软件开发商，经过20余年的发展，在机械设备、工程控制、发电、输配电和布线等领域都成为软件开发行业先锋，近来被美国微软公司授予"金牌认证合作伙伴"。德国AUCOTEC公司并购Racos公司，Racos公司为AUCOTEC公司带来了开关柜设计等方面享有盛誉的专业经验。

（1）Engineering Base是最新一代以对象为导向并以中央数据库为核心的集成式电气工程设计平台。不仅能便捷地创建电气设计所需的各类图纸和文档，如元器件清单、采购订单、电缆清册、接线表、端子图等，还具备了优化工程管理的多种功能，如版本管理、自动检测、自动翻译、权限管理等。同时还能与其他软件系统如PDM（如TeamCenter、WindChill、SmarTeam）、ERP（如SAP）、三维设计软件（如CATIA V5、Pro/E、UG等）等自由进行数据交换。

（2）ELCAD可为用户提供电气设备在不同的工业流程中所需的一套完整的解决方案，从项目规划、构架、实施一直到设备维护都涵盖其中。在ELCAD Studio中，模板设计是以标准的功能模板为基准，直接整合至E-CAE系统。使用ELCAD模板项目，再度使用的模块可重新进行定义或者与已完成的机器和设备放置在一起。除特有的电路图外，标准的"建构工具箱"还包括有关I/O端口指派的所有信息、设备定义和规格详述，以及所必需的外部文档。ELCAD能生成原理图、端子和接线图、订单和设备清单、部件清单、输入/输出清单、图纸目录、电线及电缆清单、集成和装配图以及电气柜体的布局图。

（3）Ruplan具有最新的用户界面、有关设计规范和标准的最大限度的灵活性，可以集成从现场到ERP（企业资源规划）不同等级的IT环境中。其强大的API（应用程序界面），Ruplan使期望客户和使用客户在能源、水利、铁路、汽车及铁路市场领域能够实现非常专业的相关要求文档，是电气工程和控制设计市场的首选方案，支持用户创建符合IEC 61346、IEC 61355、IEC 60617新设计规范的电气文档。Ruplan的最新功能：①默认项目/资料清单；②与CLIP PROJECT（Phoenix）和smartDESIGNER（Wago）的接口；③硬件配置链接；④功能设计规格书。

使用 Ruplan 进行电气工程设计是为了得到深入的完整文档所采用的全面解决方案。所有相关的文档如内容表、端子和接线图、材料表、资源清单、布线及输入/输出表单以及采购订单都能够自动生成。系统构架是以对象为基础的，拥有自己的项目管理器和完整的版本控制管理，带有标准符号库和数据库，是一个多用户系统，允许多名用户同时在一个项目内进行工作，可在主终端服务器技术的支持下以客户服务器应用方式进行安装。

（4）AUCOPLAN 是 I&E 设计和电气工程设备的规划、建设、操作和维护的高端工程设计系统。AUCOPLAN 最大特点是对于特殊标示指令、工程设计流程和文件规章的极大灵活性和适应性。能够整合电气和电子机械工程、自动化技术和流程工程规划相关的数据和文件。支持多用户以及客户端/服务器环境，数据库驱动设计及以对象为导向的模块化设计。

AUCOPLAN 能够创建配电站、机械控制、电缆排布、建筑安装和流程工程设备所必要的所有源材料。可创建 P&I 图纸、电气回路原理图、端子和连接图纸、采购订单和设备清单、部件清单、输入/输出表、内容表、布线和电缆清单、附件和安装图、电气柜布局图和逻辑图。I&E 回路图能够通过标准化的模板自动生成。

（5）KABI 电缆线束设计。KABI 可以连贯整体的完成从原理图、线束图到生成线束生产工艺文件（物料清单、下线表、安装板等）的整个线束设计过程。独特之处在于，它支持从原理图绘制一直到生成 1∶1 比例的线束面板安装图的全过程。以对象为核心的目录树能够清晰地表明所有局部功能下使用的元器件。图纸、符号和对象都可在预览窗口进行预览。通过鼠标滚轮可以实现无限缩放功能。元器件和连接点的位置可以通过方向键改变，平面图、符号和对象可以通过拖放功能进行复制。

二、AutoCAD Electrical 2008 简介

AutoCAD Electrical（以下简称为 ACE）是针对运动类机器或产品的电气控制设计，源自于 AutoCAD 却胜于 AutoCAD。

（一）专门面向电气的绘图功能

（1）端子排编辑器通过简洁的界面来管理和编辑端子排信息，移植实用程序可以轻松地将 AutoCAD 或 AutoCAD LT 软件所创建的现有设计移植到 AutoCAD Electrical 中，以进一步进行修改。

（2）提供了多种专业设计工具，能更快、更精确地创建和修改电气控制设计，可快速创建智能的 PLC I/O 图。

（3）轻松地将现有的制造商目录数据库、PLC I/O 库、示意图查找数据库和相应的示意图符号与每个新版本中提供的内容合并。可将标准 AutoCAD 块转换为智能的 AutoCAD Electrical 符号。

（4）可以快捷地将阶梯插入工程图中，减少创建控制图的冗余工作量。将横档插入到现有阶梯中，可以更快地创建电气控制原理图。

（5）自动生成从 BOM 表到导线列表、PLC I/O、端子图、缆线摘要到交互参考报告在内的所有报告。

（6）智能面板布局图，能提取原理图元件清单以放置到面板布局图中。用户所要做的就是从清单中挑选装置，然后将其拖放到相应位置。软件会在原理图和面板装置表达之间创建一个电子连接。

（二）绘图步骤及范围

ACE 用于输配电行业可以按以下步骤进行操作：①新建项目结构；②在项目中新建图纸；③在每一张图纸中绘制内容；④设计完毕进行图纸审核；⑤如有需要进行修改再提交审核；⑥设计完毕。

用 ACE 的功能进行电气工程设计的图纸包括：单线系统图、二次原理图、布局图、接线图、端子排图、材料清单，同时还可按需要产生接线报表。

（1）单线系统图。

（2）二次原理图。ACE 强大的原理图绘制功能利用导线操作与元件操作绘制各类电气图形，元件操作使用图块作为插入单元，其实是借用 AutoCAD 自带的块、打断、合并等功能进行操作。ACE 的"符号编辑器"可完成自定义符号或在已有的图形上进行更改。

（3）布局图。ACE2008 配有专业绘制面板布局的功能，使布局图中的数据可与原理图紧密地相关联在一起，原理图操作或是布局图操作将可能相互影响的情况都给予提示。在绘制布局图的方面可以使用"插入示意图（原理图列表）"的"使用示意图表格"来实现，其数据已与原理图中的元件相对应，只要示意图符号库中已有此图形，当插入一个元件的示意图，ACE 会从符号库搜索到图形。

（4）接线图。

（5）端子排图。提供了专门的功能在原理图中对端子进行跳线的编辑，需要插入带有跳线的端子排。

（6）材料清单。原理图报表生成由 ACE 可快速准确地完成。在设计完毕后可使用 Autodesk Design Review 之类的工具做到设计共享，让设计提交审核。

（7）报表。使用报表功能可将报表清单输出成文件或是放在图纸上显示。

三、EESv10.0P 大型电力电气工程设计软件介绍

EESv10.0P 电气工程设计软件是北京博超时代软件有限公司的产品，已在全国各地得到广泛的应用。软件使用全鼠标指令、模糊操作、智能化专家设计，运行于 Windows 和 AutoCAD 环境。

（一）软件的技术特点

（1）独特的数据流技术。从系统到平面、从平面到剖面、从计算到校核、从二维到三维，数据流技术将整个设计流程中需要的数据整合起来，简化了软件的数据输入，避免了人为失误，提高了绘图和设计质量。

（2）智能化专家设计系统。完成了从辅助制图到辅助设计的变革，在智能化辅助设计的层面上满足工程师的设计需求，促进设计标准化。

（3）动态设计模糊操作。实现了动态可视化技术，随着参数调整就能动态看到计算结果和设备布置效果，使设计过程一目了然。模糊操作功能将用户操纵的大致光标位置自动转换成准确的绘图定位，使设计图纸精确。

（4）三维设计。在平面上布置变配电设备，采用剖切实体方式生成任意位置的断面图。布置避雷针可同步看到其平面保护范围、保护断面图及其三维保护效果图。

（5）模型化、参数化、数字化。将设计对象以模型化、参数化方式描述，存储于工程数据库，使设计过程直观简捷，信息共享，实现了图纸间及图形与数据之间的联动。

（6）全面开放性图形库、数据库、菜单。可由用户根据自己需要扩充和修改，即使不熟

悉计算机的人，也能方便使用。

（7）突出的兼容性。识别天正、PKPM、ABD、AutoCAD 等软件提供的建筑平面图。

（8）最佳的网络组合。可在单机和网络一体化间快速切换。

（二）主要功能

（1）高、低压供配电系统设计。

（2）成组电动机启动压降计算。用户可自由设定系统接线形式，可以灵活设定电动机的台数及每台电动机的型号参数、电动机回路的线路长度及电抗器，自动计算每台电动机的端压降及母线的压降。

（3）高压短路电流计算及设备选型校验。模拟实际系统合跳闸及电源设备状态，计算单台至多台变压器独立或并联运行方式下的短路电流，输出详细计算书和等值电路图。根据短路计算结果进行高压设备选型校验，可自动进行各类设备的分断能力、动热稳定校验，能够生成计算书及绘制设备选型结果表。

（4）变配电室、控制室设计，配电室开关柜布置图如图 3-9 所示。

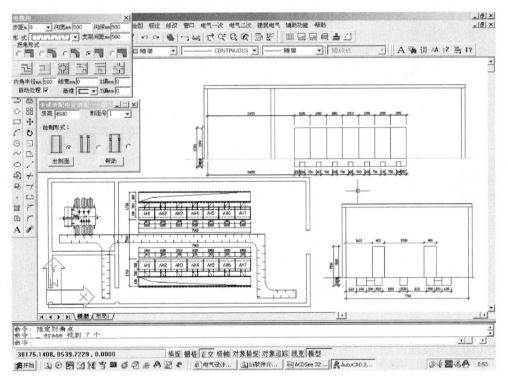

图 3-9　配电室开关柜布置图

1）由系统图自动生成配电室开关柜布置图及自动生成变配电室断面图。

2）参数化绘制电缆沟、桥架平、断面布置，自动处理接头、拐角、三通、四通。

（5）全套弱电及综合布线系统及其平面设计。进行综合布线、消防、公寓对讲、有线广播、闭路电视、电话、共用天线等所有弱电系统图的设计及平面布置设计。

（6）二次设计。自动化绘制电气控制原理图、标注设备代号和端子号及自动分配和标注节点编号。由原理图自动生成端子排接线、材料表和控制电缆清册，并可进行微机监控原理接线设计。可手动设定、生成端子排，进行端子排编辑和正确性检查，可以灵活设定各种端子排电缆标注样式。二次设计界面如图 3-10 所示。

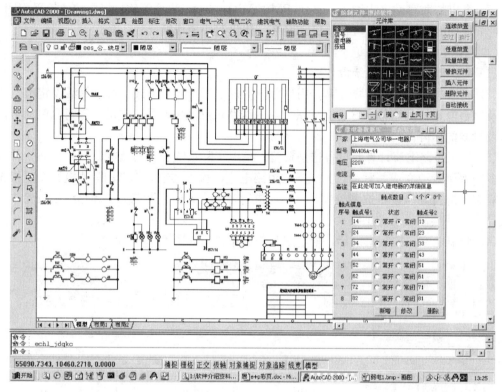

图 3-10 二次设计界面

可绘制盘面、盘内布置图，绘制标字框、光字牌及代号说明；参数化绘制转换开关闭合表；自动绘制 KKS 编号对照表；可进行高、低压继电保护计算；根据厂家样本任意添加继电保护计算公式并自动计算。提供百余套通用电机控制原理标准图集供检索调用。

（7）平面设计。智能化平面专家设计体系用于动力、照明、消防及弱电平面的设计。含负荷统计、照度计算、动态可视化设备布置、自动及模糊接线、设备及线路选型、标注。提供颜色、线宽、标注样式等初始设定，自动生成图纸的材料表，自动统计设备数量及导线长度。分配照明箱和照明回路，并生成照明系统图。

（8）桥架设计。

（9）防雷与接地设计。

（10）辅助功能包括：

1）提供常用电气工程设计数据、制图标准和标准图集、常用设计手册在线查询。

2）图形库、数据库完全开放、图块自动入库。

3）软件图层设置，自动套用图框、图戳、表头填写，生成图纸目录。

4）人性化的屏幕菜单和开放的工具条。

5）提供全套表格绘制、填写、全屏文本编辑工具，绘制的表格可以直接转化为 EXCEL 表格，也可以将 EXCEL 表格绘制到 DWG 文件中。

四、浩辰 ACAD 平台电气软件 IDq6.0

浩辰电气软件 IDq 是由浩辰软件公司开发的用于电力、电气工程设计的大型综合设计软件。采用 AutoCAD 核心技术 ObjectARX 和数据库技术开发研制，是目前首家获得中华人民共和国建设部科技司鉴定的电气设计软件。

浩辰软件 IDq6.0 系列软件已经全面支持 AutoCAD 2007、2008，图例符号符合最新图形和文字符号标准 GJBT－532（图集《00DX001》）。主要功能如下：

（1）照明设计。用于民用及工业建筑室内部分的照明计算，提供了最新的灯具库与光源库，内嵌最新的照明设计规范。自动调整校核矩高比、直接布灯及自动生成 Word 格式计算书。照明照度计算界面如图 3－11 所示。

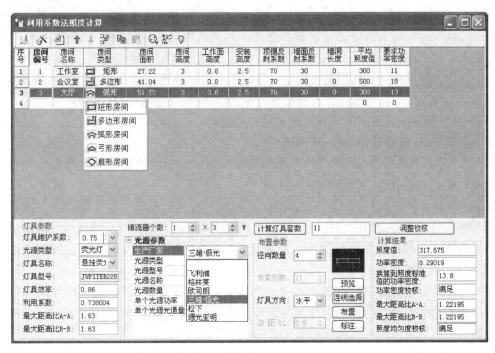

图 3－11　照明照度计算界面

（2）强电平面设计。含协同设计、人工智能等，主要特点有图块识别、图块入库及同步、新图块共享、设备统计及动态拖动等。

（3）电气计算。电气计算模块涵盖了高低压短路电流计算、配电系统负荷计算、照度计算、防雷接地计算、电机启动、继电保护、降压损失、无功功率补偿计算等，可以进行无限大电力系统和有源系统的短路计算，并且考虑高低压异步电动机的冲击，结果都输出 Word 文档。

（4）防雷接地设计。采用滚球法，应用先进的三维曲面设计技术，计算多根避雷针联合防护区域。提供了参考点插入法进行避雷针插入、精准定位避雷针在场地或建筑物所处的方位，方便确定插入的位置和针高。

（5）弱电平面设计。含火灾报警和消防联动、楼宇自动化、综合布线、安防报警和楼宇对讲、电话、有线电视、广播、扩音系统、公共建筑计算机管理、三表远传等系统。

（6）供配电系统设计。

1）厂（所）用电系统设计：软件提供了几十类（上千种）的开关柜标准回路方案库，可快速生成配电系统图、订货图和材料表。主要特点如下：①提供了用户定制的表格模板，用户可任意定义不同的表格形式；②可方便地对原有方案进行修改，包括回路方案、元件修改、回路间距等；③订货图模式详细定制，增加固定表、统计表；④设备材料表生成。

2）变电站布置及平、断面图设计。提供参数化绘制变电站图形功能，包括高低压开关柜、变压器平面布置图，电缆以及桥架等电气和土建构架图。自动生成剖面图，统计生成设备材料表。

（7）动力、照明配电系统设计。IDq 提供了集负荷计算、电缆选型、保护管选型、负荷分配、供电管理、自动绘图为一体的设计功能，用户只需要输入最末端的负荷参数、需用系数和功率因数等参数，软件自动计算出每个配电箱的配入和配出参数、自动选取电缆、保护管和开关型号规格，同步显示整个系统连接图。计算结果可以输出成 Word 格式的计算书。

（8）二次设计。可灵活快速地绘制和修改多种二次原理图，包括各类控制、电压电流、信号回路等。并自动生成端子排和电缆清册，可进行盘面盘内设计和绘图，自动统计设备。

（9）通用及辅助设计。利用简化命令对常用工具定制热键，调出菜单；文字和表格处理及支持在 AutoCAD 中直接书写公式和特殊符号；含英汉-汉英对照翻译词典 。

（10）提供标准图库及图库管理，面向用户开放。

五、电气 CAD 设计软件 SuperWORKS

电气 CAD 设计软件 SuperWORKS 是利驰软件公司专为电力电气和电气自动化设计工程师量身订造的专业化电气设计软件。

SuperWORKS 软件可帮助电气及自动化工程师轻松进行电气一次主回路及二次控制回路的原理图设计、设备材料明细统计生成、自动生成端子表、电缆表、接线表、开闭表及接线图等后续图纸。软件有丰富的图库、专业化的元件选型库以及互动改图、智能查图等功能。其主要功能分析如下。

（1）系统设置轻而易举且本地化。通过图形化的操作界面，轻松进行设计前的基本设置，使图纸符合用户使用习惯和企业标准。可设置电路图标注形式、端子表格式、接线图格式及标题栏样式，系统设置界面如图 3-12 所示。

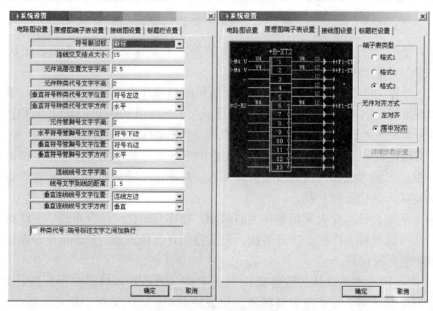

图 3-12 系统设置界面

（2）以工程项目（设备）管理方式来组织大型电气工程设计。项目树分类存放图纸，清晰地勾勒出图纸的归属和关联关系，并可在项目中共享设计信息，减少信息冗余及手工输入工作量。使用鼠标右键菜单可以方便地对项目进行更名、备份、删除操作。通过树状结构查询、浏览项目所含文件，亦可方便地导入、添加、删除、打开、更名项目所含图形文件，项目管理界面如图 3-13 所示。

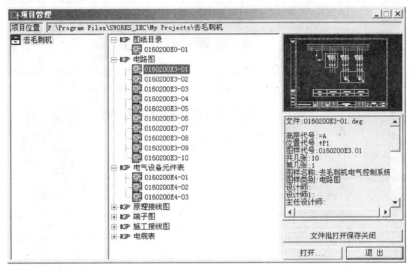

图 3-13　项目管理界面

（3）快速完成电路原理设计。用链式、点式、模板、多线绘制、自动连线等多种绘图手段，实现电路原理图的轻松绘制；凭借系统丰富的专业元件库，随鼠标指示"所看即所得"，完成元件安装位置、选型等物理属性的定义，如图 3-14、图 3-15 所示。

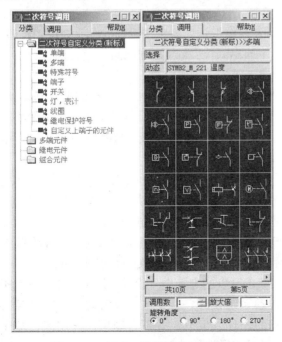

图 3-14　标准、规范的电气符号库

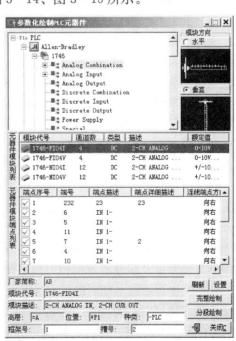

图 3-15　PLC 元件绘制界面

（4）智能生成及互动改图。根据电气原理图设计信息，自动生成设备材料明细表、端子表、接线图、开闭表、电缆图等相关后续图纸文件，具有互动查改图，元件查询、修改界面如图 3-16 所示。

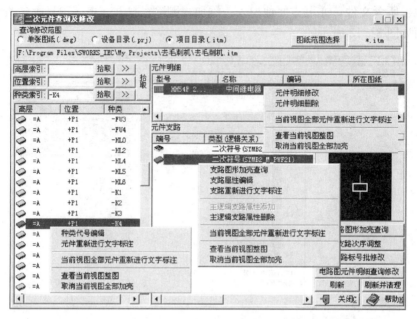

图 3-16　元件查询、修改界面

（5）产品系列化、通用化，更方便设计信息共享交流。SurperWORKS 是基于 AutoCAD平台，二次开发而成的专业化电气设计 CAD 软件，因此图纸最终格式为通用的 .dwg 格式，适合于设计院、研究所、制造企业、运行企业的系列化电气设计产品。SuperWORKS 分为：工厂版、变电二次版、供用电版、IEC 版和教育版。

工厂版融合了全国 3000 余家成套设备电器及继电保护厂家生产设计的专业知识和经验，帮助电气及自动化工程师轻松进行电气一次（主回路）、二次（控制回路）原理图设计、自动生成材料明细表、端子表、施工接线图及接线表等施工图纸文件。

变电二次版专门针对各工业设计院从事 35～500kV 变电站电气二次设计的人员开发的，旨在帮助电气工程师方便地进行电气原理图绘制、材料明细的统计、端子表生成及电缆生成与统计。系统在用户 CAD 图纸识别、全局查图及互动改图、端子及电缆交叉参照设计、电路及电缆辅助查错等方面取得了突破和创新。

供用电版：供发电厂、供电局及电力设计院发变电、继保等专业设计、运行、检修和管理人员使用的设计软件，可以进行供用电系统电气一、二次设计，并可以对图纸进行智能、互动修改，提高制图、改图、查图、管图的效率，实现电气图纸的电子化。

教育版融汇了丰富实用的成套电气行业产品库及先进的设计手段，可以帮助大中专院校的电气工程专业及职业教育机构完善职业教育课程，帮助学生增加实践知识和技能。

IEC 版按照新的电气制图国家标准及 IEC 标准开发的专业电气设计 CAD 软件，适用于各工业领域采用 IEC 标准的工业控制及电气传动系统设计，帮助电气及自动化工程师轻松进行电气原理图绘制、标注、修改，材料明细的统计、生成，并可自动生成开闭表、端子表、电缆表、接线表及接线图，新版中还增添了线束设计的功能。

第4章 电气工程中 AutoCAD 绘图软件应用与二次开发

AutoCAD 软件是我国应用最早最广的绘图软件,多数电气设计软件都是在此基础上二次开发的。本章将主要介绍 AutoCAD 2008 的基本知识、主要功能和操作方法及电气工程图形绘制,对 AutoCAD 的二次开发方法也作了简要介绍。实际应用中,完全按此一笔一画绘图已成过去,应用篇第 12、13 章介绍的才是实际应用的电气绘图软件。

4.1 AutoCAD 绘图软件简介

AutoCAD 是美国 AUTODESK 公司 1982 年推出的辅助绘图软件,是世界上最为流行的微机辅助绘图软件之一,在我国应用极为广泛。AutoCAD 是一个通用的、交互式的绘图软件包,功能齐全,使用方便,加强了界面设计、三维建模和渲染等方面的功能,所提供的平面绘图功能可以胜任电气工程中的各种电气图形的绘制。

一、AutoCAD 2008 功能与特点

AutoCAD 支持 Windows 的所有版本,包括 Windows Vista。在 AutoCAD 2008 中把三维设计的概念吸入到二维设计的理念里面来,实现了设计思想与表达形式的分离,将设计概念真正用规范的形式表达,这个过程在很大程度上做到了自动化。

AutoCAD 具有二维和三维绘图功能,还有专用编程语言 Visual LIST 为用户提供二次开发的方便。

AutoCAD 的作图功能很强,它不但可以画直线、点、圆、弧、椭圆、矩形等基本图形,能进行放缩、移动、插入、复制等操作,而且提供了可由简单图形构造一个标准图块,并可随意把图块插入到所需图形中的功能,还能对图形进行着色、文字注释、尺寸标注等工作。

AutoCAD 可用于 IBM/PC 系列及其兼容微机,并支持 100 多种外部输入、输出设备。当主机配上数字化仪或鼠标器作为输入工具时输入工作会更方便,配上绘图仪作为输出设备时可以基本满足微机辅助绘图的应用要求。

AutoCAD 文件可与其他软件包、数据库及主要计算机辅助设计系统交换,由于 AutoCAD 支持基本图形交换规范(IGES),所以大部分系统的图形均可转到 AutoCAD 上。

AutoCAD 具有开放式的体系结构,便于二次开发,允许用户在几乎所有方面对其修改和扩充,以满足各种用户的专业需要。现在已开发出很多具有实作价值的应用软件,范围涉及建筑、电子、机械、电气、轻纺以及飞机、汽车、船舶等多个领域,用户可以用高级程序设计语言来自行编写应用软件,与 AutoCAD 衔接使 AutoCAD 能更有效,在 AutoCAD 平台上进行 CAD 应用软件的二次开发已成为一种发展趋势。AutoCAD 是一个易于学习和使用的软件,不具备计算机系统理论知识和操作经验的用户,只要经过简单的培训,便可以根据详尽的用户手册来操作。AutoCAD 采用菜单提示,用户在操作时,根据屏幕上的提示,只需输入相应的命令或参数便能操作。

全世界已有 2000 多所大学和教育机构以 AutoCAD 进行教学,很多专业设计师,包括

建筑工程师、科研人员以至大公司（如波音飞机公司）都在使用 AutoCAD。越来越多曾接受过 AutoCAD 训练的专业人员积极投入 CAD 的应用与开发工作中，使 AutoCAD 的用户网日益强大。

二、AutoCAD 使用要点

（一）基本概念术语

（1）坐标（Coordinates）：绘图画面中基本图素点位置描述，一般使用直角坐标系。（0，0）表示图的左下角，与屏幕物理坐标不同；

（2）绘图单位：可根据绘图要求选英制（英寸）或公制（厘米、毫米）。

（3）基本图素：点、线、圆、弧、矩形、多段线、椭圆等。

（4）图块：将多个基本图素实体归并在一起形成一个新的图形对象，称为图块，图块可被调用或插入到图形的任何位置。

（5）绘图界限：绘图坐标中的矩形周界。

（6）分辨率（Resolution）：显示器的精确程度，由显示器的 x＊y（点数）表示。

（7）图形文件：指名为 ＊.DWG 的图形映象文件及 ＊.DXF 图形交换文件。

（8）图层：将构成图形的图元素按某种特征类型分为不同的组合，各组合可同时显示，也可部分组合显示，其余组合隐藏。这种组合称为层。如一个城市平面图可用一层表示出地形、主要街道，另一层表示建筑、名胜古迹，再一层表示电力网络等。

（二）操作过程

（1）启动。通过双击桌面上快捷图标或从程序中选择 AutoCAD 2008 图标启动。主界面设有菜单栏、工具栏、状态栏，图形窗口、工具选项窗口及文本窗口等，通过文件菜单中"创建新的图形"或"打开已有的图形"进入绘图工作界面。

（2）交互式图形编辑。使用命令来创建、显示、修改和绘制图形，命令前进行对象选择。

三、AutoCAD 与高级语言的接口

（1）图形交换文件方式。DXF 是"图形交换文件"的英文编写，是一种图形文件交换格式，其中 ASCII 码格式严密、易读，得到广泛应用。

（2）DXF 文件作用。AutoCAD 图形的常用格式是 ＊.dwg，结构复杂，仅限内部使用，共享接口困难。DXF 是为解决 AutoCAD 与其他软件进行图形数据交换而定义的图形交换文件。

4.2　基于 AutoCAD 2008 的电气工程绘图

一、AutoCAD 2008 基本知识

（一）基本功能

1. 交互作图功能

（1）提供一组图元实体：点、直线、圆、弧、文本字符串、多义线、图块等。

（2）图形编辑功能：含有删除、移动、复制、镜像、阵列、缩放、旋转、分解等。

（3）标注尺寸，三维渲染，图形输出打印功能。

2. 辅助功能

（1）提供栅格、正交、极轴、对象捕捉等精确绘图辅助工具。

（2）画阴影线、标注尺寸、分层、查询、找图元特殊位置（如直线端点、中点等）。

（3）对图层进行管理，提供机械、建筑、电力电子等专业常用的图形符号和标准件。

（4）显示控制缩放、平移、浏览、重画、放弃等功能。

（5）用户支援、命令文件、图形交换文件，菜单命令。

3. 高级扩展功能

（1）画折线、阴影线、图案填充、尺寸标注、草图、幻灯片及三维绘图等。

（2）网络访问及信息交互功能。

（3）提供内部 Visual LIST 及外部 C、C++，ARX、Visual BASIC 等语言二次开发功能。

（二）新增功能

AutoCAD 2008 在界面、工作空间、面板、选项板、图形管理、图层等方面均作了改进，新增功能集中在二维，能帮助设计者更快地创建设计数据，共享设计数据，有效地管理软件。

（三）运行环境

1. 硬件环境

CPU：Intel Pentiun VI 800MHz 以上

内存：512MB 及以上

硬盘：750MB 以上

输入输出设备：显示器、键盘、鼠标、软盘及光盘驱动器。

可选硬件：Open GL 兼容三维视频卡、绘图仪及打印机，数字化仪、扫描仪、数码相机等；网络接口卡及 Internet 连接设备

2. 软件环境，操作系统

Windows XP Professional/Home，Service SP1 或 SP2、Windows 2000 SP4、Windows Vista

Web 浏览器：Microsoft Internet Explorer 6.0

（四）安装启动和退出

1. 安装过程

（1）将 AutoCAD 2008 CD 插入计算机的 CD - ROM 驱动器。

（2）单击"配置"（在接受许可协议之后），选择"单机许可"选择安装方式为"典型"不要选择 Express Tools 和"材质库"，单击"配置完毕"，开始安装。

（3）在 AutoCAD 2008 安装向导中，按照每页上的说明进行操作。

2. 启动 AutoCAD

通常情况下，可以通过下列方式启动 AutoCAD：

（1）桌面快捷方式：双击 AutoCAD 2008 图标可以启动 AutoCAD。

（2）"开始"菜单 在"开始"菜单（Windows）中，单击"所有程序"（或"程序"）/"Autodesk"/"AutoCAD 2008 - Simplified Chinese"/"AutoCAD 2008"

3. 退出 AutoCAD

用户可以通过以下几种方式来退出 AutoCAD：

（1）直接单击 AutoCAD 主窗口右上角的"关闭"按钮⊠。

（2）选择菜单"文件"/"退出"。

（3）在命令行中输入：QUIT ✓（回车键）。

图 4-1　系统提示对话框

（4）如果在退出 AutoCAD 时，当前的图形文件没有保存，则弹出系统提示对话框（见图 4-1），提示用户退出 AutoCAD 前保存或放弃对图形所作的新修改。

（五）工作界面

启动 AutoCAD 2008 系统后，其工作界面如图 4-2 所示。

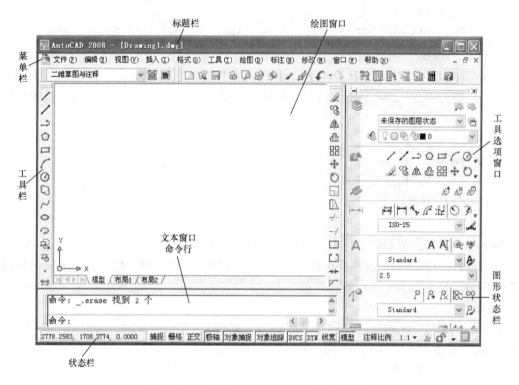

图 4-2　中文版 AutoCAD 2008 的工作界面

主界面由标题栏、菜单栏、工具栏、绘图窗口、文本窗口命令行窗口、状态栏等几部分组成。

（1）标题栏。标题栏包括控制图标以及窗口的最大化、最小化和关闭按钮，并显示应用程序名和当前图形的名称及路径，AutoCAD 默认的图形文件名为 DrawingN. dwg（N 是数字）。

（2）菜单栏。主菜单栏由"文件"、"编辑"、"视图"、"插入"、"格式"、"工具"、"绘图"、"标注"、"修改"、"窗口"、"帮助"等组成，包括一系列下拉式菜单，几乎包括 Auto-CAD 中全部的功能和命令。

AutoCAD 2008 中的菜单栏增加了"二维草图与注释"，工作空间仅包含与二维草图和注释相关的工具栏、菜单和选项板，面板显示了与二维草图和注释相关联的按钮和控件。

（3）工具栏。工具栏是调用命令的另一种方式，通过工具栏可以直观、快捷地访问一些常用的命令，图 4-3 所示是几种常用工具栏。

ByLayer
ByLayer
ByLayer
随颜色

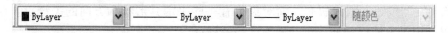

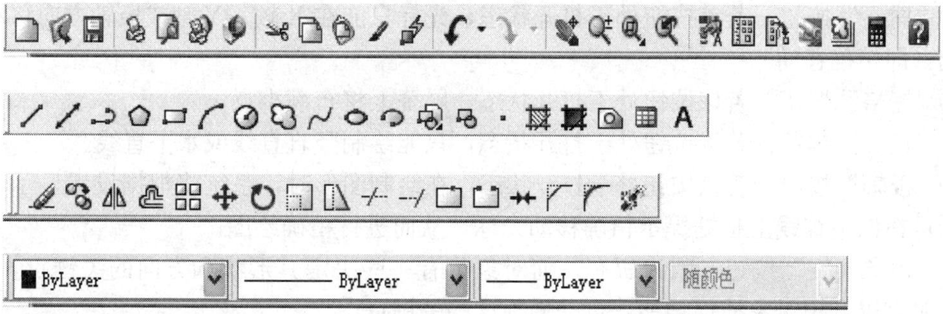

图 4 - 3　“标准”工具栏、“绘图”工具栏、“修改”工具栏和“对象特性”工具栏

如果要显示当前隐藏的工具栏，可在任意工具栏上右击，此时将弹出一个快捷菜单，通过选择命令项可以显示对应的工具栏，如图 4 - 4 所示。

(4) 绘图窗口。绘图窗口是用户绘制图形的工作区域，用 LIMITS 命令设定屏幕上绘图区域的大小，在绘图窗口左下方显示系统默认的世界坐标系（WCS）坐标。绘图窗口的下方有“模型”和“布局 1”、“布局 2”选项卡，单击它们可以在模型空间和图纸空间之间来回切换。

(5) 文本窗口命令行窗口。文本窗口是记录 AutoCAD 命令的窗口，是放大的“命令行”窗口，还可显示、查阅和复制命令的历史记录。可以选择“视图”/“显示”/“文本窗口”命令、执行 TEXESCR 命令或按 F2 键来打开 AutoCAD 文本窗口，如图 4 - 5 所示。命令行窗口位于绘图窗口的底部，用于接收用户输入的命令，并显示 AutoCAD 系统的提示及有关信息。

CAD 标准
UCS
UCS II
Web
标注
标准
✔ 标准注释
布局
参照
参照编辑
插入点
查询
动态观察
对象捕捉
多重引线
✔ 工作空间
光源
✔ 绘图
绘图次序
建模
漫游和飞行
三维导航
实体编辑
视觉样式
视口
视图
缩放
特性
贴图
图层
图层 II
文字
相机调整
✔ 修改
修改 II
渲染
样式

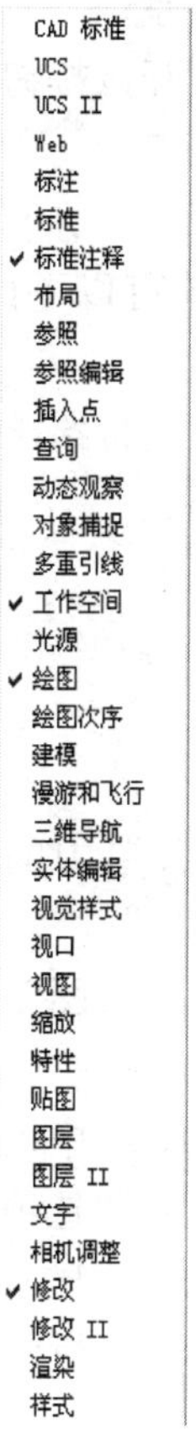

图 4 - 4　工具栏快捷菜单

AutoCAD 文本窗口 - Drawing1.dwg
编辑(E)
加载自定义文件成功。自定义组: ACAD
加载自定义文件成功。自定义组: CUSTOM
正在重生成模型。
AutoCAD 菜单实用程序已加载。
命令: COMMANDLINE
命令: DASHBOARD
命令:

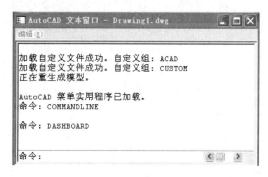

图 4 - 5　AutoCAD 文本窗口

(6) 状态栏。如图 4 - 6 所示，状态栏位于绘图屏幕的底部，用于显示坐标、提示信息等，同时还提供了一系列的控制按钮，包括“捕捉”、“栅栏”、“正交”、“对象捕捉”、“对象追踪”、“DUCS”、“DYN”、“线宽”、“模型”等。每个按钮均可通过单击鼠标左键打开或关闭相应功能，单击鼠标右键弹出快捷菜单，各按钮的功能如下：

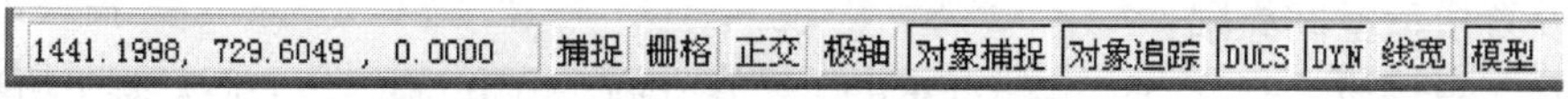

1441.1998, 729.6049 , 0.0000
捕捉
栅格
正交
极轴
对象捕捉
对象追踪
DUCS
DYN
线宽
模型

图 4 - 6　AutoCAD 状态栏

1)"捕捉"按钮：若该按钮处于打开状态，光标只能在 X 轴、Y 轴或极轴方向移动固定的距离（即精确移动）。

2)"栅格"按钮：若该按钮处于打开状态，屏幕上将布满小点。

3)"正交"按钮：若该按钮处于打开状态，只能绘制竖直直线或水平直线。

4)"极轴"按钮：若该按钮处于打开状态，在绘制图形时，系统将根据设置显示一条追踪线，可在该追踪线上根据提示精确移动光标，从而进行精确绘图。

5)"对象捕捉"按钮：因为所有几何对象都有一些决定其形状和方向的关键点，所以，在绘图时可以利用对象捕捉功能，自动捕捉这些关键点。

6)"对象追踪"按钮：若该按钮处于打开状态，可以通过捕捉对象上的关键点，并沿正方向或极轴方向拖动光标，此时可以显示光标当前位置与捕捉点之间的相对关系。

7)"线宽"按钮：在绘图时如果为图层和所绘图形设置了不同的线宽，打开该按钮，可以在屏幕上显示线宽，以标识各种有不同线宽的对象。

（六）绘图命令

AutoCAD 交互绘图时必须输入必要的指令和参数，常用的命令输入方式有以下四种。下面结合绘制直线命令，分别介绍每一种输入方式的使用方法。

（1）通过命令行直接输入命令或命令缩写：在命令行输入命令并回车，系统将给出命令提示并经常会出现命令选项。如输入绘制直线命令 line 后，命令行的提示如下：

命令：_ line

指定第一点：

指定下一点或 [放弃（U）]：

指定下一点或 [闭合（C）/放弃（U）]：

（2）通过单击下拉菜单输入命令：单击"绘图"菜单中的"直线"命令，系统将给出相同的命令提示。

（3）通过单击工具栏中的命令按钮输入命令：单击"绘图"工具栏中的"直线"命令按钮，效果同上。

（4）通过单击屏幕菜单栏输入命令：在 AutoCAD 2008 中，屏幕菜单默认是关闭的。可以通过单击"工具"/"选项"，打开"选项"对话框，单击"显示"选项卡，在"窗口元素"一栏中选中"显示屏幕菜单"选项，此时，在屏幕上将显示屏幕菜单，如图 4-7 所示，系统将执行绘制直线命令。

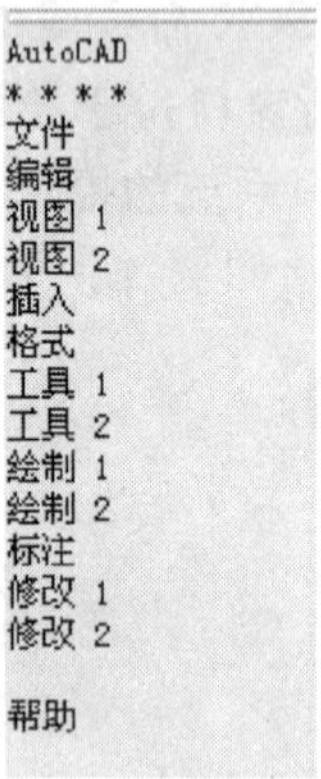

图 4-7 AutoCAD
屏幕菜单

（七）绘图环境设置

1. 绘图界限设置

用户通过如下两种方式设置绘图界限：

（1）下拉菜单：单击"格式"/"图形界限"命令。

（2）命令行：LIMITS ↙。

执行该命令后，系统提示如下：

重新设置模型空间界限：

指定左下角点或 [开（ON）/关（OFF）] <0.0000，0.0000>：（输入图形边界左下角点的坐标后回车）

指定右上角点 <420.000，297.0000>：（输入图形边界右上角点的坐标后回车）

2．绘图单位设置

可以通过如下两种方式设置图形单位：

（1）下拉菜单：单击"格式"/"单位"命令。

（2）命令行：UNITS↙。

执行该命令后，弹出"图形单位"对话框，如图 4-8 所示，可定义单位和角度，具体方法如下：

（1）"长度"与"角度"选项组：指定测量的长度与角度的当前单位及当前单位的精度。

（2）"插入比例"选项组：控制使用工具选项板拖入当前图形的块的测量单位。

（3）"方向"按钮：单击该按钮，系统显示"方向控制"对话框，如图 4-9 所示，可以在该对话框中进行方向控制设置。

图 4-8 "图形单位"对话框

图 4-9 "方向控制"对话框

3．系统参数设置

（1）命令输入方式：

1）命令行：PREFERENCES↙或 OPTIONS↙。

2）下拉菜单："工具"/"选项"。

3）快捷菜单："选项"（单击鼠标右键，系统弹出快捷菜单，其中包括一些最常用的命令，如图 4-10 所示）

（2）说明：执行上述命令，系统打开"选项"对话框。该对话框中包括"文件"、"显示"、"打开和保存"、"打印和发布"、"系统"、"用户系统设置"、"草图"、"选择"、"配置"、"三维建模"10 个选项卡，如图 4-11 所示。

1）"文件"选项卡：指定 AutoCAD 搜索支持文件、驱动程序、菜单文件和其他文件的文件夹。还指定一些可选的用户定义设置，例如哪个目录用于进行拼写检查。

2）"显示"选项卡：设置窗口元素、显示精度、布局元素、显示性能、十字光标大小和参照编辑的褪色度等 AutoCAD 绘图环境特有的显示属性。

图 4 – 10　右键快捷菜单　　　　　　　　　图 4 – 11　"选项"对话框

3) "打开和保存"选项卡：设置文件保存、文件打开、文件安全措施、外部参照和 Ob-jectARX 应用程序等属性。

4) "打印和发布"选项卡：设置 AutoCAD 的输出设备。

5) "系统"选项卡：设置当前三维图形的显示特性，当前定点设备以及指定"模型"选项卡和"布局"选项卡上的显示列表如何更新等。

6) "用户系统配置"选项卡：设置拖放比例、是否使用快捷菜单、对象的排序方式以及控制 AutoCAD 中按键和单击鼠标右键的方式。

7) "草图"选项卡：自动捕捉设置，自动追踪设置，自动捕捉标记框颜色和大小以及靶框的显示尺寸设置。

8) "选择"选项卡：设置拾取框的大小、夹点的大小以及选择模式等。

（3）参数设置：下面介绍在"选项"对话框中设置三个常用的系统参数：

1) 修改图形窗口中的十字光标的大小。在"选项"对话框中选择"显示"选项卡，在"十字光标大小"选项组中的文本框中直接输入数值，或者拖动文本框后的滑块，即可以对十字光标的大小进行调整，如图 4 – 11 所示。

2) 修改绘图窗口的颜色。在"选项"对话框中选择"显示"选项卡，单击"窗口元素"选项组的"颜色"按钮，打开"图形窗口颜色"对话框，如图 4 – 12 所示，选择颜色，然后单击"应用并关闭"按钮。

3) 自动保存时间的设置。在"选项"对话框中选择"打开和保存"选项卡，在"文件安全措施"选项组中，更改"保存间隔分钟数"，可以设定为 20min 或更短时间，如图 4 – 13。

（八）图层管理

图层是 AutoCAD 2008 提供的一个管理图形对象的工具，调用"图形特性管理器"的常用方法有三种。

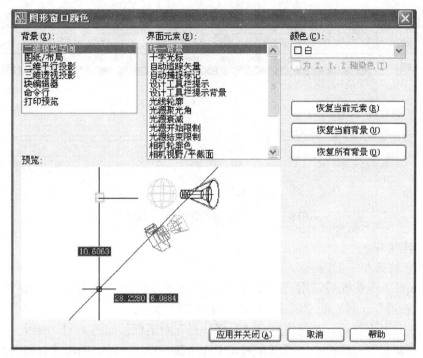

图 4-12　"图形窗口颜色"对话框

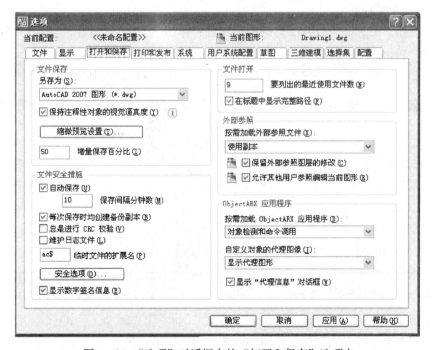

图 4-13　"选项"对话框中的"打开和保存"选项卡

单击"文件"/"图层"；单击"对象特性"工具栏的"图层特性管理器"按钮 ；LAYER 命令。执行该命令后，系统将弹出"图层特性管理器"对话框，如图 4-14 所示。在"图层特性管理器"对话框中，用户可以完成创建图层、删除图层及其他属性的设置操作。

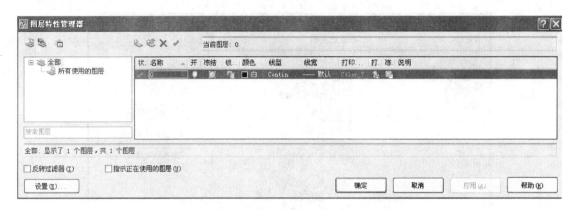

图 4-14 "图层特性管理器"对话框

（九）文件操作

1. 创建新的图形

启动 AutoCAD 系统后，用户可以通过如下三种方式创建新图形：单击"文件"/"新建"；单击"标准"工具栏的"新建"按钮 □；NEW 命令。

调用该三种命令行后，系统将打开"选择样板"对话框，如图 4-15 所示。

在"选择样板"对话框中，可以在列表中选中某一样板文件，则在其右面的"预览"框中将显示该样板的预览图像。单击"打开"按钮，将选中的样板文件作为样板创建图形。

2. 打开已有的图形

可以使用如下三种方式打开已有的图形文件：单击"文件"/"打开"；单击"标准"工具栏的"打开"按钮 🔍；OPEN 命令。

调用该三命令后，系统将弹出"选择文件"对话框，如图 4-16 所示。

图 4-15 "选择样板"对话框

图 4-16 "选择文件"对话框

3. 保存图形

可以使用如下三种方式保存新建图形或修改后的图形：单击"文件"/"保存"；单击"标准"工具栏的"保存"按钮 💾；QSAVE 命令。

4. 关闭图形

在 AutoCAD 中，可以使用如下三种方式关闭当前图形：单击"文件"/"退出"；单击绘图窗口右上角"关闭"按钮 ×；CLOSE 命令。

（十）使用帮助

AutoCAD 2008 提供了在线帮助功能，该命令的四种调用方式如下：单击"帮助"/"帮助"；单击"标准"工具栏的"帮助"按钮 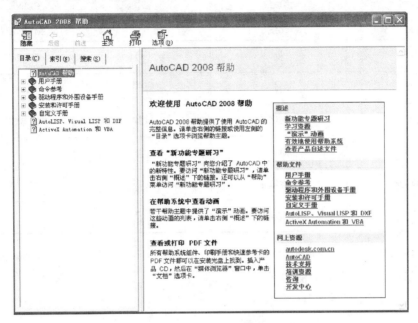；HELP 命令；F1 键。

调用该命令后，AutoCAD 将显示"AutoCAD 2008 帮助"对话框，如图 4-17 所示，用户可在该窗口中查询相关的信息。

图 4-17　"AutoCAD 2008 帮助"窗口

（十一）图形显示控制

（1）视图缩放：通过视图缩放可观看图形的整体和局部。命令调用有如下两种方式：单击"视图"/"缩放"；zoom 命令。根据提示信息选择要执行的缩放方式。

（2）视图平移：为了在同样的显示比例下查看图形的其他部分，则可以使用"Pan（平移）"工具。还可以通过选择"Standard（标准）"工具栏上的 图标按钮。

二、基本绘图命令及图元素绘制

在 AutoCAD 2008 中，使用"绘图"菜单命令，不仅可以绘制点、直线、圆、圆弧、多边形和圆环等基本二维图形，还可以绘制多线、多段线和样条曲线等高级图形对象。二维图形的形状都很简单，创建容易，但它们是整个 AutoCAD 的绘图基础。

二维图形绘制的常用命令输入方式见表 4-1。

表 4-1　　　　　　　　　　　　二维图形绘制的常用命令输入方式

二维图形绘制	命令输入方式		
	"绘图"菜单	"绘图"工具栏	命令行
点	点	·	POINT（或 PO）
直线	直线	╱	LINE（或 L）
射线	射线		RAY

续表

二维图形绘制	命令输入方式		
	"绘图"菜单	"绘图"工具栏	命令行
构造线	构造线		XLINE（或 XL）
多段线	多段线		PLINE（或 PL）
多线	多线		MLINE（或 ML）
圆	圆		CIRCLE（或 C）
圆弧	弧		ARC（或 A）
椭圆	椭圆		ELLIPSE（或 EL）
矩形	矩形		RECTANG（或 REC）
图案填充	图案填充		HATCH（或 H）
绘表格	绘表格		TABLE

（一）绘制点

（1）绘制单点和多点的方法如下：

1）菜单栏：【绘图】/【点】。

2）工具栏：【绘图】工具栏上·按钮。

3）命令行：输入 POINT。

（2）设置点的样式：可选择【格式】/【点样式】菜单，打开图 4-18 所示"点样式"对话框，从中选择点的样式。

（3）定数等分对象：菜单栏选择【绘图】/【点】/【定数等分】，可在指定的对象上绘制等分点或在等分点处插入块。

（4）定距等分对象：菜单栏选择【绘图】/【点】/【定距等分】，可以在指定的对象上按指定长度绘制点或者插入块。

（二）绘制线

1．绘制直线

（1）功能：创建一条或一系列邻接的直线段。

（2）绘图方法：调用【直线】命令，命令行显示如下提示信息：

图 4-18 "点样式"对话框

命令：_line

指定第一点：

指定下一点或［放弃（U）］：

指定下一点或［放弃（U）］：

指定下一点或［闭合（C）放弃（U）］：

（3）技巧与说明：

1) 绘制单独对象时，LINE 命令后指定第一点，再指定下一点，按 Enter 键。

2) 绘制连续折线时，LINE 命令后指定第一点，再连续指定多个点，最后按 Enter 键。

3) 绘制封闭折线时，在最后一个"指定下一点或 [闭合（C）放弃（U）]:"提示后面输入字母 C，然后按 Enter 键。

4) 在绘制折线时，如果在"指定下一点或 [闭合（C）放弃（U）]:"提示后面输入字母 U，可删除上一条直线。

2. 绘制射线

射线为一端固定，另一端无限延伸的直线，主要用于绘制辅助线，具体方法如下：

(1) 菜单栏：【绘图】/【射线】。

(2) 命令行：RAY。

(三) 绘制多段线

(1) 功能：绘制多段等宽或不等宽的直线段或圆弧。

(2) 绘图方法：调用"多段线"命令，命令行显示如下提示信息：

菜单：【绘图】/【多段线】；【绘图】工具栏上 ↪ 按钮；PLINE 命令。指定起点与下一点。

(3) 技巧与说明：可使用"多段线"命令绘制箭头等图形。

(四) 绘制多线

(1) 功能：由多条平行线组成的组合对象，平行线之间的间距和数目可以调整的。

(2) 绘制方法与绘制直线相似：

菜单栏：【绘图】/【多线】；MLINE 命令。

当前设置：对正＝上，比例＝20.00，样式＝STANDARD；

指定起点或 [对正（J）/比例（S）/样式（ST）]。

(五) 绘制圆

(1) 功能：根据圆心、半径、直线、圆上的几点等已知参数绘圆。

(2) 绘图方法有三种：菜单栏：【绘图】/【圆】；【绘图】工具栏上 ⊘ 按钮；CIRCLE 命令。

(六) 绘制圆弧

(1) 功能：根据圆弧的圆心、起点、端点、长度、角度等某几个参数绘制圆弧。

(2) 三种绘制方法：菜单栏：【绘图】/【圆弧】；【绘图】工具栏上 ⌒ 按钮；ARC 命令。

(七) 绘制椭圆

绘制方法：可以使用两种方法绘制椭圆：

(1) 【绘制】/【椭圆】/【中心点】：指定椭圆心、一个轴的端点（主轴）以及另一个轴的半轴长度绘制椭圆。

(2) 【绘制】/【椭圆】/【轴、端点】：指定一个轴的两个端点（主轴）和另一个轴的半轴长度绘制椭圆。

(八) 绘制矩形

(1) 功能：可绘制一般矩形、倒角矩形、圆角矩形、有厚度的矩形等多种矩形。

(2) 绘图方法如下：

菜单栏：【绘图】/【矩形】；【绘图】工具栏上 ▭ 按钮；RECTANG 命令。

指定一个角点或 [倒角（C）/标高（E）/圆角（F）/厚度（T）/宽度（W）]：

"指定另一个角点或 [尺寸（D）]"。

（九）图案填充

三种方法如下：【绘图】/【图案填充】；【绘图】工具栏上 ▨ 按钮；BHATCH 命令。

系统将打开"图案填充和渐变色"对话框的"图案填充"选项卡，可以设置图案填充类型和图案、角度和比例等特性，如图 4-19 所示。

（十）绘表格

创建表格，在表格单元中填入文字或块信息，常使用于具有元器件清单、配线方式说明和许多其他组件的图形中，方法如下：

【绘图】/【表格】；【绘图】工具栏上 ▦ 按钮；TABLE 命令。

表格样式可以指定标题、列标题和数据行的格式。选择"格式"/"表格样式"命令，或者单击"表格"面板中的"表格样式"按钮 ▨，弹出如图 4-20 所示的"表格样式"对话框，"样式"列表中显示了已创建的表格样式。

图 4-19　"图案填充和渐变色"对话框

图 4-20　"表格样式"对话框

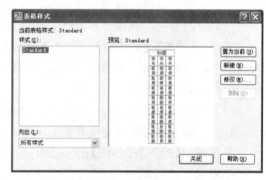

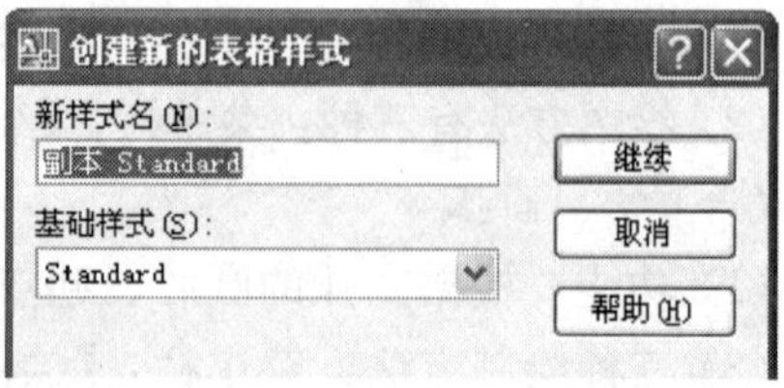

图 4-21　"创建新的表格样式"

单击"新建"按钮，在弹出图 4-21 中用户创建自己的样式，可设定标题、表头和数据行的格式。创建新的表格样式方法如下：在"新样式名"文本框中可以输入表格样式名称，在"基础样式"下拉列表框中选择一个表格样式为新的表格样式提供默认设置，单击"继续"按钮，弹出如图 4-22 所示的"新建表格样式"对话框，可以对样式进行具体设置。

图 4-22　"新建表格样式"对话框

三、常用图形编辑命令

单纯地使用绘图命令或绘图工具只能

创建出一些基本图形对象，要绘制复杂图形，就必须借助于图形编辑命令，常用的二维图形编辑命令的输入方式见表 4-2。

表 4-2　　　　　　　　　　　二维图形编辑的命令输入方式

二维图形编辑命令	命令输入方式		
	"修改"命令	"修改"工具	命令行
删除	删除		ERASE（或 E）
移动	移动		MOVE（或 M）
复制	复制		COPY（或 CO 或 CP）
旋转	旋转		ROTATE（或 RO）
比例	比例		SCALE（或 SC）
修剪	修剪		TRIM（或 TR）
延伸	延伸		EXTEND（或 EX）
偏移	偏移		OFFSET（或 O）
阵列	阵列		ARRAY（或 AR）
镜像	镜像		MIRROR（或 MI）
圆角	圆角		FILLET（或 F）
倒角	倒角		CHAMFER（或 CHA）
拉伸	拉伸		STRECH（或 S）
拉长	拉长		LENGTHEN（或 LEN）
打断	打断		BREAK（或 BR）
分解	分解		EXXPLODE（或 X）
合并	合并		JOIN（或 J）

（一）选择对象

在对图形进行编辑操作之前，首先要选择编辑对象，可用拾取框选择单个实体对象。

（二）删除命令

（1）功能：删除命令可以在图形中删除用户所选择的一个或多个对象，在图形文件关闭之前，用户可利用"UNDO"或"OOPS"命令进行恢复。

（2）操作方法：调用该命令后，选择要删除的对象，用回车键确定即可完成删除操作。

（三）复制命令

（1）功能：可以将用户所选择的一个或多个对象生产一个副本，并将该副本放置到其他位置。

（2）操作方法：调用"复制"命令，命令行显示如下提示信息。

命令：＿copy

选择对象：指定基点或［位移（D）］＜位移＞：指定第二个点［或使用第一个点作为位移］：

指定第二个点或［退出（E）/放弃（U）］＜退出＞：

通过连续指定位移的第二点可以创建对象的多个副本，按回车键结束。

（3）技巧与说明：该命令仅用于本图形内复制，而利用"编辑"菜单内的"复制"命令则可以把被选图形复制到剪贴板上，用于其他图形或被别的程序使用。

（四）镜像命令

（1）功能："镜像"命令可围绕用两点定义的镜像轴线来创建选择对象的镜像。

（2）操作方法：调用"镜像"命令，命令行显示如下提示信息。

命令：＿mirrior

选择对象：指定镜像线的第一点：指定镜像线的第二点：

要删除源对象吗？［是（Y）/否（N）］＜N＞：

此提示信息下，直接按回车键，则镜像复制对象，并保留原来的对象；如果输入"Y"，则在镜像复制对象的同时删除源对象。

（3）技巧与说明：使用系统变量 MIRRTEXT 可以控制文字对象的镜像方向。如果 MIRRTEXT 的值为 1，则文字对象完全镜像，镜像出来的文字变得不可读；如果 MIRRTEXT 的值为 0，则文字对象方向不镜像。

（五）偏移命令

（1）功能："偏移"命令可按指定的距离进行偏移；也可通过指定点来进行偏移。

（2）操作方法：调用"偏移"命令，按命令行提示信息操作。

命令：＿offset

（3）技巧与说明：如果指定偏移距离，则选择要偏移的对象，然后指定偏移方向以复制对象。

（六）阵列命令

（1）功能："阵列"命令可执行矩形阵列和环形阵列，矩形阵列如图 4-23 所示。

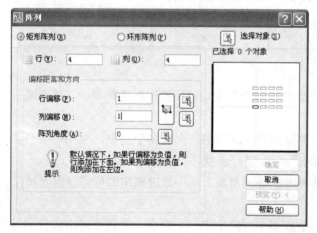

（2）环形阵列选择"环形阵列"单选按钮即可。

（七）移动命令

（1）功能：可以将用户选择的一个或多个对象平移，不改变其方向和大小。

（2）操作方法：首先选择要移动的对象，然后指定位移的基点和位移矢量。

（八）旋转命令

（1）功能：可以改变用户所旋转的一个或多个对象的方向（位置），

图 4-23　选择"矩形阵列"单选按钮时的"阵列"对话框

这是通过指定一个基点和一个相对或绝对的旋转角。

（2）操作方法：调用"旋转"命令后，选择要旋转的对象，指定旋转基点。

（九）缩放命令

（1）功能：可以改变所选择的一个或多个对象的大小，即在 X、Y 和 Z 方向等比例放大或缩小对象。

（2）操作方法：先选择对象，然后指定基点，按命令行提示信息，输入比例因子。

（十）拉伸对象

（1）功能：必须用交叉多边形或交叉窗口的方式来选择对象。如果将对象全部选中，则相当于"移动"命令。如果选择了部分对象，则"拉伸"命令只移动选择范围内的对象的端点，其他端点保持不变。

（2）操作方式：调用"拉伸"命令，命令行显示如下信息。

命令：_ stretch

（十一）拉长命令

（1）功能：拉长命令用于改变圆弧的角度，或改变非闭合对象的长度，包括直线、圆弧、非闭合多段线、椭圆弧和非闭合样条曲线等。

（2）操作方法：调用"拉长"命令，按命令行提示操作。

命令：_ lengthen

（十二）修剪命令

（1）功能："修剪"命令用来修剪图形实体，该命令的用法很多，不仅可以修剪相交或不相交的二维对象，还可以修剪三维对象。

（2）操作方法：调用"修剪"命令，按命令行提示操作。

命令：_ trim

（十三）延伸命令

（1）功能："延伸"命令用来延伸图形实体。

（2）操作方法：如果在按下 shift 键的同时选择对象，则执行修剪命令；使用修剪命令时，如果在按下 shift 键的同时选择对象，则执行延伸命令。

（十四）打断命令

（1）功能：可以把对象上指定两点之间的部分删除，当指定的两点相同时，则对象分解为两部分。

（2）操作方法：执行"打断"命令并选择需要打断的对象，按命令行提示操作。

（十五）倒角命令

（1）功能："倒角"命令用来创建倒角，一种方法是指定倒角两端的距离；另一种是指定一端的距离和倒角的角度。

（2）操作方法：执行该命令时，按命令行提示操作。

命令：_ chamfer

（3）技巧与说明：倒角距离或倒角角度不能太大，否则此操作无效。

（十六）圆角命令

（1）功能："圆角"命令通过一个指定半径的圆弧来光滑地连接两个对象。

（2）操作方法：执行该命令时，按命令行提示操作。

(3) 技巧与说明：在 AutoCAD 2008 中，允许对两条平行线倒圆角，圆角半径为两条平行线距离的一半。

（十七）分解命令

(1) 功能：分解命令用于分解组合对象。

(2) 操作方法：调用"分解"命令，选择需要分解的对象后按回车键。

（十八）合并命令

(1) 功能：合并命令是使打断的对象，或者相似的对象合并为一个对象，合并的对象包括圆弧、椭圆弧、直线、多段线和样条曲线。

(2) 操作方法：选择"修改"/"合并"命令，或单击"合并"按钮图标 ➡，或者在命令行输入 JOINT 来执行该命令。单击"合并"按钮图标 ➡，按命令行提示操作。

命令：_join

四、文字标注

（一）文字样式

AutoCAD 通常使用当前的文字样式，也可重新设置文字样式或创建新的样式。

(1) 菜单栏：【绘图】/【文字】或输入 TEXT 命令。

图4-24　"文字样式"对话框

打开图 4-24 所示"文字样式"对话框，可以修改或创建文字样式。

(2) 设置字体：在"文字样式"对话框的"字体"选项组中，可以设置字体和字高。

(3) 设置文字效果：在"文字样式"对话框中，设置文字的显示效果，如"颠倒"、"反向"、"垂直"、"宽度比例"、"倾斜角度"等。

设置完文字样式后，单击"应用"按钮即可应用文字样式，然后单击"关闭"。

（二）单行文字

(1) 功能：可以创建文字内容比较简短的文字对象（如标签），并且可以进行单独编辑。

(2) 命令三种输入方式如下：

菜单【绘图】/【文字】/【单行文字】；【文字】/【单行文字】按钮 **A**；输入命令 TEXT ↙，DTEXT ↙ 或 DT ↙。

（三）多行文字

(1) 功能：调用"多行文字"命令后，在绘图窗口中指定一个用来放置多行文字的矩形区域，将打开"文字格式"工具栏和文字编辑器窗口，如图 4-25 所示。

(2) 命令输入方式如下：

1) 下拉菜单：单击"绘图"/"文字"/"多行文字"命令。

2) 工具栏：单击"绘图"工具栏的"多行文字"按钮 **A** 或"文字"工具栏的"多行文字"按钮 **A**。

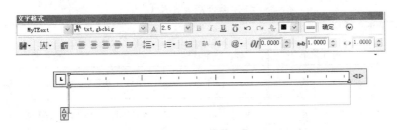

图 4-25　"文字格式"工具栏和文字编辑器窗口

3) 命令行 MTEXT ↙，MT ↙ 或 T ↙。

（四）尺寸标注

1. 基本概念

尺寸标注是图形的测量注释，可以测量和显示长度、角度等测量值。

基本尺寸元素标注有文字、尺寸线、箭头、尺寸界线、圆心标记和中心线等，Auto-CAD 提供了如下 10 余种标注工具用以标注图形对象，分别位于"标注"菜单或"标注"工具栏中，如图 4-26 所示。

图 4-26　"标注"工具栏

创建尺寸标注的基本步骤如下：

（1）选择"格式"/"文字样式"命令，使用打开的"文字样式"对话框创建一种文字样式，用于尺寸标注。

（2）选择"格式"/"标注样式"命令，使用打开的"标注样式管理器"对话框，设置标注样式。

2. 标注样式

选择"格式"/"标注样式"命令，打开"标注样式管理器"对话框，如图 4-27 所示。

在"标注样式管理器"对话框中，可以单击"新建"按钮，使用打开的"创建新标注样式"对话框创建新标注样式，如图 4-28 所示，标注命令及输入方式见表 4-3。

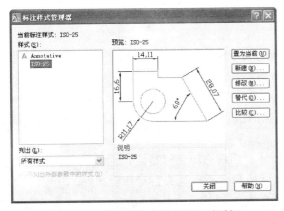

图 4-27　"标注样式管理器"对话框

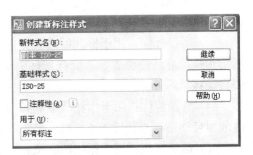

图 4-28　"创建新标注样式"对话框

表 4 - 3   标注命令及输入方式

标注命令	命令输入方式		
	"标注菜单"	"标注"工具栏	命令行
线性标注	线　性		DIMLINREAR（或 DLI 或 DIMLIN）
对齐标注	对　齐		DIMALINGED（或 DAL 或 DIMALI）
弧长标注	弧　长		DIMARC（或 DAR）
坐标标注	坐　标		DIMORDINATE（或 DOR 或 DIMORD）
半径标注	半　径		DIMRADIUS（或 DRA 或 DIMRAD）
折弯标注	折　弯		DIMJOGGED（或 JOG）
直径标注	直　径		DIMDIAMETE（或 DDI 或 DIMDIA）
角度标注	角　度		DIMANGULAR（或 DAN 或 DIMANG）
快速标注	快速标注		QDIM
基线标注	基　线		DIMBASELINE（或 DBADIMBASE）
连续标注	连　续		DIMCONTINUE（或 DCODIMCONT）
快速引线	引　线		DLEADER（或 LE）
公　差	公　差		TOLERANCE
圆心标记	圆心标记		DIMCENTER（或 DCE）

3. 常用尺寸标注

（1）线性标注：用于平面上两点间的直线距离值，标注水平、垂直和指定角度的尺寸。通过指定第一和第二标注点或按回车键选择标注对象确定标注点。如果需要修改尺寸文字，可以在定位尺寸线之前编辑尺寸文字或旋转文字和标注，然后指定放置尺寸线和文字的位置。

（2）对齐标注：用于创建一个与标注点对齐的线性标注。方法同（1），标注的尺寸线与第一和第二标注点的连线相平行。

（3）半径标注：用于标注圆或圆弧的半径尺寸。尺寸线以圆心为一端，由用户拖动光标指定圆弧尺寸线的位置，系统自动标上 R 和半径的值。如果圆内放不下尺寸值和箭头，箭头自动移至圆外。

（4）直径标注：用于标注圆或圆弧的直径尺寸。用户拖动光标指定尺寸线的位置，尺寸值前面自动带有直径标识 ϕ。如果圆内放不下尺寸值和箭头，箭头自动移至圆外。

（5）角度标注：用于标注圆、圆弧或直线的角度。

此外还有基线标注、连续标注、引线标注、圆心标注、坐标标注、快速标注等方法。

五、图块与外部参照

块是由一组图元对象组合的图形对象，创建块定义后，其定义表中将存储全部块定义及关联信息。创建块时，可添加注释特性。块可以插入，也可以执行移动、复制、阵列、镜像等操作。图中插入块时，就是参照块定义，将信息复制到绘图区域，并建立块参照与块定义间的链接。修改块定义，所有块参照自动更新。可以将块输出成与当前图形没有任何关系的一个新的图形文件。通过这种方法，可以建立图形符号库，以便插入到其他图形文件中。创建块的方法有：

（1）在当前图形中选择对象创建块定义。

（2）在一个图形文件中创建若干个块定义用作块库。

（3）创建一个图形文件，作为块插入到其他图形中。

（一）创建内部块

使用 BLOCK 命令可将整个图形或图形的一部分创建为图块，具体三种方法如下：

【绘图】/【块】/【创建】；【绘图】/【创建块】按钮；输入 BLOCK 命令。

在弹出的"块定义"对话框中指定名称、基点、对象（单击选择对象 按钮，在绘图窗口中选择组成图块的对象），如图 4 - 29 所示。

（二）创建外部块

使用 WBLOCK 命令可将整个图形或图形的一部分转换为文件，创建一个外部图块，方便绘制其他图纸时调用。

命令行：输入 WBLOCK。

在弹出的"写块"对话框中指定源（外部块的图形来源）、基点、对象（单击选择对象 按钮，在绘图窗口中选择组成图块的对象），如图 4 - 30 所示。

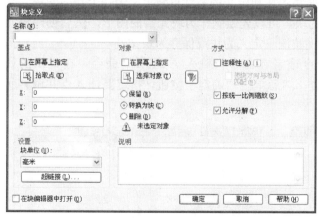
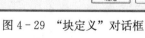

图 4 - 29　"块定义"对话框

图 4 - 30　"写块"对话框

（三）插入块

完成块的定义后，就可以使用 INSERT 命令将内部或者外部图块插入到当前图形中，具体三种方法如下：

【插入】/【块】；【绘图】工具栏上 按钮；输入 INSERT 命令。

在弹出的"插入"对话框中指定插入块名称（或单击下拉列表框选择，或单击 浏览(B) 按钮，选择图块或图形文件）、插入点、缩放比例、旋转角度等，如图 4 - 31、图 4 - 32 所示。

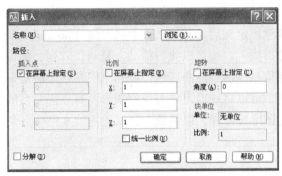

图 4-31 "插入"对话框

图 4-32 "选择图形文件"对话框

（四）分解块

需要在一个块中修改某个对象，可以将块定义分解为它的组成对象。只有创建图块时，在"设置"区域选了"允许分解"的块才能被分解。具体方法如下：

（1）在插入块时选择"分解"选项。

（2）启动 EXPLODE 命令。

如果一个块中包含一个多段线或嵌套块，一次只能分解一层，分解后的嵌套块或多段线仍保留原特性，可再次启动 EXPLODE 命令分解该块中的各对象。

（五）块属性

（1）定义属性：选择【绘图】/【块】/【属性定义】命令或者在命令行输入 ATTDEF 命令，在弹出的如图 4-33 所示的对话框中定义模式、属性标记、属性提示、属性值、插入点以及属性的文字选项。

通过"属性定义"对话框，用户只能定义一个属性，但是并不能指定该属性属于哪个图块，因此用户必须通过"块定义"对话框将图块和定义的属性重新定义为一个新的图块。

（2）创建属性块：要创建带有属性的块，可以先绘制作为块元素的图形，然后创建块元素的属性，最后同时选中图形及属性，将其统一定义为块或保存为块文件。

选择【绘图】/【块】/【属性定义】命令或者在命令行输入 ATTDEF 命令，在弹出的如图 4-34 所示的对话框中设置相应的参数，然后单击"确定"按钮，指定要插入点并调整所插入的属性值位置。

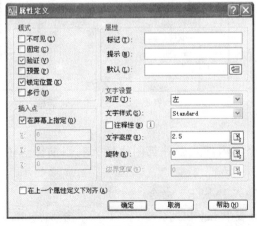

图 4-33 "属性定义"对话框（一）

图 4-34 "属性定义"对话框（二）

（3）修改块属性方法如下：

菜单栏：【修改】/【对象】/【属性】/【块属性管理器】或 BATTMAN 命令。

在【块属性管理器】中，从"块"列表中选择一个块；或者选择"选择块"并在绘图区域中选择一个块，以便按提示顺序列出选定的块和属性。要将提示次序中的某一属性向上（下）移动，选择属性，然后选择"上（下）移"。

（4）编辑块属性方法如下：

1）菜单【修改】/【对象】/【属性】/【单个】。

2）命令行：输入 EATTEDIT。

然后单击选中块，在打开的如图 4 - 35 所示的"增强属性编辑器"对话框中可以修改块的属性值、属性的文字选项、属性所在的图层，以及属性的线型、颜色和线宽等。

在命令行输入 BATTMAN 命令，或者选择【修改】/【对象】/【属性】/【块属性管理器】命令，可以打开图 4 - 36 对话框。在该对话框中，可从"块"下拉列表中选择要编辑的块。

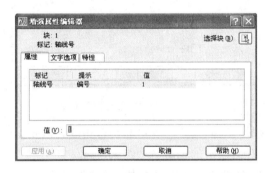

图 4 - 35　"增强属性编辑器"对话框

图 4 - 36　"块属性管理器"对话框

在属性列表中选择某属性后，单击"编辑"按钮，用户可以修改属性模式、标记、提示与默认值，属性的文字选项、属性所在图层，以及属性的线型、颜色和线宽等。

（5）提取属性信息：该命令的调用方式为：

命令行：attext ✔。

执行该命令后，出现"（属性提取）"对话框，如图 4 - 37 所示。用户可指定输出的数据文件格式。文件格式类型分为：① 逗号分隔格式（.txt）；②空格分隔格式（.txt）；③图形交换格式（.dxf）

（六）外部参照

外部参照是指在一幅图形中对另一幅外部图形的引用。外部参数与块在很多方面有类似之处，其不同点在于块的数据存储在当前图形中，而外部参照数据存储在一个外部图形中，当前图形数据库中仅存放外部文件的一个引用。

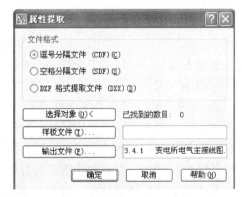

图 4 - 37　"属性提取"对话框

选择"插入"/"外部参照"选项（工具栏："参照"/"外部参照" 📷，命令 XREF），将打开如图 4 - 38 所示的"外部参照"特性面板，通过在该面板中单击右上角"附着"的对象类型，可以附着的对象包括 DWG 文件、图像、DWF 文件和 DGN 文件。

当用户选择了"附着 DWG"选项时，系统将显示"选择参照文件"对话框，可以通过该对话框选择要作为外部参数的图形文件。选定文件后，单击"打开"按钮，将打开"外部参照"对话框，如图 4-39 所示。

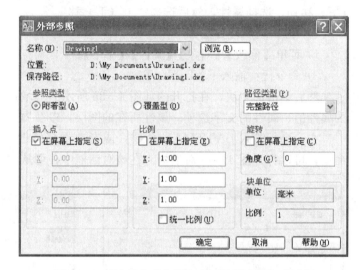

图 4-38 "外部参照"特性面板　　　　图 4-39 "选择参考文件"和"外部参照"对话框

用户可以在该对话框中选择引用类型，加入图形时的插入点、比例和旋转角度，以及是否包含路径等。这些设置均需要通过"外部参照"对话框中的相应选项组来进行。

（1）附加外部参照。要附加外部参照，可以在"外部参照"对话框的"参照类型"选项组中，选择"附加型"单选按钮。当需要嵌套至少一级的外部参照时，可以使用附加型的 XREF 命令。

（2）覆盖外部参照。覆盖外部参照和附加外部参照非常相似，但覆盖外部参照比附加型的外部参照更灵活，可以在"外部参照"对话框中的"参照类型"选项组中，选择"覆盖型"按选按钮。

（3）相对路径。在将图形作为外部参照附着到宿主图形时，可以使用以下三种方式附着此图形：①完整路径；②相对路径；③无路径。在不使用路径附着外部参照时，AutoCAD 首先在宿主图形的文件夹中查找外部参照。

（七）设计中心

AutoCAD 设计中心是一个非常有用的工具，类似于 Windows 资源管理器的界面，可管理图块、外部参照、光栅图像以及来自其他源文件或应用程序的内容，将位于本地计算机、局域网或因特网上的图块、图层、外部参照和用户定义的图形内容复制并粘贴到当前设计区中。同时，如果在绘图区打开多个文档，在多个文档之间也可以通过简单的拖放操作来实现图形的复制和粘贴，粘贴内容包括图形本身外，还包括图层定义、线型、文字等内容。

1. 设计中心启动和界面

设计中心是一个与绘图窗口相对独立的窗口，使用时应先启动 AutoCAD 设计中心。执行主菜单中的"工具"/"选项板"/"设计中心"命令，或者在命令行输入 ADCENTER 命令，将在绘图区的左边显示"设计中心"窗口，如图 4-40 所示。

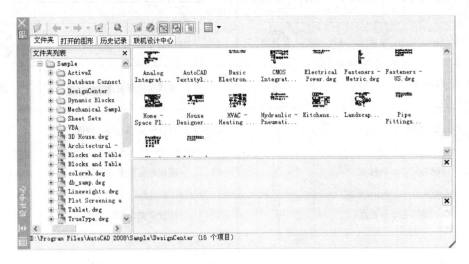

图 4-40　"设计中心"窗口

"设计中心"窗口分为两部分，左边为树状图，右边为内容区。可以在树状图中浏览内容的源，而在内容区显示内容，也可以在内容区中将项目添加到图形或工具选项板中。

2. 设计中心功能

通常使用 AutoCAD 设计中心可以完成如下工作：

（1）浏览用户计算机、网络驱动器和 Web 页上的图形内容（例如图形和符号库）。

（2）在定义表中查看图形文件中命令对象（例如块和图层）的定义，然后将定义插入、附着、复制和粘贴到当前图形中。

（3）更新（重定义）块定义。

（4）创建指向常用图形、文件夹和 Internet 网址的快捷方式。

（5）向图形中添加内容（例如外部参照、块和填充）。

（6）在新窗口中打开图形文件。

（7）将图形、块和填充拖动到工具选项板上以便访问。

六、建立电气元件图形符号库

使用"创建块"（block）命令可创建多个块构成图形符号库。用这种方法可创建适用于电气工程的电气符号库，创建专业图元库步骤为：

（1）新建图形文件：单击工具栏中【新建】按钮，或选【文件】/【新建】命令。

（2）逐一绘制专业图形符号，如双圈变压器图。

（3）创建块定义：单击【绘图】工具栏中【创建块】按钮或【绘图】/【创建】；block 命令。

（4）命名定义为块，如 byq2.dwg（双圈变压器图），保存在设计中心的自建文件夹 dqyjt \ byq2 中。

（一）电气控制图常用的图形符号

电气控制图常用的图形符号见表 4-4

表 4 - 4 电气控制图常用的图形符号

序号	设备名称	图形符号	序号	设备名称	图形符号
1	三相线绕式转子感应电动机		19	灯，信号灯	
2	动合触点		20	桥式全波整流器	
3	动断触点		21	缓慢吸合继电器的线圈	
4	接触器的主动合触点		22	缓慢释放继电器的线圈	
5	接触器的主动断触点		23	位置开关、动断触点	
6	高压隔离开关		24	位置开关、动合触点	
7	高压断路器		25	当操作器件被释放时延时闭合的动断触点	
8	具有动合触点且自动复位的按钮开关		26	当操作器件被吸合时延时断开的动断触点	
9	具有动断触点且自动复位的按钮开关		27	插头和插座	
10	按钮开关		28	热敏自动开关的动断触点	
11	电机绕组		29	端子	
12	双绕组变压器		30	连接、连接点	
13	在一个绕组上有中心点抽头的变压器		31	电阻器	
14	三相笼型感应电动机		32	带滑动触头的电位器	
15	双速感应电动机		33	热效应	
16	继电器线圈一般符号		34	电容器	
17	熔断器		35	连接片	
18	转换开关		36	接机壳或接底板	

（二）电气控制图常用图形符号的绘制

1. 电机绕组类

以三相绕线式转子感应电动机的绘制为例

（1）单击"绘图"工具栏中"圆"命令按钮◉，绘制圆 R7.5。

（2）单击"绘图"工具栏中"直线"命令按钮✎，绘制起点在圆的上象限点，长度为 7.5、垂直相上的直线。

（3）单击"修改"工具栏中"偏移"命令按钮⬢，在指定偏移距离时输入 5。

（4）单击"修改"工具栏中"延伸"命令按钮⊣，以圆 R7.5 为延伸边界线，延伸偏移复制到垂直直线。

（5）单击"绘图"工具栏中"圆"命令按钮◉，以圆 R7.5 的圆心为圆心，绘制大圆 R10。

（6）单击"修改"工具栏中"延伸"命令按钮⬥，以圆 R7.5 为水平直径为对称轴，把三条垂直直线对称复制一份。

（7）单击"文字"工具栏中的"多行文字"命令按钮 A，输入文字，调整位置，得到三相绕线式感应电动机。

（8）定义块步骤如下：

1）在命令行输入 WBLOCK 命令，出现"写块"对话框。

2）在"源"工具栏中选中"对象"单选项，以选择对象的方式指定外部图块。

3）在"对象"工具栏中单击"选择对象"按钮，系统返回绘图区中，以窗选方式选择需要的图形，按回车键返回"写块"对话框。

4）在"基点"工具栏中单击"拾取点"按钮，返回绘图中，拾取一个点，返回"写块"对话框。

5）在"目标"工具栏中的"文件名"文本框中输入"三相绕线式转子感应电动机图元"，作为外部图块的名称。

6）在"文件名和路径"下拉列表框右侧，指定图块保存的位置。

7）在"插入单位"下拉列表框中选择"毫米"选项，指定图块的插入单位。

8）单击"确定"按钮。

2. 照明灯具类

以信号灯的绘制为例，步骤如下：

（1）单击图层特性管理图标，新建各图层并为其命名，分别设置线型，令图元为当前层。

（2）单击"绘图"工具栏中"圆"命令按钮◉，绘制圆 R10cm。

（3）单击"绘图"工具栏中"直线"命令按钮✎，绘制两条过圆心的水平直线和垂直直线。

（4）单击"修改"工具栏中"旋转"命令按钮↻，将水平和垂直直线旋转 45°，完成绘制。

（5）使用 WBLOCK 命令，将该图元定义为块文件，块名为"信号灯图元"，保存在所建立的元件库中。

3. 电子器件类

以桥式全波整流器的绘制为例，步骤如下：

（1）单击图层特性管理图标，新建各图层并为其命名，分别设置线型，令图元为当前层。

（2）单击"绘图"工具栏中"正多边形"命令按钮⬠，输入边的数目4，选内切于圆，指定圆的半径为5cm，绘制正四边形。

（3）单击"绘图"工具栏中"直线"命令按钮✎，按尺寸要求绘制正交直线。

（4）单击"修改"工具栏中"延伸"命令按钮⟋⟍，以过正四边形中心的水平直线为对称轴，向上镜像复制一条水平直线，启动"对象捕捉"，单击"直线"命令按钮✎，连接直线，完成绘制。

（5）使用WBLOCK命令，将该图元定义为块文件，块名为"桥式全波整流器图元"，保存在所建立的元件库中。

4. 模板类

图形模板是多个基本电气元件图的组合图形，创建步骤同单个元件。

七、图形输出

（一）模型空间与布局空间

AutoCAD有两个空间，即模型空间和布局空间。在模型空间中绘制图形时，可以绘制图形的主体模型，而在布局空间中绘制图形时可以排列模型的图形形式。

1. 模型空间

模型空间是绘图使用的工作空间，在该空间中可以创建物体的视图模型以及二维或者三维造型，并且可以根据需求用多个二维或三维视图来表示物体，同时配有必要的尺寸标注和注释等辅助工具，来完成所需要的全部绘图工作。在绘制图形时所用的空间就是模型空间，这时状态栏中的"模型"模式 模型 处于启动状态，如图4-41所示。

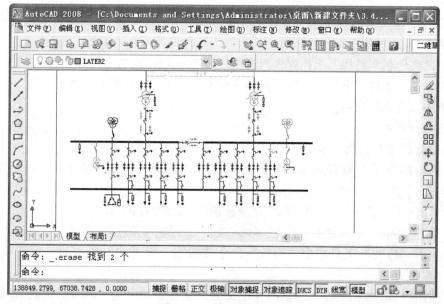

图4-41 模型空间布局

2. 布局空间

布局空间又称图纸空间，用于图形排列、添加标题栏和明细栏。通过移动或改变视口的尺寸，可在该空间排列视图。它完全模拟图纸页面，安排图形的输出布局。如图 4 - 42 所示，启动状态栏中的"布局"模式，直接进入布局空间。

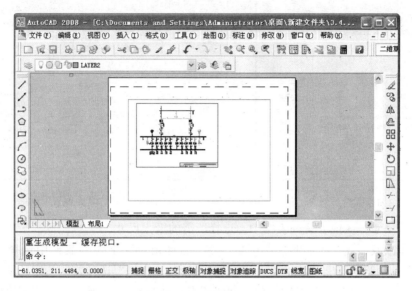

图 4 - 42　布局空间

（二）创建和管理布局

在 AutoCAD 中，可以创建多种布局，每个布局都代表一张单独的打印输出图纸。创建新布局后就可以在布局中创建浮动视口，视口中的各个视图可以使用不同的打印比例，并能够控制视口图层的可见性。

1. 使用布局向导创建布局

选择"工具"/"向导"/"创建布局"命令，打开"创建布局"向导，可指定打印设备、确定图纸尺寸和打印方向、选择布局中使用的标题栏或确定视口设置。

也可以使用 LAYOUT 命令，以多种方式布局创建新布局。

2. 管理布局

右击布局标签，使用弹出的快捷菜单中的命令，可以删除、新建、重命名、移动或复制布局。

（三）布局的页面设置

准备打印输出图形前，可以使用布局功能创建多个视图的布局设置。

在布局空间中，选择"文件"/"页面设置管理器"选项，系统将弹出"页面设置管理器"对话框，如图 4 - 43 所示。可以单击"新建"按钮，在系统弹出的"新建页面设置"对话框中新建布局。单击该对话框中的"修改"按钮，将弹出如图 4 - 44 所示的"页面设置"对话框。在该对话框中，除了可以设置打印设备和打印样式外，还可以设置布局参数。

"页面设置"对话框常用选项功能：

（1）打印机/绘图仪：指定打印机的名称、位置和说明。单击"特性"按钮，在弹出的对话框中查看或修改打印机或绘图仪配置信息。

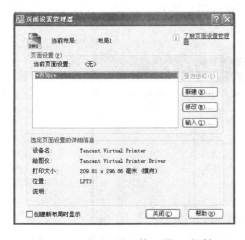

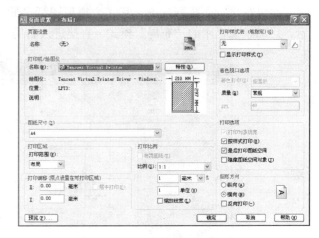

图 4-43　"页面设置管理器"对话框　　　　　　图 4-44　"页面设置"对话框

（2）图纸尺寸：在该下拉列表框中，选择所需的纸张尺寸。

（3）打印区域：设置布局的打印区域，在"打印范围"下拉列表框中选择要打印的区域；"窗口"选项将选择布局中的某个区域进行打印；"布局"选项打印指定的图纸界线内的所有图形；"范围"选项用于打印当前空间中所有几个对象；"显示"选项用于设置打印模型空间中当前视口中的视图。

（4）打印偏移：用来指定相对于可打印区域左下角的偏移量。在布局中，可打印区域左下角点由左边距决定。启动"居中打印"复选框，系统可以自动计算偏移值居中打印。

（5）打印比例：选择标准比例，该值将显示在"比例"下拉列表中，如果需要按打印缩放线宽，可启用"缩放线宽"复选框。

（6）图形方向：设置图形在图纸上的放置方向，如果启用"反向打印"复选框，表示图形将旋转180°打印。

（四）打印图形

创建完图形之后，通常要打印到图纸上，也可以生成一份电子图纸，以便从互联网上进行访问。打印的图形可以包含图形的单一视图，或者更为复杂的视图排列，根据不同的需要，可以打印一个或多个视口，或设置选项以决定打印的内容和图像在图纸上的布置。

1.打印预览

在打印输出图形之前可以预览输出结果，以检查设置是否正确。要结束全部的预览操作，可直接按 Esc 键。

2.输出图形

在 AutoCAD 中，可以使用"打印"对话框打印图形。选择"文件"/"打印"命令打开"打印"对话框，进行"页面设置"，选"打印机/绘图仪"选项组中的"打印文件"复选框，设"打印份数"，"打印选项"选项组选择。

各部分设置完成之后，在"打印"对话框中单击"确定"按钮，AutoCAD 将开始输出图形并动态显示绘图进度。如果图形输出时出现错误或要中断绘图，可按 Esc 键结束。

4.3　基于 AutoCAD 2008 的电气工程绘图实例

一、变电站电气主接线图的绘制

如图 4-41 所示的某无人值守变电站的一次电气主接线，全图基本上由图形符号及连接组成，不涉及出图比例。绘制这类图的要点有两个：①合理绘制图形符号（或以适当比例插入事先给好的图块）；②要使布局合理，图面美观，并注意图形对象应绘制在相应的图层上。

下面以在 A4 纸上绘制如图 4-41 所示电气接线图形的绘图步骤，加以说明。

（一）设置绘图环境

（1）设置图形界面：单击下拉菜单“格式”/“图形界面”，按命令行提示进行相应操作。

命令：_ limits

重新设置模型空间界限：

指定左下角点或［开（ON）/关（OFF）］＜0.0000，0.0000＞（↙）

指定右下角点 ＜420.0000，297.0000＞：297，210

（2）单击下拉菜单“视图”/“缩放”/“全部”，按下状态行中的“栅格”按钮，观察本步骤的执行结果，发现绘图区域有一部分区域充满了栅格，此部分区域为设定好的图形界限。

（3）设置文字样式：单击下拉菜单“格式”/“文字样式”，出现文字样式对话框，在该对话框中设置：字体为“仿宋 GB_2312”，宽度比例为 0.8，字高 3。

（二）绘制双母线带旁路接线形式

（1）绘制母线：单击“绘制”工具栏中的“多段线”命令按钮绘制宽度为 0.5 的母线，分别绘制出 66kV 主母线，10kV 主母线和 10kV 旁路母线，按照比例进行放置。

（2）绘制出线支路：复制所需的图形符号，形成出线支路，按照视觉比例调整位置。将上一步绘制好的出线支路移动到单母分段的第一段母线上。单击“修改”工具栏中的“复制”命令按钮，复制出线支路。

（3）绘制分段断路器支路：绘制所需的符号，并将符号连接成如图 4-45 所示结果。移动分段断路器支路到母线上，绘制结果如图 4-46 所示。

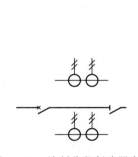
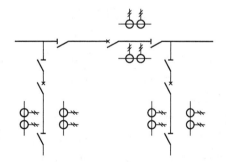

图 4-45　绘制分段断路器支路　　　　图 4-46　移动分段断路器支路

（4）绘制电压互感器支路：绘制电压互感器支路如图 4-47 所示，移动电压互感器支路到母线上，调整位置。

（5）绘制电容器支路：绘制电容器支路如图 4-48 所示，移动电容互感器支路到母线上，调整位置。

（三）绘制主变回路

（1）绘制或复制相应符号，形成一条主变支路，如图4-49所示。

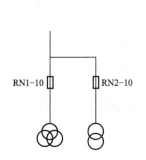
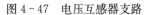
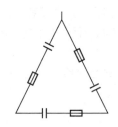
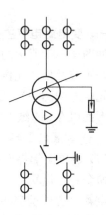

图4-47 电压互感器支路　　　　图4-48 电容器支路　　　　图4-49 变压器支路

（2）单击"修改"工具栏中的"复制"命令按钮，复制另一主变支路。

（四）补充绘制其他图形

参考以上绘图方法，绘制出其他出线及元器件，应用移动等命令对它们进行移动，放置到相应的位置上，使整体结构布局合理美观。

（五）注释文字

单击"绘图"工具栏中的"多行文字"按钮，输入任意一个设备的注释文字，用复制命令在相应的设备位置复制文字，然后可双击文字进行修改。最后绘制文字框线，至此完成整张图纸的绘制。

（六）插入图框、调整布局、图形输出

选择"布局1"页面，删除系统默认生成的视口，鼠标右键单击"布局1"，在弹出的菜单中选择"页面设置管理器"，对打印设备、纸张及可打印区域进行相应设置。插入事先定义好的A4图框，并修改其属性。

以图4-41为例详细介绍了电气图纸的绘制，其他图纸的绘制步骤与此类似。

二、电气设备平面布置图的绘制

（1）按上述方法设置绘图环境。

（2）绘制定位线：本图基本由母线架、连线及标注构成。各设备可以只绘制出示意图符号，而不必完全按其真实尺寸及形状绘制，但对于设备安全距离要求按比例进行绘制，本例图形绘制比例为1∶100。

（3）绘制基本图块、复制各图块、放置到适当位置。

（4）进行标注：尺寸标注要用到"线性标注"按钮、"连续标注"按钮、"快速标注"按钮。由于本图采用1∶100的比例进行绘制，所以需要调整标注的特征比例为1∶100。

三、电气控制线路图

按照上述设置绘图环境，图4-50主要用到多段线绘制线，复制负荷开关，移动放到线路的适当位置。交点的绘制是对圆圈进行填充，基本图形在前面都已有画法，直接应用即可，可以复制也可以用插入图块的方法。这里应用插入表格的方法来绘制所需设备表，然后在里面标注文字。

四、电子电路图

按照一、所述设置绘图环境，复制前面绘制过的基本图形，调整比例后放到各个位置。用移动命令调整位置，使其结构紧凑，布局合理。

五、建筑动力照明平面图

按照上述设置绘图环境，照明图的绘制是在原有结构图的基础上绘制元件的，包括开关、线路和灯具。首先绘制灯具，把每个房间及走廊的等布置好后，从配电箱盒引出现，用线进行连接，这里用的线是多段线，根据多段线的绘制方法进行绘制。灯具用图案填充绘制。

六、线路二次保护原理图

按照上述设置绘图环境，首先用多段线绘制母线，然后引出出线，复制负荷开关、隔离开关，移动到出线上。该图按照从上向下的顺序进行绘制，复制前面绘制过的基本元件，放置到适当位置。移动元件的时候用"对象捕捉"命令，选择基点移动不会偏移。

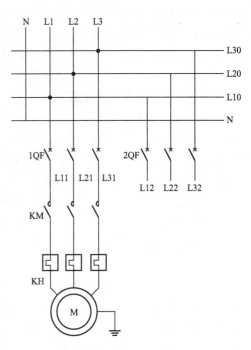

图 4 - 50　电动机主控回路

4.4　AutoCAD 软件的二次开发

一、二次开发的意义及特点

软件的二次开发，是指在现有 AutoCAD 通用软件基础上，为增强和拓展某在某一专业领域的应用范围，提高和完善软件性能，更有针对性地适应用户要求所作的软件开发工作。

（一）二次开发的意义

CAD 软件系统的三个层次中，系统软件是与计算机硬件相关的管理操作等方面的软件，由计算机软件厂商提供。支撑软件或基础软件是为应用提供通用功能的软件，其应用范围广，其功能不可能针对某一具体领域具体设计，如交互图形系统软件、AutoCAD 就属于此类，它们只提供基本的图素生成功能及图形的交互编辑功能，即只解决其中带共性的问题，不可能专门为电气专业设计一个电气接线图生成命令或开关安装图命令。因此这类软件功能不能满足电气工程用户的要求，并且其间存在较大距离，二次开发的任务之一就是消除这个距离，建立起支撑软件与电气用户间联系的"桥梁"。

此外用户带共性的问题中还互有差别，必须对支撑软件的某些功能作修改和补充。要使 AutoCAD 为电气工程用户所用，必须修改和完善原系统中的某些功能，例如电气专业图库的建立、专业菜单和工具栏的增添、与外部分析软件的数据交换等。一般说来，国外引进的 AutoCAD 软件，不作二次开发是不好用也用不好的。

（二）二次开发的特点

（1）继承与提高。二次开发是在已有软件的基础上进一步完善和提高，使其更适用电气用户的需求，因此有很强的继承性，同时在功能、方便程度、性能上应有较大的提高。

（2）专业性强。因为二次开发针对电气用户进行，因此专业性很强，必须由一些既懂专业技术，又具备软件设计能力的专门人才来完成。

（3）开发相对简单。因为是在原有软件基础上的提高，因此开发较简单，工作量较少。

（4）实用性好。有针对性的二次开发可大幅度提高软件使用效率，方便实用。

二、二次开发内容及功能要求

（一）二次开发的内容

电气工程设计是复杂的工作，内容多、涉及面广，因此要开发较完善的电气工程 CAD 软件，工作量是很大的。二次开发工作主要内容如下：

（1）完善人机交互系统、界面菜单、图标、对话框等设计。

（2）数据库系统、分析计算系统与图形对象间的连接和相互调用，即数据库、图形系统与高级语言的接口设计。

（3）程序化图形的自动生成模块设计，如自动生成阻抗图、保护配合图等。

（4）工程字符和汉字标注功能。

（5）国家标准与规范数据库建立。

结合常用的开发工具，AutoCAD 的二次开发主要涉及以下内容：①编写各种用户自定义函数并形成若干 LISP、ARX、VLX 或 ADS 文件，以及一些 DCL 文件；②建立符合自己要求的菜单文件，可在 AutoCAD 原菜单文件内添加自己的内容，或创建用户菜单文件（对于 AutoCAD 2000 及以上版本）加入到系统；③在系统的 ACAD. LSP 或类似文件中加入某些内容以便进行各种初始化操作，如在启动时立即装入一些文件等；④通过系统对话框设置某些路径，以便在程序开发成功后在其他 AutoCAD 系统上安装应用工作能自动进行。

（二）二次开发思路

以交互图形系统 AutoCAD 为主要支撑，以图形系统的 Visual LIST 语言或可视化语言 VB、VC 作为进程控制，以高级语言为系统连接及数据转换枢纽，开发集设计、图形绘制、数据管理及分析优化计算于一体的电气 CAD 软件系统。

（三）二次开发软件应具备的功能

二次开发的电气工程 CAD 软件应符合我国标准及使用习惯，能协助电气设计人员完成设计计算、方案优选、数据管理及图形生成等一系列繁重的工作，从而缩短设计周期，减轻设计人员劳动强度、提高设计质量。应具备的功能有：

（1）交互式图形处理功能。可交互式生成和编辑图形。

（2）设计计算功能。由用户给出的原始数据，可自动完成计算及查表，最后输出结果。

（3）设备材料的选择与校核。

（4）数据及图文资料管理。

（四）开发要求

（1）结果正确。

（2）操作方便。

（3）人机交互界面友好。

三、二次开发工具及方式

要使企业真正用好 CAD 系统，使之变成现实生产力，必须向企业提供易学易用的二次开发工具，即开发面向行业和企业应用的专用 CAD 软件和数据库。除了传统的函数库调用、Lisp 语言和 C 语言开发工具外，更需要系统开发单位能及时地对用户进行技术支持和培训。现在按交互对话的图文方式提示用户构造适合行业，适合企业的 CAD 应用系统将会更加友好，也更加受用户欢迎。

（一）Auto LISP 或 Visual LISP

Auto LISP（LIST Processing Language）是一种嵌入在 AutoCAD 内部的编程语言，它是一种表处理语言，是被解释执行的，任何一个语句键入后就能马上执行，对于交互式的程序开发非常方便，一直是低版本 AutoCAD 的首选编程语言。

Visual LISP 为开发者提供了崭新的、增强的集成开发环境，原来内嵌的 Atuo LISP 运行引擎被完整地集成到 AutoCAD 2000 以上版本中，开发者可以直接使用 AutoCAD 中的对象和反应器，进行更底层的开发。其特点为自身是 AutoCAD 2000 中默认的代码编辑工具；用它开发 Auto LISP 程序的时间被大大地缩短，原始代码能被保密，以防盗版和被更改；能帮助大家使用 ActiveX 对象及其事件；使用了流行的有色代码编辑器和完善的调试工具，使大家很容易创建和分析 LISP 程序的运行情况。在 Visual LISP 中新增了一些函数，如基于 Auto LISP 的 ActiveX/COM 自动化操作接口，用于执行基于 Auto CAD 内部事件的 LISP 程序的对象反应器，新增了能够对操作系统文件进行操作的函数。

（二）AutoCAD 的 script 文件

Script 文件是成批集成 Autocad 命令的文本文件，可以在 AutoCAD 中运行，在早期国内 CAD 二次开发中应用较为普遍。这种方法比较容易实现，通过在外部程序中按照要求将绘图参数融合进 Script 文件，然后利用 AutoCAD 定制菜单实现绘图。

（三）ADS

ADS 的全名是 AutoCAD Development System，它是 AutoCAD 的 C 语言开发系统，ADS 本质上是一组可以用 C 语言编写 AutoCAD 应用程序的头文件和目标库，它直接利用用户熟悉的各种流行的 C 语言编译器，将应用程序编译成可执行的文件在 AutoCAD 环境下运行，这种可以在 AutoCAD 环境中直接运行的可执行文件叫做 ADS 应用程序。ADS 由于其速度快，又采用结构化的编程体系，很适合二次开发的机械设计 CAD、建筑结构 CAD、土木工程 CAD、电气工程 CAD 等。

（四）ObjectARX

ObjectARX 是一种崭新的开发 AutoCAD 应用程序的工具，以 C++ 为编程语言，采用先进的面向对象的编程原理，提供可与 AutoCAD 直接交互的开发环境，能使用户方便快捷地开发出高效简洁的 Auto CAD 应用程序。ObjectARX 并没有包含在 AutoCAD 中，可在 AutoDESK 公司网站中去下载，其最新版本是 ObjectARX for AutoCAD 2000，能够对 AutoCAD 的所有事务进行完整的、先进的、面向对象的设计与开发，并且开发的应用程序速度更快、集成度更高、稳定性更强。ObjectARX 是一种特定的 C++ 编程环境，包括一组动态链接库（DLL），这些库与 AutoCAD 在同一地址空间运行并能直接利用 AutoCAD 核心数据结构和代码，库中包含一组通用工具，使得二次开发者可以充分利用 AutoCAD 的开放结构，直接访问 AutoCAD 数据库结构、图形系统以及 CAD 几何造型核心，以便能在运行期间实时扩展 AutoCAD 的功能，创建能全面享受 AutoCAD 固有命令的新命令。Object-ARX 的核心是两组关键的 API，即 AcDb（AutoCAD 数据库）和 AcEd（AutoCAD 编译器），另外还有其他的一些重要库组件，如 AcRX（AutoCAD 实时扩展）、AcGi（AutoCAD

图形接口）、AcGe（AutoCAD 几何库）、ADSRX（AutoCAD 开发系统实时扩展）。Object-ARX 还可以按需要加载应用程序；使用 ObjectARX 进行应用开发还可以在同一水平上与 Windows 系统集成，并与其他 Windows 应用程序实现交互操作。

（五）VBA、VB 或 VB. NET

VBA 即 Mcrosoft Office 中的 Visual Basic for Applications，被集成到 AutoCAD 2000 中。VBA 为开发者提供了一种新的选择，也为用户访问 AutoCAD 2000 中丰富的技术框架打开一条新的通道。VBA 和 AutoCAD 2000 中强大的 ActiveX 自动化对象模型的结合，代表了一种新型的定制 AutoCAD 的模式构架。通过 VBA，可以操作 AutoCAD，控制 ActiveX 和其他一些应用程序，使之相互之间发生互易活动。

（六）Visual Java

Java 是最早由 Sun 公司创建的一种颇具魅力的程序设计语言，是针对嵌入系统而设计的。像许多开发语言一样，Java 是一组实时库的集合，可为软件开发者提供多种工具来创建软件，管理用户接口，进行网络通信、发布应用程序等。对 AutoCAD 用户和开发者而言，Java 代表新一代的编程语言，用于开发出全新的优秀产品。

AutoCAD 提供了完整的、高性能的、面向对象的 CAD 程序开发环境，为用户和开发者提供了多种新的选择，使得对 AutoCAD 的二次开发和定制变得轻松而容易。通过以上的介绍，帮助大家在二次开发时有所选择，提高工效，达到事半功倍的目的。

四、基于 VB 的二次开发

用 VBA 开发 AutoCAD 必须在 AutoCAD 环境下，不能编译成可直接在 Windows 下运行的执行文件。而且 VBA 仅是 VB 的一个子集，VB 的许多强大功能 VBA 尚不具备，因此其应用受到限制。用 VB 对 AutoCAD 进行二次开发，即应用 AutoCAD Activex 技术，通过 VB 编程来控制和操作 AutoCAD。将 AutoCAD 当成 VB 程序的一个图形窗口，对其进行打开、绘图、编辑、打印和关闭等操作。用 VB 进行 AutoCAD 二次开发，可根据电气专业的特点，开发出有实用价值的应用软件。下面介绍开发中的几个关键问题。

（一）AutoCAD 对象的使用

上层是 AutoCAD 应用程序对象（Application），下面有一个对象和 3 个集合对象。各下级对象又有各自的下级对象，可通过 Application 的属性或方法逐级向下访问。例如，集合对象 Documents 下面的 Document 对象，其下又有 Blocks（块集合对象）、Modelspace（模型空间集合对象）等子对象。通过 modelspace 对象，可以在模型空间创建 3Dface、3Dsolid、Arc 等图形实体。

（二）在 VB 中连接 AutoCAD

启动 VB，引用 AutoCAD 类型库。具体操作步骤如下：从"工程"菜单中选择"引用"选项，启动"引用"对话框。在"引用"对话框中，选择 AutoCAD 类型库，然后单击"确定"。定义模块级变量 AutoCAD 应用程序（acadApp）和当前的文档（acadDoc）。如果 AutoCAD 正在运行，使用 GetObject 函数将检索 AutoCAD Application 对象。如果 AutoCAD 没有运行，使用 CreateObject 函数试图创建一个 AutoCAD Application 对象。如果创建成功，会启动 AutoCAD；如果失败，则会发生错误。同时运行多个 AutoCAD 任务时，GetObject 函数会返回 Windows 运行对象表中的第一个 AutoCAD 实例。要显示 AutoCAD 图形窗口，需要将 AutoCAD 应用程序的 Visible 特性设置为 True。使用 acadDoc 变量引用当前的 AutoCAD 图形。连接 AutoCAD 示例：

```
Dim acadApp As' AcadApplication
Dim acadDoc as AcadDocument
Sub ConnectToAcad() '连接 AutoCAD
On Error Resume Next
Set acadApp=GetObject(, "AutoCAD.Application")
If Err Then
    Err.Clear
    Set acadApp=CreateObject("AutoCAD.Application")
    If Err Then End
        MsgBox ("请安装 AutoCAD")
        Exit Sub
End If
End If
acadApp.Visible=True
Set acadDoc=acadApp.ActiveDocument
End Sub
```

（三）使用图形文形

通过①创建；②打开；③保存；④关闭图形文件功能，对后缀 ＊.dwg 的 AutoCAD 图形文件进行操作。图形的编辑操作在打开的图形文件上进行。

系统通过编程实现绘图界面上图形的绘制、修改、增删和编辑操作，以及交互界面与数据库、分析模块关联功能的设计，具体开发方案步骤细节详见文献 15《电力系统及厂矿供电 CAD 技术》。

第5章 面向对象与图形化电气工程CAD技术

　　面向对象与图形化技术在软件中发挥着越来越重要的作用。本章将介绍面向对象的图形化技术及其在电气工程CAD中的应用。首先简单介绍面向对象技术与图形化技术的概念及其应用；然后介绍面向对象的电气工程对象类，电气一次、二次结构对象模型知识库，及面向对象的图形化技术的实现举例。

5.1 面 向 对 象 技 术

　　传统的结构化分析方法，是一种面向功能的方法，在建造大型复杂的知识库系统中所遇到的突出矛盾是难以对知识库的各个组成部分进行统一组织和集中管理。

　　面向对象方法从根本上解决了上述问题。近十几年来，采用类和对象来封装数据与操作的面向对象开发方法，引起了人们的兴趣和重视，并在近年来得到迅猛发展。类（Class）把数据抽象和功能抽象统一起来，能够针对知识库的各个组成部分（对象），精心考虑与设计它们的内部数据结构和外部接口联系。封装性（Encapsulation）保证能够不断研究与改进类的内部实现过程，而又无需更改系统的其他组成部分。继承性（Inheritance）增加了代码重用能力，简化了开发工作量，并且使知识库具有开放性。多态性（Polymorphism）增强了系统的通用性、灵活性、重用性、可扩充性等。包容类（Container Classes）则在更高层次上实现知识库的统一组织和集中管理。因此，面向对象方法的这些特色为知识库、专家系统及其他应用软件开发提供了远比结构化方法更加先进的新思想、新方法。

　　面向对象技术是用计算机世界中的软件对象来模拟现实对象，从而实现模拟现实世界的一种方法学。

一、面向对象的概念

　　面向对象技术（Object - Oriented Technology，OOT）现在被广泛应用到计算机软件开发技术的研究和应用领域。面向对象技术与传统的结构化程序设计技术不同，其基本思想是从现实世界中客观存在的事物出发来构造系统，并在构造系统的过程中尽可能模拟人类的自然思维方式，将现实世界中的实物按其所具有的共同特性进行一定的抽象，并描述相关的思维和行为。理论上主要包括三部分内容：面向对象分析（Object - Oriented Analysis，OOA），面向对象设计（Object - Oriented Design，OOD）和面向对象编程（Object - Oriented Programming，OOP）。

　　面向对象技术的基本概念包括对象、类、消息、抽象、封装、继承和多态性等。

　　对象是包含现实世界物体特征的抽象实体，它反映了系统为之保存信息和与它交互的能力，是一些属性及服务的封装体。在程序设计领域，可以用"对象＝数据＋作用于这些数据上的操作"这一公式来表达。对象是对现实实体的抽象，它包括数据和操作两部分。数据用于描述对象的性质、状态，操作则用于描述该对象的行为。对象数据的获取与改变必须通过该对象自身的操作进行。

类是具有相同操作功能和相同数据格式（属性）的对象的集合，规定了这些对象的公共属性和方法。对象为类的一个实例，比如苹果是一个类，而放在桌上的那个苹果则是一个对象。类用于表示具有相同或相似性质的一组对象，也就是对象的数据类型。

消息是对象间相互传递的信息。在面向对象方法中，对象必须根据其所接收到的消息执行相应的操作。

面向对象的编程方法具有四个基本特征：

（1）抽象：指的是强调事物的主要方面，忽略其次要方面。抽象的结果是建立一系列对象、类和子类。合理使用抽象，可以避免过早考虑细节，便于编程人员进行抽象思维。抽象包括两个方面：一是过程抽象，二是数据抽象。过程抽象是指任何一个明确定义功能的操作都可被使用者看作单个的实体看待。数据抽象定义了数据类型和施加于该类型对象上的操作，并限定了对象的值只能通过使用这些操作修改和观察。

（2）封装：是指把过程和数据包围起来，使对象的各种外部性质同其具体的内部实现相互分离。对数据的访问只能通过已定义的界面，为信息隐藏提供支持。对象通过一个受保护的接口访问其他对象。封装保证了模块具有较好的独立性，使程序维护修改较容易。对应用程序的修改仅限于类的内部，因而可以将应用程序修改带来的影响减少到最低。

（3）继承：是一种联结类的层次模型，允许和鼓励类的重用，是派生新类的方法。通过继承，新类不仅具有旧类的属性和方法，而且还具有自己独有的属性和方法。从现有的类中派生的新类称为原始类的派生类（子类），而原始类称为新类的基类（父类）。在软件设计中，继承的使用有助于提高该软件的可维护性、可扩充性和可重用性。

（4）多态性：是指在一组具有继承关系的类层次中，同一个消息发给该类及其子类对象时，这些对象会作出不同的响应。多态性的使用不仅有助于编程人员进行抽象思维，而且还为软件的扩充提供了灵活性。多态性包括参数化多态性和包含多态性。

因此，面向对象设计方法具有以下一些优点：

（1）抽象性具有使用户定义复杂数据类型的功能，能表示一些复杂过程领域、专家知识等问题。

（2）封装性保证了对象类及对象可作为独立性很强的模块，为大型软件提供可靠的软件集成的单元模块。

（3）继承性提供了一种代码共享的手段，可以避免重复代码设计，使得面向对象方法确实行之有效，应用程序的修改带来的影响更加局部化。可使系统开发时间短，效率高，可靠性高，所开发的程序更强壮。可以不断扩充功能，且不影响原有软件的运行。

（4）多态性具有灵活、抽象、行为共享、代码共享的优势，很好地解决了应用程序函数同名问题。

由于面向对象编程的可重用性，可以在应用程序中大量采用成熟的类库，从而缩短了开发时间。应用程序更易于维护、更新和升级。

支持对象的主体特征，使得对象可以根据自身特点进行功能的实现，提高了程序设计的灵活性；对象实现了抽象和封装，将其中可能出现的错误限制在自身，不会向外传播，易于检查和修改。

二、面向对象技术的特点

"面向对象"从 20 世纪 80 年代以来在计算机学科得到广泛使用，是计算机科学快速发展的需要。面向对象方法（Object – Oriented Method）是建立在"对象"概念基础上的方法学，对象是由数据和容许的操作组成的封装体，与客观的实体有直接对应关系，一个对象类定义了具有相似性质的一组对象。而继承性是对具有层次关系的类的属性和操作进行共享的一种方式。面向对象技术的特点有：模块性、封装性、代码共享、灵活性、易维护性、增量性设计、局部存储与分布处理性。

面向对象的原则（广义）是：一切事物都是对象，任何系统（也是对象）均由对象构成，系统的发展和进化由系统内外部的对象相互作用完成。

实现面向对象方法的具体步骤如下：

（1）面向对象分析：分析和构造问题域的对象模型，区分类和对象，整体和部分关系；定义属性、服务，确定约束。明确地抽象系统必须做的事，而不是如何做。

（2）面向对象设计：根据面向对象分析，设计交互过程和用户接口，设计任务管理、全局资源，确定边界条件、子系统以及子系统的软、硬件分配。

（3）面向对象实现：使用面向对象语言实现面向对象设计。

面向对象设计首先强调来自域的对象，然后围绕对象设置属性和操作，其结构源于客观世界稳定的对象结构。面向对象方法运用对象、类、继承、封装、聚合、消息传递、多态性等概念来构造系统，明显提高了软件的生产率、可靠性、易重用性、易维护性，在计算机科学与技术中成为一种好方法，并得到了广泛应用。

在嵌入式软件开发中，面向对象技术内在支持了对系统的抽象、分层及复用技术，能够很好地控制系统的复杂性，也逐渐广泛应用。

三、常用数据结构对象类

1. 复数类（Complex）

在电力系统分析计算中常用到复数，如电压、潮流、功率、阻抗等都是复数量。开发复数类的主要目的是为了能够对复数给出简洁的处理形式。通过运算符重载，在程序中对复数可以直接进行"＋"、"－"、"＊"、"/"、"＝"、"＜"、"＞"等各种类型的运算。

2. 循环队列类（CircleQueue）

队列是信息的线性表，访问次序是先进先出（FIFO）。循环队列能够反复使用内存存储区，只要不停地执行移出操作，就可以存入任意多的数据项。

3. 单链表类（SingleList）

单链表中每个数据项都带有一个链（指针）来指向表中下一个元素，允许以随机方式访问表中任意数据项。单链表类用途比较广泛，除了用于建造知识库外，还用于警报处理中建立故障设备存储表。

4. 双链表类（DoubleList）

双链表中每个数据项带有两个链，分别指向前一个和后一个元素。双链表比单链表增加了指向前一个元素的指针，可以完成更复杂的任务，如可用于用户界面中叠搭窗口类的设计。

5. 二叉树类（BinaryTree）

二叉树是一种比较复杂的数据结构，其主要特点是能够对带关键词的数据项进行快速的搜索、插入和删除操作。一棵平衡二叉树在最坏情况下，搜索一个记录需要 $\log_2 n$ 次比较，比其他顺序查找的数据结构优越得多。如二叉树类可用于电网结构模型知识库中建立厂站二叉树和线路二叉树，以实现对各个厂站对象和线路对象的快速访问。

四、面向对象技术在电气工程中的应用

运用面向对象技术的基本思想，将实际物理系统抽象为模型对象，用类之间的继承关系描述各具体对象之间的关联。并将知识表示与专家系统融入模型的构建中，使电气量的分析模型与系统图元实体结构模型相关联，建立高层次的、融合反映电网、元器件、节点物理属性、状态信息、电气参数与工程图形实体结构的复合模型。通过模型，不仅可获得工程图形结构框架、元器件连接等信息，还可由此提取出电气元器件的拓扑结构而提供分析计算的依据。通过图形对象能透视到对应电气元器件的电气性能、技术参数、运行状态及连接关系等属性，以及与其他元件电气量间满足约束条件的状态方程。由此打开工程图形与电气分析模型数据间联系的通道，为电气工程开辟图形化新领域，也使电气工程的规划设计、运行调度、生产管理更形象、直观、高效，操作更方便、快捷。

5.2　图形化技术及应用

图形化技术是运用计算机图形学和图像处理技术，将对象数据转换为图形或图像显示于屏幕，并通过对形象的图形图像的事件驱动实现对象控制任务而进行交互处理的理论、方法和技术。所谓信息可视化也是指以图形、图像、虚拟现实等易被人们所辨识的方式展现原始数据间的复杂关系、潜在信息以及发展趋势，以便能够更好地利用所掌握的信息资源。

一、图形化与可视化的概念

（一）图形化与可视化

图形化概念首先来自科学计算可视化，可视化的核心是图形化。可视化需要通过图形图像来分析由计算机算出的数据，可视化技术离不开专业图形技术，特别是针对计算机系统的图形处理能力。大规模数据可视化的过程（含二维和三维系统）需要显示子系统处理大量的高精度矢量数据，并在显示终端设备上得到完美的展现，因此，大规模数据可视化工作早期需由性能强大的小型机来完成，并且需要多路显示系统联合进行运算。近年来，随着 PC 机性能的大幅度提高，特别 Quadro 系列等专业图卡的图形处理性能不断攀升，使用单台 PC 完成一般规模的数据可视化工作已经成为可能。以市场上常见的 Quadro 系列图卡为例，即使是目前入门级别的 Quadro FX570，相比前几年的主流专业图卡，显存量提高了 8 倍，显存频率和核心频率分别提高了 3 倍和 4 倍，数据处理带宽更是提高了 5 倍之多。前几年，配置专业图卡的 PC 系统很难在数据可视化方面有用武之地，而现在任何一款中高端专业图卡均能获得良好的图形处理表现。因此，市场上很多数据可视化应用系统也在 2006 年前后，开始提供基于 Windows 系统的版本，并将原有系统的 OpenGL 图形优势转移到 PC＋Windows 系统上（这得益于 OpenGL 的跨平台优势）。相应地，基于专业图卡多路图形处理技术的进步，多路 PC 系统支持下的大规模数据可视化系统也在 2006 年前后逐渐与传统的 Powerwall 系统分庭抗礼。

（二）早期的可视化

通常意义上的早期数据可视化技术大多采用二维图形图像学可视化方法，由于二维可视化含有较少的数据量，同时沿用了成熟的可视化理论方法，因此在空间信息远程可视化（如网络地图）和交通导航等领域应用较为广泛。而在工程计算、医学、科学计算等领域，包含

更多数据信息的三维可视化技术则必不可少。因为，从常识性的认知角度而言，现实世界是一个三维空间，使用计算机将现实世界表达成三维模型则不仅需要精确表达三维几何形体和曲面，还需要进行大量的纹理和场景处理工作，从而形成具有一定逼真度的三维图。这也是现代三维数据可视化技术离不开专业图卡等图形加速设备的原因之一。

（三）三维可视化

三维图形数据的可视化包含三维模型的创建和图形数据的几何运算两大过程，几何运算部分又包括物理运算、几何转换、光源、顶点标定和贴图渲染等几个阶段，其中涉及大量的浮点运算和整数运算，需要强有力的图形数据处理性能。交互式图形可视化系统 AVS/Express 从 6 版本之后才提供成熟稳定的 Windows 版本，Windows 版本的数据处理规模上限小于 UNIX 版本，但能满足绝大多数用户的需要，特别是 64 位 PC 平台和高性能专业图卡的大规模应用，Windows 版的 AVS/Express 6.3 已经可以处理最高 20 亿点阵规模的图形。AVS/Express 提供了有关先进图形、图像、数据可视化、数据库接口、注释和硬拷贝等先进技术，因此被 GIS、工程计算、医疗等广泛领域的专业系统选为图形可视化的标准，工程计算结果的可视化是与 CAD/CAE 技术相关联的，AVS/Express 在其中起到了主导作用。在 AVS/Express 的技术数据包中，采用了 TMA 的集成电路设计和制造数据，展现大量工程模拟数据的可视化效果。TMA 的 TCAD 软件帮助工程师在设计过程的前期阶段，通过三维数据模拟技术预估产品的性能和制造可能性、可靠性，以缩短设计周期，减少设计失误，而利用嵌入的 AVS/Express 三维图形可视化系统，工程师可以在计算机的屏幕上直接观看三维的模拟结果，直观地进行对比评估。

（四）图形化系统的开发步骤

（1）确定进行图形化的对象。

（2）清晰地定义一个图形化空间，这个空间用来放置可视化对象。

（3）映射数字化描述，确定在图形化环境中图形对象的位置。

（4）集成用于搜索图形化信息和与其进行交互的工具。

（五）图形化技术的表达

信息可视化帮助用户理解大规模数据集合，运用图形化技术使得信息系统和用户之间的直接交互直观而且方便。

图形化属性包括标记（点、线、区域、表面、体积）、自动处理的图形属性（位置、颜色、大小、形状、方向、纹理等）及受控制的处理属性，信息显示中的视觉变量有形状、方位、颜色、纹理、值、大小，在具体实现时需要注意的是应根据具体的图形化对象选取不同的视觉属性。绘制可视化图形是信息检索的最后步骤，经过图形绘制最终完成将抽象信息以直观的图形方式呈现给用户。可视化图形应该满足以下要求：

（1）易于认知及可读性强。

（2）避免视觉上的混乱。

（3）揭示出隐含在数据中的规律。

目前较为成功的图形显示算法有弹簧绘制方法（SpringEmbedder），可实现大信息空间的呈现、基于抽样结构分析的数据库算法、基于层次结构的 Mesh 算法及其优化算法。

总的说来，在实现信息检索图形化过程中，需要注意的是信息检索的目标是要利用图形技术设法为用户提供一个可视化的环境以支持用户完成信息检索、浏览、挖掘等超出传统的信息系统所能实现的功能。

二、图形化技术的特点

图形化技术有广泛的应用领域，可应用于各行各业的软件领域，如工业控制、工程设计、信息管理、调度通信、交通物流等，其特点如下：

（1）图形化软件开发系统是用工程人员熟悉的术语和图形化符号代替常规的文本语言编程，界面友好、操作简便，可大大缩短系统开发周期，深受专业人员的青睐。

（2）图形化编程所需要的元器件图由 CAD 软件提供，无需再次建模，操作者只需输入必要的代码或属性参数、指定操作对象，程序就自动执行指定的操作，如有错误可立即修正，大大减小了编程出错概率，提高了编程效率和可靠性。

（3）方案设计和图形生成是基于同一个 CAD 环境下，设计图形依赖于工程的几何信息和结果数据，并根据设计者提供的信息自动生成，实现了方案设计和制图过程信息模型的无缝连接，保证了设计质量和效率。

（4）有利于提高 CAD 系统的集成化和智能化水平。

（5）图形化的应用建立在有效和方便地获得数据的基础上，即几何图元对象必须与数据库相链接，必须能同时接收多重数据源，充分利用数据仓库，进行数据挖掘。

图形化技术已在所有软件工程尤其是在 CAD 中得到越来越广泛的应用，例如图形化运输综合信息服务系统可将整个城市的各行各业信息真正高度集成在一张地图上；物流配送图形化管理将地理信息系统引入订货送货、销售业务和广告投递业务等全程物流管理中，能自动分析并确定在城市地图上该客户楼房的位置，然后根据楼房的位置确定应该由总公司下属的哪个分站的哪位投递员去为该客户送货。而图形化电气控制与分析软件则只需将组成电气回路的设备图元对象放到图面上并输入各图元属性数据，即可进行相关的分析计算与控制系统设计。

又如，图形化地理电网管理系统体现了如下特色：

（1）以地图为背景的图符表示所管辖的电气设备的位置和连接关系，可以形象、实时地显示网络状态，逐步细化到节点、支路，并可查看其运行状态。

（2）在用户界面中，通过菜单方式、拖放方式或其他直观易用的方式指示故障管理、性能管理、配置管理和安全管理，并通过多级下拉菜单提供相应的具体操作，如故障管理下的二级菜单中有故障种类告警浏览、历史故障浏览等。

（3）对运行管理中关键的告警指示宜作统一规定：如用红色表示危急告警；橙色表示主要告警；黄色表示次要告警；紫色代表提示告警，便于运行管理人员根据告警级别的缓急采取相应措施。

三、图形化技术的实现

（一）专用图形化工具

常用的图形化工具有 LabView 和 Hp vee。Labview 是一种用于科学计算、过程控制、自动测试领域的功能强大的图形化语言，是当前最为流行的图形化开发环境，具有专业人员熟悉的图形化语言和符合国际标准的 IEEE 488.2 接口驱动程序，适合专业人员图形化编程。Labview 编程语言最主要的两个特点是图形化编程和数据流驱动。

1. 图形化编程

Labview 与 Visual C++、Visual Basic、LabWindows/CVI 等编程语言不同，后几种都是基于文本的语言，而 Labview 则是使用图形化程序设计语言 G 语言，用框图代替传统的程序代码，编程的过程即是使用图形符号表达程序行为的过程，源代码不是文本而是框图。Labview 的框图中使用了丰富的设备和模块图标，与科学家、工程师们习惯的大部分图标基本一致，这使得编程过程和思维过程非常的相似。多样化的图标和丰富的色彩也给用户带来不一样的体验和乐趣。

2. 数据流驱动

Labview 的运行机制本质上是一种带有图形控制流结构的数据流模式，程序中的每一个函数节点只有在获得全部输入数据后才能够被执行。既然 Labview 程序是数据流驱动的，数据流程序设计规定：一个目标只有所有输入有效时才能够被执行；而目标的输出只有功能完全时才是有效的。所以 Labview 中被连接的函数节点之间的数据流控制着程序的执行次序，而不像文本程序那样受到行顺序执行的约束，可以通过相互连接函数节点简捷高效地开发应用程序，还可以有多个数据通道同步运行，即所谓的多线程。

（二）基于图形软件二次开发

电气工程应用中以面向对象语言为工具对图形软件二次开发是实现图形化 CAD 的有效方法。为给用户一个友好的、直观的操作界面，不仅要编制一些菜单和工具栏，还需编制多种有较好交互性的对话框。例如一个基于 Visio 的图形化供配电 CAD 系统的主界面如图 5-1 所示，其中显示了绘图界面功能及图元参数输入界面。

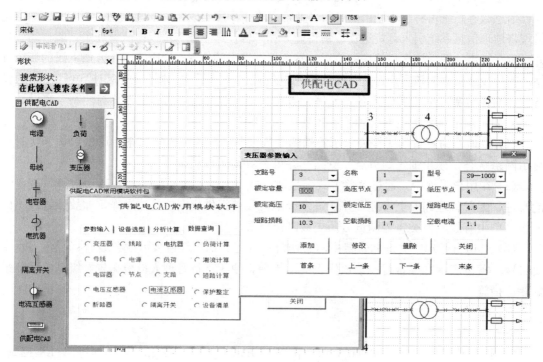

图 5-1　图形化供配电 CAD 系统的主界面

图形化实现有以下步骤：

（1）首先选择具有图形和数据处理功能的开发平台。

（2）建立图元对象库，即组建用户图形界面（GUI）的图形标准库，实现用户图形界面（GUI）的操作平台的支持。用户图形界面（GUI）软件的设计思路如下：

1）界面种类的划分，同一种类的界面中将具备相同或者相似的功能区域。每一种界面都会有相应的处理程序，也有专门的数据结构。考虑到用户在各种情况下的操作界面，界面种类分为：①背景网格显示界面；②波形显示界面；③帮助文档浏览界面；④菜单显示界面；⑤文件管理浏览器界面；⑥文件名称输入界面；⑦前景内容显示界面（包括各种参数显示信息，测量信息以及提示信息等）。

2）界面区域与外界输入的相互配合响应。显示的图形形形色色，都可以抽象成具有共同属性的某种数据结构。掌握了数据结构，就可以让图形界面随之而变，如何设计、控制、改变这些数据结构就成为实现用户图形界面（GUI）的关键。要响应外界用户的输入，需要制定一套机制运行法则，也是用户用以操作仪器的操作平台（Operation Platform）。系统依据这套运行法则，根据外界的输入来更改各种界面下使用的数据结构，从而实现用户对图形界面的操作。通过找到能够贯穿整个系统，标示不同状态以及模式的变量或者结构，以键盘的输入键值为主线，辅以各种全局变量，来控制系统状态的变化。

3）组建图元对象的属性数据库并实现图元对象与数据库的链接。

4）建立电气工程专业对象模型库及任务目标功能库，并实现其与界面交互图元及后台数据间的有机连接。

（3）用基本图形、图像来虚拟代替基本功能单元为用户提供图形化操作功能。用户可以直接通过对图形操作进行执行功能管理，而不必与枯燥的数据打交道，给人以直观、明了的感受。窗口对象可分为文本域、选择按钮和图符等。

（4）网络图元及数据信息管理模块设计。实现电气工程 CAD 图形化需要完善三个模块：①以图形方式显示电气网络元器件数据库信息模块；②网络元器件数据信息处理模块；③网络元器件的图形化添加模块。每个网络元器件都作为一个具有属性的图元对象，为了实现将不同结构网络元器件数据图形化，需要把图件和其表示的电气设备的数据关联起来，属性数据与网络元器件数据库设计时的数据结构一致。对图元属性（Custom Properties）的设置方法是在制作图件时，需对其 Shape Sheet 表中的用户属性 Custom Properties 区进行增加和定义。例如，线路图件的数据属性有端点编号、导线型号、导线长度、单位长度电阻和电抗等，其数据就存放在用户属性 Custom Properties 区的电子表格中。数据的输入、查询通过窗体实现，如图 5-2 所示图元属性定义。

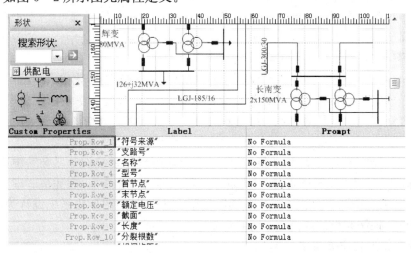

图 5-2　图元属性定义

为了实现节点（Node）、支路（Branch）、配电箱（Distribution Box）和节点之间连接的图形化，分别设计对应的图元，且每一个图元都赋予了鼠标点击事件，包括单击和双击。单击用于对图元的几何形态进行操作，双击用于对图元的参数属性进行操作，包括输入、查询、修改等，此时需要在鼠标双击图形设备元器件时弹出相应的窗体。对图元事件（Events）的定义方法是在设计图件时要对其 ShapeSheet 表中的 Events 区的双击事件 EventsDblClick 定义。其格式为：

=RUNADDON("ThisDocument.过程名称 Name")

在 VBA 编辑环境中，有一个 Visio 对象，在其中的 ThisDocument 下写一段过程名为 Name 的打开相应窗体的程序即可，这样这个图件就具有响应鼠标双击事件的能力了。图元事件定义如图 5-3 所示。

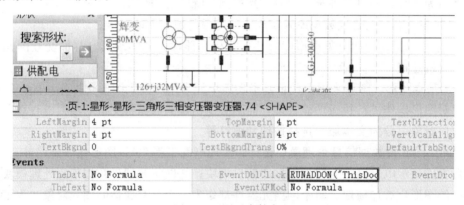

图 5-3 图元事件定义

为实现数据库的图形化显示，需要查询给定的网络元器件数据库信息，包括遍历、添加、修改和删除记录等。在数据处理模块中，又包括当前动态处理、静态处理和设备查询处理三个小模块。在图形化模块中，主要实现接入网络元器件数据信息的图形化，也就是将存于数据库内的网络元器件数据信息以直观的图表示出来。

在图形化显示界面中，当右键单击某个图形化显示图元后，会弹出一个属性对话框，该对话框内的数据就是根据网络元器件数据库而产生的，单击该图元即可了解网络元器件数据信息。当在某个网络元器件上存在告警时，在图形化显示界面中会用特殊的颜色进行标识，根据不同告警等级设定不同的图元背景色。

利用 AutoCAD 等图形软件二次开发同样可方便实现对象图形化技术，不再赘述。

图形化技术是一门新兴的技术，把传统的数据库带入可视化空间，使枯燥的数据地图化、可视化和动态化，这是最直观、最有效的表现方式，将大大增加系统信息的表现力，给技术人员提供了直观的图形操作界面，使设计工作变得丰富而不再枯燥。

美国国家仪器有限公司 2008 年度"NIDays 全球图形化系统设计盛会"中国站于 11 月 18 日在上海国际会议中心圆满落幕。NI 秉承的理念即为"创新"，在凭借"虚拟仪器技术"的概念立足于测试测量行业之后，NI 继续以基于 Labview 的图形化系统设计为核心帮助工程师实现测试、控制和设计的高效融合和创新。

四、UML 图形化建模技术

UML 是面向对象开发中一种通用的图形化建模语言，定义良好、易于表达、功能强大且普遍适用。面向对象的分析主要在加强对问题空间和系统任务的理解、改进各方交流、与需求保持一致和支持软件重用等四个方面表现出比其他系统分析方法更好的能力，成为主流的系统分析方法。UML 的出现既统一了 Booch、OMT、OOSE，以及其他方法，又统一了面向对象方法中使用的符号，在提出后不久就被 OMG 接纳为其标准之一。从而改变了数十种面向对象的建模语言相互独立且各有千秋的局面，使得面向对象的分析技术有了空前发展。它本身成为现代软件工程环境中对象分析和设计的重要工具，被视为面向对象技术的重要成果之一。

　　UML 建模，就是用模型元素来组建整个系统的模型，模型元素包括系统中的类、类和类之间的关联、类的实例相互配合实现系统的动态行为等。UML 提供了多种图形可视化描述模型元素，同一个模型元素可能会出现在多个图中对应多个图形元素，可以从多个视图来考察模型。UML 建模主要分为结构建模、动态建模和模型管理建模三个方面：

　　（1）结构建模：是从系统的内部结构和静态角度来描述系统的，在静态视图、用例视图、实施视图和配置视图中适用，采用了类图、用例图、组件图和配置图等图形。例如类图用于描述系统中各类的内部结构（类的属性和操作）及相互间的关联、聚合和依赖等关系，配置图用于描述系统的分层结构等。

　　（2）动态建模：是从系统中对象的动态行为和组成对象间的相互作用、消息传递来描述系统的，在状态机视图、活动视图和交互视图中适用，采用了状态机图、活动图、顺序图和合作图等图形，例如状态机图用于一个系统或对象从产生到结束或从构造到清除所处的一系列不同的状态。

　　（3）模型管理建模：描述如何将模型自身组织到高层单元，在模型管理视图中适用，采用的图形是类图。建模工作集中在前两方面，而且并非所有图形元素都适用或需要采用。

　　实时 UML 语言是在嵌入式开发中适用的建模语言。目前有许多功能强大的 UML 建模工具，有些工具在引入或加强嵌入式实时系统应用领域的功能，例如 RoseRealTime 和 Rhapsody。

五、图形化开发平台在虚拟仪器中的应用

　　先进制造与虚拟样机技术是将 CAD 建模技术、计算机支持的协同工作（CSCW）技术、用户界面设计、基于知识的推理技术、设计过程管理和文档化技术、虚拟现实技术集成起来，形成一个基于计算机、桌面化的分布式环境以支持产品设计过程中的并行工程方法。北京黎明视景公司推出的面向先进制造和虚拟样机的虚拟现实仿真系统解决方案为虚拟现实仿真用户提供一套完整的人机交互和具有沉浸感的三维立体显示环境。该系统开放于领先的 CAD 系统，如 CATIA、I - DEAS、UniGraphics 和 ProENGINEER；消除了 CAD、CAE 和试验间的障碍；而且还使工程师可以重复使用模型，而无需每次应用时重新建模。用户除了可以无缝读取各种 CAD 和 CAE 软件的模型和数据，系统方案包括所有必要的网格编辑、模拟和装配功能，以便快速地从 CAD 几何模型或有限元模型中得到特定属性的虚拟模型。

5.3　面向对象电气工程 CAD 技术

　　若非特别说明，本节介绍以电力系统为例。

一、电气工程 CAD 中的对象类知识

（一）电气结构知识

1. 电气结构概念

电气结构分析是电气工程在线事故判断与处理决策支持专家系统完成各种智能推理的基本前提。在电气设备稳态分析、运行控制、故障判断、系统连通及分割判断与恢复供电路径搜索等各种处理过程中，都要对电路结构进行各个层次的快速与有效分析。因此，一个优质高效并充分公用的电路结构模型知识库对整个专家系统的推理效率、开发水平与应用前景都有着极其重要的意义。

电气系统有电力系统、供配电系统、拖动控制系统、电子电路系统、照明系统等。电气系统具有层次结构的特点，电力系统厂站之间连接关系构成网络拓扑；电气设备之间开关连接关系构成厂站拓扑。电力系统层次结构如图 5-4 所示。对各个层次的实体对象分别建立

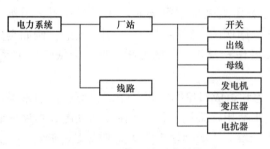

图 5-4 电力系统层次结构

类描述，然后将其实例化，即可构成与实际电力系统有一一对应映射关系的电力系统结构模型知识库。在这里，类的包容性用于建立电网的层次结构；类的指针数据成员用于指明厂站之间及电气设备之间连接关系；类的构造函数完成知识库建库过程；类的成员函数实现知识库各个层次的操作管理，并提供通用的结构分析方法。

2. 电网结构的知识特点

电力系统层次结构：第一层为网络层，由输电线路、发电厂和变电站组成；第二层为厂站层，厂站由开关、各种电气设备（出线、母线、发电机、变压器等）组成，厂站是核心。二维模型要描述的元件主要有输电线路及厂站所拥有的开关、母线、发电机、变压器、出线等。要先建立如下知识概念：①"元件"是指电力系统中具有特定功能的设备单位，如发电机、变压器等；②"厂站"与电力系统中的发电厂、变电站概念相对应，其中包括厂站的元件。

（二）面向对象电气工程 CAD 实现

1. 实现原理

将面向对象技术应用于电气系统领域，是以对象作为基本概念，通过对象的确定、分解和分类，建立电气网络关系图。通过数据结构的抽象和行为抽象，描述系统的静态属性和动态属性，得到由对象所构成的层次结构模型，完成电网 CAD 系统的模型设计。建模工具可选用了国际上先进的面向对象的 CAD 开发平台 AutoCAD 的 ObjectARX，ObjectARX 提供了 C++ 为基础的开发环境及应用程序接口，具有面向对象编程方式的数据可封装性、可继承性等特点。可以将描述特征和变化关系的智能性设计对象变成 AutoCAD 图形数据库中的一级对象，AutoCAD 的编辑命令能够直接对其操作，并予以相应的屏幕显示。

2. 电气元件模型中的知识库对象类构成举例

以电气系统为例说明元件知识类对象的构成，可对一个实际的物理电力系统进行分析确定对象类。电气系统中的开关、变压器、发电机、母线等设备的共性是都属于电气设备，因此，首先抽象出一个元件类，在此基础上细分为子类。

基类：设备元件（CElememt）、厂站类 CPlant。

子类：CBreak（开关）、CTransmisson（变压器）、CBus（母线）、CGenerator（发电机）、电容 CCapacitor、CLine（线路）等。

此外，还需建立与图形相关并执行操作的类，如在用 ObjectARX 对 AutoCAD 开发的对象模型中，AcRxObject 类是所有图形类的基类。AcDbObject 类是从 AcRxObject 根类继承而来的，提供了可直接访问 AutoCAD 数据库结构的类，是所有需要存入图形文件对象的基类，可选用它作为 CPlant 类的基类。而 AcDbEntity 类是从 AcDbObject 派生出来的，是所有具有图形表示类的基础类，他的功能包括：图形的显示与变换、图形捕捉点的获取与设置、与其他对象的求交、显示本图形信息、撤散本图形为最基本的图形元素等，因此，AcDbEntity 类提供了常用的修改及操作对象的函数，在派生的元件类中可以重载（Override）这些函数，使其具有对本元件常用的修改交互等操作，如母线元件，就可以实施拷贝、旋转、拉伸等操作，所以选用 AcDbEntity 类作为 CElement 的基类。

二、电气工程类对象及其基本属性和方法

（一）元件类

元件基类：元件基类的属性包括颜色、线形、线形比例、可见性以及设备索引号、设备名称等。这些公共属性的操作函数见下列定义。

元件派生类

1. 开关类（CBreak）

开关类是开关的抽象，每一个开关是开关类的一个实例。只有创建了某个实例，该类的属性才在该实例中体现出具体的量值。在 ObjectARX 中，利用 AcDbObjectIdArray 类定义相应元件的 ID 数组，其实就是引用元件的指针数组。

自定义属性包括：开关状态、所在厂站、所连母线、电压等级等。

AcDbEntity 类提供了许多功能函数，只要重载这些函数就可以实现开关类元件的相应功能。自定义的方法有开关类对象的创建、删除、修改以及接口函数和其他函数等。这样扩充，使派生的元件可以实现强大的功能。表 5-1 列出了开关类 CB 的表示，包括主要数据成员与成员函数。

表 5-1　　　　　　　　　　　　开 关 类 CB 的 表 示

数据成员	成员函数
（1）开关名字（字符数组）	（1）构造函数（cB）
（2）开关类型（枚举数值）	（2）检索开关名字（getId）
（3）开关状态（枚举数值）	（3）检索开关类型（getCBType）
	（4）断开开关（open）；合上开关（close）
	（5）判断开关断开（opened）；判断开关合上（closed）

2. 变压器类（CTransformer）

自定义属性包括变压器类型、所在厂站、所连开关、中心点开关、中心点开关状态等。其方法的实现同开关类相似，后述元件类亦同，不再叙述。

3. 线路类（CLine）

自定义属性包括供电端、供电开关、负荷端、负荷开关、归属单位等。

4. 母线类（CBus）

自定义属性包括电压等级、所在厂站等。

5. 发电机类（CGenerator）

自定义属性包括所连母线、所在厂站等。

6. 电容类（CCapacitor）

自定义属性包括所在厂站、所连开关等。

（二）厂站与电力系统类

厂站类包含变电站和发电厂两类，其自定义属性和方法如下：

自定义属性表包括索引号、厂站名称、电压等级、主接线方式（高）、主接线方式（中）、主接线方式（低）、所属单位、功能类别等。

自定义的方法有厂站类对象的创建、删除、修改以及接口函数和其他函数等。后面给出了厂站类部分定义代码。

厂站类与其包含的元件类（开关、母线、变压器、发电机等元件）之间是引用与被引用关系。一个厂站 Plant 有许多开关（Break），就可以在 CPlant 类中定义属性 AcDbObjectIdArray m_BreakIdAr-ray。

在 ObjectARX 中，Id 是模型文件中一个图形实体的唯一标识，通过实体名 EntityName 或句柄 EntityHandle 或指针 pointer 可以得到它。通过对象之间的这些关系，就可以把所有的类组织起来了，从而便于类的相互引用和调用，使二维模型元件之间拓扑关联。

1. 变电站类（Station）

变电站类（Station）是本知识库的核心类，也是比较复杂的类。它用数组指针指明组成变电站的各个开关、母线、变压器；用指针数组指明变电站连接线路。其主要成员函数有：根据关键词（名字）搜索开关、线路、母线、变压器、电抗器；任给一个开关对象指针，搜索它的连接设备；搜索线路关联母线；判断线路是否是双回线路；判断有无关联线路开断；判断某一变电站是否是邻近变电站；根据线路对象提供的网络拓扑信息，应用宽度优先搜索法（BFS）搜索邻近关联变电站等。由于可采取优化排序、二分搜索、指针操作等策略，这些函数的内部处理过程相当简洁、高效与快速，为设备故障判断、系统解列判断、恢复路径搜索等各种智能推理过程提供了通用方便的基础工具。表 5 - 2 列出了变电站类 Station 的主要数据成员与成员函数，其中运行状态指的是变电站带电或停电。

表 5 - 2　　　　　　　　　　　　变电站类 Station 的表示

数据成员	成员函数
（1）变电站名称（字符数组）	（1）构造函数
（2）电压等级（枚举数值）	（2）搜索开关；搜索线路；搜索母线
（3）运行状态（枚举数值）	（3）搜索变压器；搜索电抗器；搜索邻近变电站
（4）负荷功率（复数）	（4）判断是否双回路
（5）开关数组（指针）	（5）判断邻近变电站
（6）线路（指针）；母线（指针）	（6）判断线路开断
（7）变压器数组（指针）	

2. 发电厂类 Plant

发电厂类 Plant 由变电站类 Station 派生而来，继承了 Station 的所有数据成员与方法函数，并重写了 Station 的虚函数，如检索厂站类型的虚函数 "getStationType（）在类 Plant 中返回枚举数值 "PLANT"。此外，它还增加了发电厂类型（火电、水电、核电）、装机容量、发电出力、发电机数组等数据成员，以及有关发电机的各种分析函数，如搜索某台发电机，检索运行机组、备用机组、检修机组，计算运行机组功率总加、最大可调出力、最小可调出力等。这些函数对紧急控制中确定控制量，恢复控制中判断孤岛功率平衡情况以及决定恢复次序都是十分有用的。

3. 电力系统类 PowerSystem

电力系统类 PowerSystem 实际上是电网层次结构的最顶层描述与包容。它实现了电网结构模型知识库的统一组织和集中管理，其成员函数为该知识库提供了总的接口环境。

通过分析电网模型的特点和结构，结合面向对象思想的技术特点抽象出了电网 CAD 模型的对象模型，利用面向对象的封装性、继承性和多态性设计模型的专业对象类，实现了 CAD 与外部数据库之间的数据交换，实现了图形数据库一体化，这样既可以使模型与实际更相符、易懂，又为今后扩充和应用打下了基础。

三、二次继电保护控制模型知识库对象类

对应电力系统一次层次结构可给出电力系统继电保护层次关系，如图 5-5 所示。从面向对象系统设计的观点来看，实际上是对电力系统继电保护模型知识库的层次分析方法。以电网结构模型知识库为基础（提供诸如保护范围、跳闸开关、安装厂站等实例对象映象），对应图 5-5 所示的层次关系，对各个层次的对象分别建立类描述，即可构成与实际电网保护存在映射关系的继电保护模型知识库。

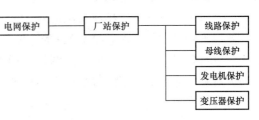

图 5-5　电力系统继电保护层次关系

1. 电气设备保护抽象基类 DeviceRelay

类 DeViceRelay 与类 DeVice 相对应，描述了电气设备保护的一般性知识。电力系统中的任何一套保护装置，都有保护范围（保护设备）、保护功能（主保护、后备保护）、运行状态（跳闸、信号、停用）、动作状态（动作、非动作），保护可以投入也可以停用，可以动作也可以不动作。此外，如果具体到每一套保护装置，保护又有跳闸开关，据此可以提出一些常规的虚拟分析方法，可建立电气设备保护抽象基类 DeviceRelay。

2. 线路保护类 LineRelay

线路保护类 LineRelay 具体到线路保护装置，由 DeviceRelay 派生而来，实现了 Device-Realay 的所有纯虚拟方法，增加了两个数据成员：保护类型（距离保护、方向电流保护、方向高频、高频闭锁等）和跳闸开关。

3. 其他设备保护类

与上述线路保护类的建造方法相同，结合各自的属性、功能和意义，可以分别建立母线保护类 BusRelay、发电机保护类 GeneraterRelay、变压器保护类 TransformerRelay 等，本书不再一一介绍。

4. 厂站保护类 StationRelay

类 StationRelay 实现了继电保护模型知识库厂站级的组织与管理。它以电网结构模型知识库中的厂站对象为实例对象映象，将安装在厂站的设备保护装置对象包容起来，同时提供搜索任意保护对象的方法函数。

5. 电力系统保护类 PowerSystemRelay

与类 PowerSystem 功用类同，类 PowerSystemRelay 实现了继电保护模型知识库的顶层描述与包容，其成员函数提供了搜索任意厂站保护对象的方法函数。

四、电气元件几何图形类库

（一）电气元件图库

电气元件库分别由一次设备对应的图形符号和二次设备对应的图形符号组成。

（二）功能单元图库

功能单元图库由一次回路分支路方案接线和二次功能单元回路的图块组成。

（三）标准模板图库

标准模板图库由标准设计方案或已完成的符合标准的设计工程图形组成的规则设计图，图形类库介绍详见第8章。形成各种元件符号图库的工具可采用 AutoCAD、Visio 等现成软件中的图形（形状）对象、文本对象等，并以必要的方法和手段建立相应的属性、方法和事件。

五、面向对象图形化 CAD 技术举例

（一）电气一次 CAD 模拟系统图例

图形绘制是电气一次系统 CAD 的主要任务，电气系统图形是一次设计成果的基本表达形式。以对象图形化为基础的系统图是一种基于基本图形（文字、形状、线条）、层层组合、在强大对象图库的支持下组成的图形，如图5-6所示的某电站电气系统模拟图。

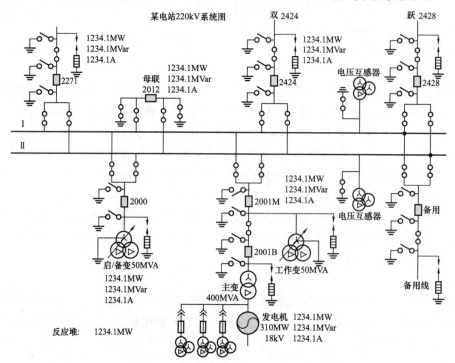

图5-6　某电站电气系统模拟图

该图形不同于常规平面图的特点在于，它不仅可作为设计成果表达，还能提取丰富的数据信息并动态展现运行状态。在这类动态图形人机界面上，每一个图元具有一定的方法、属性和事件，用户可以通过接口把数据反映到图形上，使画面上的图形动作，例如仪表盘指针的偏转、开关的分合、液位的高低、轮子的转动、部件的动作等，且非常便于缩放、打印、分层、旋转、组合。这种交互组态的人机界面，不仅包含组建和设计功能，还包含运行分析功能，适合电气用户在专业管理、生产调度和 CAD 系统中应用。

为了生动说明图形对象知识库的设计思想和重要特色，图 5-7 给出了一个简单电网结线图及与它对应的结构知识库，通过电力系统对象（PowerSystem Object）中的厂站二叉树和线路二叉树实现了知识库的统一组织和集中管理。其中箭头表示对象之间指针数据成员指向。由图中可以看出，电网结构对象模型知识库与实际电网之间存在一一对应的映射关系，它完整清晰地描述了电网各对象层次的组织结构。

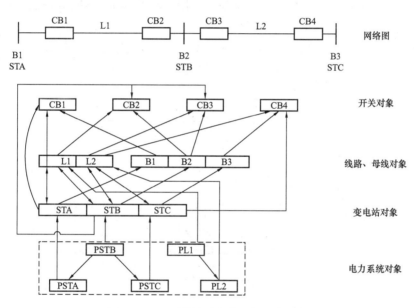

图 5-7　电网结构对象模型知识库实例

（二）电气二次设计应用举例

在电气二次设计中，运用图形化平台完成代表设计成果的各类工程图纸的绘制、编辑和生成。同时，在计算机图形上实现数据输入和结果输出，使分析计算形象、直观，一目了然。

采用面向对象思想和模块化程序设计方法，并将专家系统引入二次设计，实现集方案设计、图形处理、继电保护整定计算和二次设备选型于一体，能大大提高电气设计人员的工作效率。文中采用的技术和方法也可推广到其他领域，二次系统方案和功能说明如下：

（1）图形对象处理：采用通用绘图系统 AutoCAD 的 ActiveX Automation 技术，利用 VB 进行二次开发，实现电气元件库、电气功能单元库、模板图库的制作，交互式绘图等各项图形功能。定制适用于变配电所二次设计的面向对象的图形平台，包括建立二次设备元件图形符号库如仪表、继电器、保护装置、操作开关、按钮等。并建立"元件句柄和代号"表，字段"句柄"存储图元的句柄值，字段"类型代号"存储这个图元代表的电气元件的代号，用以识别电气元件。二次设计中设备元件图形符号库调用菜单如图5-8所示。

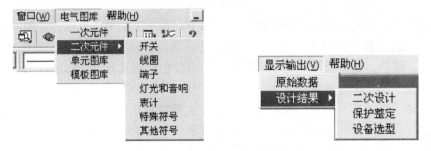

图5-8 二次设计中设备元件图形符号库调用菜单

（2）继电保护整定对象图形化建模：仍以图5-7中的简单电网结构为例，现在假定线路L1、L2两端分别安装了距离保护，起保护作用，与此相对应的继电保护模型知识库如图5-9所示。由图中可以看出，继电保护模型知识库不仅以层次组织结构方式与实际电网保护配置建立了映射关系，而且与电网结构模型知识库有机地联系了起来。

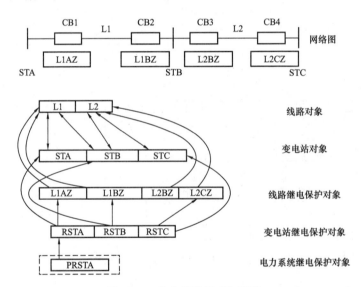

图5-9 继电保护模型知识库

实际系统图形化建模是实现继电保护整定计算的基础，在此图形平台上，图形和数据不再是分离的。原本只有几何轮廓的图块成为封装有知识属性及与外部接口的活动对象，通过鼠标操作事件，可实现元件参数的输入、修改及浏览。整定计算结束后，可以将整定值输出显示在图上适当的位置，生成定值图。

图形化的输入、输出方式使数据对象生动、形象，易于被用户理解和接受，改进了以往原始数据和计算结果依赖数据文件的落后形式。采用面向对象的图形化继电保护整定计算系统结构图如图5-10所示。

继电保护整定计算的关系数据库按照面向被整定设备的原则进行设计，分为设备参数库和保护定值参数库两大类。设备参数库存储变压器、线路等主设备参数，表结构的设计涵盖通过短路电流计算软件获得数据的全部内容；保护定值参数库存储主设备的保护配置情况及各保护的定值等相关参数。

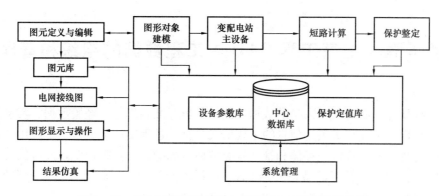

图 5 - 10　面向对象图形化继电保护整定计算系统结构图

（3）二次设备选型：二次回路设备的选择主要是指测量计量仪表、继电器、操作开关、按钮、自动控制设备、信号设备和供电装置等的选型。将不同厂家生产的设备、装置的型号和技术参数存储在系统数据库中形成二次设备库，并按设备分类构建。二次设备既有单个的元器件，也有成套装置如控制屏、保护屏、计量柜等。设备选型包括自动默认和人工选择两种形式，在需要对自动默认结果进行修改时，可以通过人机交互界面从待选设备型号中选择某种型号，同时显示相对应的技术参数界面，供用户选择比较，从而做出正确、合理的设备选型。

六、面向对象图形化 CAD 技术的特色

计算机技术发展日新月异，软件作为支持 CAD 系统的基础，直接决定着一个 CAD 系统的生命力。今天，先进的 CAD 软件还采用了下列技术：

（1）视窗技术。视窗技术是当前计算机软件技术划时代的突破，彻底改变了人们对计算机的操作方式。由于其显著的界面友好而被广泛采用，以前工程软件都采用多层次的以缩写文字表达的下拉或条形菜单，操作命令隐藏在多级选择之后。其缺点在于命令表达复杂、操作速度慢，要求记忆上百条命令，因而难学难用。好的设计软件应采用视窗图形界面，将操作命令以形象的图标和简单的汉字表达。对于需要参数配合的操作，菜单中明确给出所需要操作的参数。设计如同看图识字，因图标菜单的直观形象，操纵者几乎不用记忆操作命令。但随着熟练程度的增加，有时候会嫌弃图形对话会占用过多的屏幕空间，也有回归缩写命令的趋势，这大概也是辨证发展的过程。

（2）多任务。传统 CAD 软件，一次只能执行一条命令，完成并退出一个命令后才能执行下一个命令。在各个命令程序之间来回切换要花费一些时间，工作效率低下。视窗技术可以同时执行多个任务，命令管理器可根据各个命令的优先级别自动协调作业。例如：当正在绘制一条动力线，并且在屏幕上给定画线的起点，忽然发现应该画一条接地线。此时，不必中断画线命令，直接在菜单上的线路类型选项中选择接地线，然后在屏幕上确定画线终点。这样在改变线路类型的同时，不会中断或作废已经完成一半的画线命令。

（3）多视图显示操作。与传统的图板比较，屏幕总是不够大，在不同的视野直接来回切换往往浪费了许多时间。采用多视图技术，能够同时打开多个视图，与 AutoCAD 中的鹰眼和多视图功能相比，Micro Station 的多视图技术要强大的多，这是工作站的优势。

第6章 电气工程CAD中工程数据的组织和管理

电气工程设计中需要处理大量的数据,例如各类标准和规范、经验数据、实验曲线、图表及参数等。数据是计算机表达信息的主要形式,设计过程实质上就是一个应用计算机进行信息处理的过程。如何有效地存储和管理各类数据,既能共享数据资源,又可保持数据的独立性和完整性,避免不必要的数据冗余是CAD技术的关键。对各种数据进行存储、查询、修改及安全保护等问题,是数据结构和数据管理的主要内容。工程数据库管理和图形处理已成为CAD应用和开发的两大核心技术。

本章将介绍工程数据的概念及管理知识,并讨论它们在电气工程CAD中的应用特点。

6.1 工程数据的描述和组织

在电气工程设计及运行管理中需要将各种各样的信息数据存储在计算机中,通过计算机来进行管理与处理。常用的数据处理技术有程序化、公式化、文件化及数据库技术。

一、工程数据的基本概念

(一)数据的定义

在计算机科学中,数据是计算机程序加工处理的对象,可以是数字、字符(包括汉字、字母)、符号、图形和声音等。从工程本身来看,数据是用来描述客观实体的某些特征,记录和反映事物状况的客观描述的可记录、识别的符号序列,例如语言、文字、数字、图像、声音等。所谓实体、可以是某些具体的实物,也可是某个抽象的事件、活动,实体的特征称为属性。工程过程中的数据多种多样,例如:变压器是一个实体,描述变压器的属性有容量、额定电压、额定电流,短路电压,短路损耗,空载电流、接线方式等,这些属性赋予不同的数值,就表示一个具体变压器实体,具体数据称为属性值。这些属性就是描述变压器的数据。

(二)数据的分类

工程数据按特征范围可分为环境数据、结构数据、中间数据、事件数据、历史数据和统计数据等六类。这六种类型的数据之间根据时间顺序通过工程过程模型的驱动有如图6-1所示的转换关系。

工程过程或事件在一定的背景条件(环境数据)下,通过某种事件的触发(例如事件数据),根据一定的准则或原理(结构数据)发生变化,产生一些中间数据,如这些事件数据、中间数据用于管理或统计分析则需要保

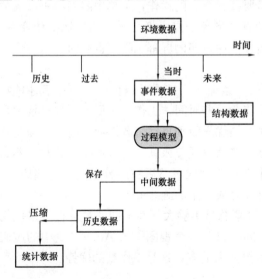

图6-1 工程数据的转换关系图

存，形成工程的历史数据，通过某些算法优化压缩后将历史数据转化为统计数据。

工程数据是多样和复杂的，按工程项目需求可分为如下四类：

（1）管理型数据。指工程设计中用到的标准数据，如各种技术资料、标准与规范、产品目录及文档、图样管理等。这类数据与普通数据库中的数据基本相同，其特点是数据之间关系分明，数据相对稳定，即使改变也只是改变其值，存储结构并不改变。

（2）设计型数据。指在设计与制造中产生的数据，如设计的产品结构数据、加工工艺路线数据等，这类数据具有动态性和复杂性。

（3）图形数据。包括各种工程图表、二维图形、三维几何造型等数据。

（4）各种软件包产生的数据。这类数据指一些独立处理局部设计的工程计算或图形处理软件，如优化设计软件、电力系统与有限元分析软件等产生的数据。

电气工程 CAD 中的数据按性质可分为图形数据和非图形数据。图形数据是描述设计对象几何形体的数据，如结构尺寸等。非图形数据及又分为普通数据和标准数据：普通数据包括设计要求如性能、经济指标等数据，这类数据因对象而异；标准数据是固定不变的，包括设计规范和通用标准。数据按存取方式又分为静态数据和动态数据；静态数据是固定不变的，即存取方式不允许随时修改，如标准数据；动态数据是随机产生的，即存取方式允许随时修改变动的数据。

（三）数据间的关系

数据间的关系可以从逻辑的物理两个方面描述，表 6-1 所列即为变压器电气参数。同类数据放在一行或一列，每一行都是变压器的属性参数，每一列都是变压器的同一属性。

表 6-1　　　　　　　　　　变压器电气参数

系列	型号	电压 (kV)	额定容量 (kVA)	阻抗 U_k %	空载损耗 (kW)	短路损耗 (kW)	空载电流 (%)	长 L (mm)	宽 B (mm)	高 H (mm)	生产厂家
SM9	SM9-630	10/0.4	630	4.5	1.2			1670	930	1550	天威
S9	S9-1600/10	10/0.4	1600	4.5	2.45	14	1.0	2265	1620	2600	天威
SCB9	SCB9-800	10/0.4	800	6	1.35	6.6	1.2	1700	1070	1455	北变
SCB10	SCB10-2500/10	10/0.4	2500	6	2.65	18.6	0.4	1970	1195	2349	施奈德
ZGSBH16	ZGSBH16-630/10	10/0.4	630	4.5	0.23			1860	1570	1965	上海置信

数据物理描述表明数据在存储器中的存储方式，包括存储单元组织和分布，数据在存储器中的物理结构称数据存储结构。

（四）工程数据的管理

数据管理是指对数据的组织、存储、检索和维护，是数据处理的中心环节。数据处理是指对各种形式的数据进行收集、组织、加工、储存、抽取和传播的一系列活动的总和。

二、工程数据的组织形式

工程数据的组织形式，一般有以下四种：

（1）数据项。数据项是数据中最基本的不可分的数据元素，有时亦称为字段，见表 6-1 中变压器的有关数据，如电压、容量、阻抗、损耗等，都表达了变压器的某个属性值。

（2）记录。相关的数据项组成一个记录。因此，记录是数据项的集合，表 6-1 中每行中各个数据项的集合就构成了一个记录。

（3）文件。相同性质的记录文件。例如，一个变电站的每台变压器的有关数据可组成一个记录，所有该站的各个变压器的记录就组成了这个变电站的变压器文件。

（4）数据库。数据库是一个存储相关数据的集合，是综合数据管理体系。其特点如下：

1）记录中数据项之间具有清晰的联系和简单的结构。

2）用户可以直接访问记录或数据项，文件之间可以交叉访问。

3）数据的逻辑结构和存储结构之间的转换由数据库管理系统完成，因而数据的应用独立于数据的存储。

数据库是一个通用的、综合性的、减少冗余度的数据集合，按照信息的自然联系来构造数据，把数据本身和数据间的关系都存入数据库，用各种存取方法对数据进行操作，做到数据共享。

6.2 工程数据管理技术

数据管理是数据处理的中心环节。数据管理的目的主要围绕提高数据独立性、降低数据的冗余度、提高数据共享性、安全性和完整性等方面来进行改进，是使用者能有效地管理和使用数据资源。工程数据管理按发展时段可分为人工管理、文件管理和数据库管理三个阶段。数据管理的三个阶段及其特点见表6-2。

表6-2 数据管理的三个阶段及其特点

		人工管理阶段	文件管理阶段	数据库系统阶段
背景	应用背景	科学计算	科学计算、管理	大规模管理
	硬件背景	无直接存储设备	磁盘、磁带、磁鼓	大容量磁盘
	软件背景	无操作系统	有文件系统	有数据库管理系统
	处理方式	批处理	联机实时处理、批处理	联机实时处理、分布处理、批处理
特点	数据的管理者	用户（程序员）	文件系统	数据管理系统
	数据面向的对象	某一应用程序	某一应用	现实世界
	数据的共享程度	无共享、冗余度极大	共享性差，冗余度大	共享性好、冗余度小
	数据的独立性	完全依赖于程序	独立性差	有高度的物理独立性和一定的逻辑独立性
	数据的结构化	无结构	记录内有结构，整体无结构	整体结构化，用数据模型描述
	数据控制能力	应用程序自己控制	应用程序自己控制	由数据库管理系统提供数据安全性、完整性、并发控制和恢复能力

人工管理阶段是在20世纪50年代中期以前，计算机主要用于科学计算。当时的硬件状况是，外存只有纸带、卡片、磁带，没有磁盘等直接存取的存储设备；软件状况是，没有操作系统，没有管理数据的软件；数据处理的方式是批处理。人工管理的特点是数据不保存，

应用程序管理数据，数据不共享，不具有独立性。这种方式已随着计算机技术的发展和生产水平的提高而被摒弃。

一、工程数据管理模式

1. 文件管理系统

工程数据管理技术同事务管理相类似也是从文件管理系统开始发展起来的，这里的文件系统有两层含义：一是计算机辅助设计的整个过程，即从设计开始，及随之的分析、计算、绘图，均用文件作为相互间传递信息的媒介；二是面向不同应用的计算机辅助设计作业，及不同的系统之间均以文件的方式来传送信息。文件系统中应用程序与数据之间的对应关系如图 6-2 所示。

2. 基于数据库管理系统

数据库系统中应用程序与数据库之间的对应关系如图 6-3 所示。

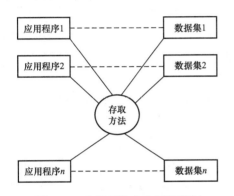

图 6-2　文件系统中应用程序与
数据之间的对应关系

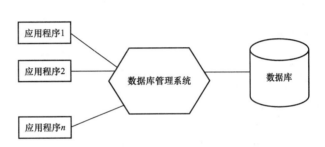

图 6-3　数据库系统中应用程序与数据库之间的对应关系

基于数据库管理系统（Data Base Management System，DBMS）实现工程数据管理如图 6-4 所示。这种环境适用于先进的系统或 CAD 工作站，在此环境下用户可开发他们自己的应用程序。一般采用层次结构易于实现对实际设计过程的管理，能保证大量数据相互无关，但随着用户或应用的增多，性能会下降。

3. 基于局部区域网络的管理系统

基于局域网络（Local Area Network，LAN）的工程数据管理系统结构如图 6-5 所示。目前多数 CAD 工作站均具有这种形式的联网功能，在这种结构下实现数据的分布处理、资源共享，系统结构灵活、便于扩展、易保证数据无关。

4. 分布式管理系统

为适应远程多用户的需要而发展起来的分布式管理系统如图 6-6 所示。这是当前工程数据管理系统的一种新技术，采用先进的网络通信、局部数据库和系统数据库相结合的工作方式，克服了基于局部区域网络进行工程数据管理系统的缺陷，但随之由于无中心数据词典（难以建立这种词典），又给保证数据的完整性、实现并发管理带来困难，并且当一个节点破坏时常常有需要重新构造系统的危险。

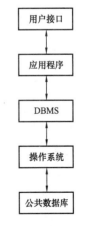

图 6-4　基于
DBMS 的数据管理

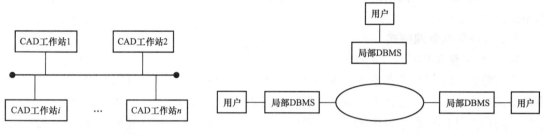

图6-5 局域网络管理系统结构　　　　　　图6-6 分布式管理系统

二、工程数据的特点

工程应用中的数据量大、种类多、结构复杂。从数据的性质上看，可分为图形数据和非图形数据；从数据的应用上看，可分为产品定义数据和设计与控制两种类型。其中图形数据既有满足工程绘图的二维数据，又有安装施工所需要的三维设计数据。图形数据一般是网状关系的层次结构，同一种实体可能在不同的应用阶段使用几种不同的表示方法，并且需实现不同的表示方法之间的相互转换。工程应用中的非图形数据可分为三部分：①普通的管理信息，包括需求说明，技术性能，生产计划以及经济核算、报表管理等；②标准数据类型，包括设计规范数据、标准公差、结构要素、材料特性、技术规范等；③对形体和设计过程的语义约束条件。工程数据具有以下特点：

1. 多媒体数据类型

工程数据库管理对象是多媒体信息，除数字和字符外，还有大量的图形、图像、运动视频和声音信息，只有多媒体信息表示形式，才能生动逼真地表达工程对象。

2. 动态数据模式

工程数据有静态数据部分，即用于指导设计的信息，如设计规范、施工计划等；还有重要的动态数据处理，即工程设计过程中动态产生，并且直接关系到工程结果的数据，如电网分析、设备模型、工程图形、处理方案、技术文档等，所以数据库的结构模型也具有动态构造性质，直到工程对象最终结果产生出来，数据库的模式构造才完成，一般的商用型DBMS难以支持这类动态数据的描述和处理。

3. 数据结构复杂

工程数据实体间的关系复杂多样，呈现网状结构，又有层次之分，而传统的DBMS无法提供这类设计数据的存储结构，也难以用方便手段操纵这种非标准层次化的数据。关于知识和规则的数据表示和存取，其结构关系就显得更加纷繁复杂，需要专家系统和人工智能所用知识库和规则库构造。

4. 随机存取和过程存取数据运行方式

工程数据主要是过程存取、事务管理是面向长事务的。因工程设计是一个试探性过程，具有反复性、尝试性和发展性，有不同设计方案和动态变化的模式。各专业数据纵横向关联，随机存取数据量很大。

三、对工程数据管理的功能要求

(1) 能描述复杂的数据模型，保存相关语义信息。

(2) 支持模式的动态定义和修改，不需重新编译和数据重载。

(3) 支持工程长事务的处理。

（4）能存储和管理各种类型数据，并支持图形标准间的转化，具有多库协调管理能力。

（5）具有版本管理功能。

（6）支持程序控制与交互操作两种工作方式。

（7）具有分布式数据处理功能。

总之，工程数据的管理虽然要求迫切，但很多技术手段还不很成熟，有待于进一步的研究开发。

6.3　数据的文件管理系统

CAD 作业中的数据记录，可按照使用要求和数据描述方法组织成各种文件，供工程设计过程中使用。数据文件在简单的 CAD 系统中应用较为普遍，是一种有效的信息存储形式。

一、文件的类型

1. 顺序文件

顺序文件是数据处理历史上使用最早的文件，其特点是文件的各种数据按存入的先后次序排列，数据以 ASCII 码的格式存储。

顺序文件的基本优点是连续存取时速度快，如文件第 k 个记录刚被存取过，下一个要存取第 $k+1$ 个记录，这个存取将会很快完成。

当需要对顺序文件中的某个记录进行查找时，只能按数据排列先后次序读写即扫视整个文件，直到所需的记录被找到为止。当文件很大时，扫描过程很长，降低了查找效率。另外，数据的少量修改是很不合算的，因为顺序文件的结构是与逻辑结构一致的，对顺序文件的任何修改，都要求把整个文件的物理存储重新映射一遍。

2. 随机文件

随机文件的输入输出是按随机方式进行的，可直接对磁盘上任何位置的信息进行存取，使存取的灵活性和存取速度有较大的改善。随机文件可比作唱片，只要调节唱针位置、就可指向要播放的歌曲。

随机文件的存储与顺序文件不同，每个随机记录被定义为固定长度。数据以压缩二进制格式存储在磁盘上，比顺序文件节省了磁盘空间。

二、数据文件的特点

文件系统具有实现方便、使用效率高等优点，数据可以长期保存，提供了一种比较方便的管理技术，但是也存在某些致命的弱点。

（1）文件只能表示事物，而不能表示事物之间的联系。

（2）文件的数据结构一旦定义便不可改变。

（3）数据维护只能以文件为单位。

（4）以程序为中心的数据管理方式。

（5）数据共享性差，冗余度大、数据独立性差。

6.4　工　程　数　据　库

数据库方式克服了文件系统的弱点，实现了对数据的集中和独立的管理，使数据的存储和维护不受任何用户的影响。数据库技术被应用到工程领域中，构成了工程数据库（Engineering DataBase）。

所谓的数据库是长期储存在计算机内的，有组织的，可共享的数据集合。数据库中的数据按一定的数据模型组织、描述和储存，具有较小的冗余度、较高的数据独立性和易扩展性，并可为各种用户共享。换句话说数据库是由一个互相关联的数据的集合和一组用以访问这些数据的程序组成。工程数据库是数据库在工程领域应用的数据库。

工程数据库是面向工程应用的，包含了几何的、物理的、技术的（或工艺的）以及其他技术实体的特性和它们之间的关系的数据库。早期的工程数据库又称 CAD 数据库、设计数据库、技术数据库、设计自动化数据库。也就是说，工程数据库是指适用于计算机辅助设计/制造（CAD/CAM）、计算机集成制造（CIM）、企业资源计划管理（ERP）、地理信息处理（GIS）和军事指挥、控制等工程领域所使用的数据库。

一、对工程数据库系统的要求

1. 满足数据库的一般要求

即安全性、正确性、准确度、完整性、一致性、同时性、易管理性。

2. 尽量考虑用户的要求

工程数据库的用户分为最终用户和程序员。这两类用户都是面向问题和面向解的，一般对计算机本身不感兴趣。因此工程数据库必须具有最大程度的用户友好性，传统的数据库对工程应用的支持不多，需要通过工程技术人员的二次开发，提供一些工程应用的功能。

3. 适应工程数据本身的要求

工程数据模型复杂，工程数据库管理系统的数据模型要具有语义。面向对象的数据模型能表示复杂的工程数据，又在数据库存储了相关的方法，可用来表示设计公式、计算模型等，使数据的表现向用户靠近了一步。来自数据的要求包括：

（1）存储与使用的数据同工程过程的功能关联，工程数据库必须能存储元件、组件及其相互间的关系。

（2）必须能存储和管理可供选择的设计，必须用计算机和用户都能理解的术语描述。

（3）变量间的关系一般被表示成规则和设计公式，数据和关系常常是"模糊的"，工程数据库必须能存储描述工程过程的"计算模型"，必须能存储概念（规则）和代数公式。

（4）必须既能处理动态的、扩展着的工程数据，又能处理具有库结构的静态数据。

（5）必须能从几何和拓扑两方面完整地描述设计问题，必须能单独地存储作为基本模型图解的图形结构，特殊结构和图形结构的连接必须是双向导航的。

总之，工程应用的数据模型是随着工程活动而不断变化且相当复杂，工程数据库必须支持数据模型的动态定义并存储之间的因果关系，支持数据的版本管理等。提供的数据模型要有足够的语义表达能力以便于复杂数据的建模。

4. 数据使用方面的要求

数据共享和并发控制是数据库管理区别于文件管理的主要优点。目前的数据库管理系统都提供了很好的开发工具满足数据使用方面的要求，特别是近年来数据仓库、数据挖掘等技术的发展和数据库技术的结合，数据库的使用及其统计报表工具的发展又为使用数据提供了很多方法和手段。对数据使用的要求通常有：

（1）必须使几个用户能通过应用程序或其他方法，利用同一数据集合。

（2）必须能根据存储的最基本数据计算所需的信息，如合计、求倍数、表面面积和体积的计算这样的基本过程。

（3）必须提供非常通用的报表功能。

（4）数据库必须能被直接或通过应用程序进行存取。

二、对工程数据库管理系统的功能要求

传统的层次、网状、关系数据模型在复杂的工程应用中都暴露出一些不足：层次模型中同层部件的相互调用和底层部件调用不好实现；网状型的过程处理，数据存取需要程序员导航，增加了使用的复杂性；关系型不允许嵌套定义，即关系范式中规定"表中不允许再有表"，缺乏直接描述实体内结构关系及有效的处理手段。因此工程数据库管理系统应满足对工程数据的管理要求，具体为：

（1）支持复杂的工程数据的存储和管理，如工程数据的非结构化变长数据和特殊类型数据及多媒体的信息集成管理。

（2）支持模式的动态修改和扩充。

（3）具有良好的数据库系统环境和支持工具，支持多库操作和多版本管理。

（4）支持同一对象多种媒体信息形式和处理功能。

（5）支持工程数据的长记录存取和文件兼容处理，支持工程事务处理和恢复。

（6）支持智能型的规则描述和查询处理。

三、数据库的数据模型

表示实体及实体间联系的模型称为数据模型。数据模型是数据库系统的核心和基础，它规定数据如何结构化和一体化，以及规定允许对这种结构化数据进行何种操作。通过数据模型这种数学形式，将形形色色的、千变万化的事物抽象成计算机可以表示的形式。因此数据库的数据模型可以看作是一种形式化描述数据、数据之间的联系以及有关的语义约束规则的抽象方法。

数据模型的定义包括三个方面：数据结构、数据操作集合及完整性规则集合。常用的数据模型有层次型、网络型和关系型。数据模型应能满足三个方面的要求：

（1）能比较真实地模拟现实世界，即数据模型要有丰富的语义表达能力，有足够的能力表示现实世界的各种信息。

（2）数据模型的概念应该简单、清晰、易于用户的理解，是现实世界的第一层次抽象，是用户和数据库设计者之间进行交流的工具。

（3）便于在计算机上实现，数据模型要与计算机技术相结合。

被广泛使用的数据模型可分为两类：

（1）独立于计算机系统的"概念模型"，强调其语义表达能力，概念应该简单、清晰、易于用户的理解，工程应用中最著名有"IDEF 模型"、"实体关系模型"、面向对象模型、语义模型等。

（2）直接面向数据库逻辑结构的"结构数据模型"，例如层次、网状、关系、面向对象等模型。

（一）层次型模型（Hierarchical Model）

层次型模型是用树型结构来表示实体之间联系的模型，如图6-7所示的电气线路统计数学模型，体现了记录之间"一对多"的关系。层次型模型的特点是结构简单、清晰、适用于记录之间本身就存在一种自然的层次关系，但难于处理记录之间的复杂联系。

层次型模型必须满足两个条件：一是只有一个根节点；二是根以外的其他节点有且仅有一个父节点。按照层次型模型建立的数据库系统称为层次模型数据库系统。

（二）网络型模型（Network Model）

网络型模型指事物之间为网络的组织结构，如图6-8所示的网格型模型，体现了事物之间"多对多"的关系。如果取消层次模型中的两个限制条件，即可以有一个以上的节点无父节点；至少有一个节点有多于一个的父节点，便形成了网络型模型。因此，层次型模型是网络模型的一种特例。网络型模型能处理事物之间非常复杂的联系，但其模型结构极为复杂。按照网络型模型建立的数据库系统称为网状模型数据库系统。

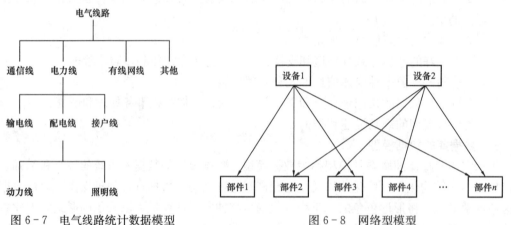

图6-7　电气线路统计数据模型　　　　　　图6-8　网络型模型

（三）关系型模型（Relational Model）

关系型模型以集合中的"关系"概念为理论基础，用表格结构表达实体，用外键表示实体间的联系。把信息集合定义为一张二维表的组织结构，每一张二维表称为一个关系，其中表中的每行为一个记录，每列为数据项。表6-1表示的变压器电气参数数据，就是这种关系型数据模型。

关系数据库的操作主要包括查询、插入、删除和修改数据。这些操作必须满足关系的完整性约束条件，关系的完整性约束条件包括三大类：实体完整性、参照完整性和用户定义的完整性。

关系型模型是建立在严格的数学概念的基础上的，其数据结构简单，数据独立性高，安全保密性好，操作算法成熟、完善。基于关系模型建立的数据库系统称为关系数据库系统，目前国内普遍应用的 FoxBASE、FoxPro、Oracle、Access 等都是关系数据库系统。

（四）面向对象模型（Object Model）

在多媒体数据、CAD数据等应用领域，已有的层次、网状、关系三种数据模型都显得力不从心，面向对象数据模型能够完整地描述现实世界的数据结构，能表达数据间的嵌套、递归的联系；具有面向对象技术的封装性和继承性的特点，提高了软件的可重用性。

面向对象模型最基本的概念是对象（Object）和类（Class）。对象是现实世界中实体的模型化，每个对象有一个唯一的标识符，把状态（State）和行为（Behavior）封装（Encapsulation）在一起。其中，对象的状态是该对象属性值的集合，对象的行为是在对象状态上操作的方法集。共享同一属性集和方法集的所有对象构成一个类。类可以有嵌套结构，即类的属性值域可以是基本数据类型，也可以是类，或由上述值域组成的记录或集合。系统中所有的类组成一个有根的有向无环图，叫类层次，上层称为超类（SupperClass），下层称为子类（SubClass）。

面向对象数据模型吸收了面向对象程序设计语言和抽象数据模型的主要思想，借鉴了语义数据模型等的思路，主要特点有：

（1）扩充关系数据库管理系统。

（2）支持持久对象的程序设计语言。

（3）面向对象的数据库管理系统。

（4）提供数据库系统工具包/部件。

目前，面向对象模型的相关技术尚处于研究中。

四、数据库管理系统（DBMS）

在一个数据库系统中，数据库的一切活动，包括库内数据的存储、检索、修改以及数据的安全维护等，都通过一些软件来实现。另外，前述的模式描述、关系运算、逻辑结构到物理结构的映射以及其他对数据的操纵和管理等，也要通过相应的程序来实现。这些软件统称为数据库管理系统（DBMS），是数据库系统的核心组成部分。

（一）DBMS 的基本功能

（1）定义功能：包括数据库文件的数据结构、存储结构、数据格式和保密等的定义。

（2）管理功能：包括系统运行的监督和控制、数据管理、数据完整性和安全性控制、运行操作过程的记录等。

（3）建立或生成功能：包括各种文件的建立和生成。

（4）维护功能：包括数据库的更新或再组织、结构的维护、恢复和性能监视等。

（5）通信功能：必须具备与操作系统联机处理的通信功能。

DBMS 一般都是通用系统，具有多种类型的操作系统的接口软件，可方便地安装在多种类型的计算机系统上。

（二）DBMS 的主要特点

DBMS 数据库管理方式如图 6-9 所示。其特点如下：

（1）对数据实行统一、集中、独立的管理。

（2）应用程序与数据不相互依赖，即数据可独立于应用程序存在，应用程序也不必随着数据结构的变化而修改。

（3）建立检索、增删、修改等操作灵活而方便，具有全屏幕编辑功能等。

（4）数据结构化，在描述数据的同时，也描

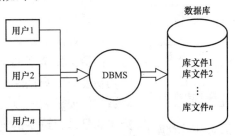

图 6-9　DBMS 数据库管理方式

述数据之间的联系。

（5）数据共享性好，冗余度低，具有安全性和完整性。

（三）数据库管理软件

常用的数据库管理软件有很多如 FoxBASE、FoxPro、Access 等，目前用得比较多的是 FoxPro 和 Access。具体到某个数据库管理软件的操作请参考相关参考书，此处不再赘述。

专门服务于 CAD 工程应用的数据库管理系统称为工程数据库管理系统，简称 EDBMS（Engineering DBMS）。

五、数据库系统的建立和使用

对于电气工程领域的 CAD 系统，用户需要在已有的 DBMS 基础上建立本专业的数据库系统。下面着重讨论在这种环境下建立数据库的方法和过程。

（一）数据库设计

按照规范设计的方法，将数据库设计分为以下六个阶段：

（1）需求分析阶段。需求分析是整个设计过程的基础，也是最困难、最耗费时间的一步。需求分析做得充分与准确与否，决定了在其上构建数据库大厦的速度与质量。

（2）概念结构设计阶段。概念结构设计是整个数据库设计的关键，通过对用户需求进行综合、归纳与抽象，形成一个独立于具体 DBMS 的应用概念模型。

（3）逻辑结构设计阶段。逻辑结构设计是将概念结构转换为某个 DBMS 所支持的数据模型，并对其进行优化。

（4）数据库物理设计阶段。数据库物理设计是为逻辑数据模型选取一个最适合应用环境的物理结构（包括存储结构和存取方法）。

（5）数据库实施阶段。设计人员运用 DBMS 提供的数据语言及其开发工具，根据逻辑设计和物理设计的结果建立数据库，编制与调试应用程序，组织数据入库，并进行试运行。

（6）数据库运行和维护阶段。数据库应用系统经过试运行后即可投入正式运行。在数据库系统运行过程中必须不断地对其进行评价、调整与修改。

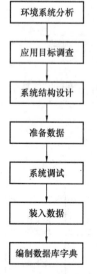

图 6-10 建库工作流程框图

数据库设计开始之前，必须首先选定参加设计的人员，包括系统分析人员、数据库设计人员和程序员、用户和数据库管理员。系统分析和数据库设计人员是数据库设计的核心人员，他们将自始至终参与数据库设计，其水平决定了数据库系统的质量。

（二）建库的工作流程

建库工作流程如图 6-10 所示。流程各阶段工作内容如下：

1. 调查和分析阶段

此阶段的主要工作是对建库的环境和应用目标作调查和分析研究。主要包括两方面：

（1）对建立数据库系统的环境作分析研究，要对原有的软件和硬件两方面的情况作全面的调查和认真的分析研究。软件方面主要是 DBMS 的结构功能，如数据库的模式，数据模型、检索或存取数据的方式和速度，对数据的要求和限制、数据的安全保护措施等。对硬件的调查和分析研究主要是外存设备的容量，能提供的数据输入输出方式和数据传输速度等。这种调查和分析研究，为以后的建库工作提供了必要的依据。

（2）对 CAD 数据库系统的应用目标作调查和分析研究。首先要了解本专业所涉及的数据范围、用途和数据的类型，包括当前需要的和长远需要的。再分析研究这些数据间的联系，哪些是基本数据，哪些是衍生的数据，哪些是组合数据等。然后，结合上述系统环境的研究结果，拟订一个数据库系统的建立规划。规划中一般应包括拟建成的数据库系统的规模、功能、使用率、数据类型和输入输出格式等内容。

2. 数据结构设计阶段

此阶段的主要工作是根据已有 DBMS 所确定的数据库模型，利用 DBMS 所提供的数据定义语言和有关程序来定义数据的模式。对于关系数据库模型来说，就是设计某个数据文件的空白二维表，设计二维表中各个字段的名称及字段的类型和格式，并对以后将填入的数据类型和格式加以规定。

3. 系统调试

设计好模式后，就可以准备少量数据装入系统进行预运行调试来检验系统的设计是否合理可行，必要时可根据测试结果对原设计作修正，直到符合要求为止。

4. 装入数据

系统经调试修正符合要求后，就可把具体数据装入数据库内。此阶段工作完成后，数据库系统已建成，可以投入使用。在某种意义上，建立 CAD 数据库系统也就是把有关的设计手册、实施标准和其他设计资料存入计算机系统并提供高效手段为 CAD 作业所用。

5. 编制数据字典

为了方便用户的使用，在建成数据库系统后，要编制出数据库系统的使用说明书或数据字典，这相当于编制设计手册的目录和使用说明。

（三）数据库系统的使用

CAD 作业使用数据库系统主要表现在对设计数据的存储和检索，具体包括数据文件的建立、修改、显示、增删、改变文件结构和报表打印等。

使用数据库系统的方式有两种：一种方式是人机交互式；另一种方式是自动执行方式，用户根据使用要求和 DBMS 提供的命令语句的规则编制一个控制程序，通过此程序的执行来完成用户所要求的各种操作，实现所需的功能，此程序称为命令文件。各种 DBMS 都有相应的命令文件的编制规则和方法。

（四）图形数据库

图形处理涉及大量数据，如何对这些数据有效地进行存储、检索、增删、修改、共享，以及有关这些数据的优化管理等问题，是图形数据库必须解决的课题。对图形数据库的基本要求是：

（1）能有效地存储数据，且具有可靠的访问途径。

（2）用户根据需要能够方便地增删、修改数据库中的数据。

（3）针对图形处理的特点，能够一次性地给出或存入一个形体或一个图形的数据。

（4）能及时响应用户高效的时间要求。

（五）数据库建立和存取举例

以图 6-11 所示电网结构图为例，采用 Access 数据库系统实现建库和存取操作。

图 6-11 中电力系统可用节点支路结构描述并建立关系数据库，见表 6-3 与表 6-4。

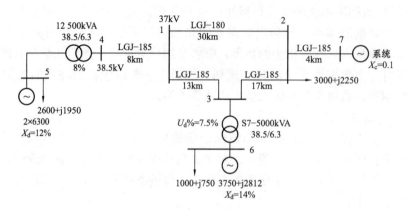

图 6 - 11 电网结构图

表 6 - 3 节 点 数 据 表

节点	名称	属性	电压	节点	名称	属性	电压
1	M1	母线	35	5	G5	电源	6.3
2	M2	母线	35	6	G6	电源	6.3
3	M3	母线	35	7	G7	电源	38.5
4	M4	母线	35				

表 6 - 4 支 路 数 据 表

支路名称	首节点	末节点	支路类型	参数 X1	参数 X2
M1 - M2	1	2	线 路	185	30
M1 - M3	1	3	线 路	185	13
M1 - M4	1	4	线 路	185	17
M2 - M3	2	3	线 路	185	8
M2 - G7	2	7	线 路	185	4
G5 - M4	5	4	变 压 器	12 500	0.08
G6 - M3	6	3	变 压 器	5000	0.075

    图形数据库在计算机上实现时，必须考虑现有的软件手段。当决定了数据模型后，再针对该数据模型进行数据的存储、查找、修改、增删等操作的软件设计，然后才能应用。图形数据是发展很快的一项软件技术，已在 CAD 系统中得到较为广泛的应用。

    建立图形数据库必须解决以下问题：

    （1）建立合理的能满足图形处理要求的数据模型，并描述成数据库模式。

    （2）根据不同的图形处理需要提供数据库中的数据，或把图形处理后的结果存入数据库，因此要设计相应的数据操作程序。

    （3）必须设计图形处理应用语言与数据库语言间的接口，用语言编写应用程序直接操作数据库。

    （六）工程数据模型的扩展

    近几年来，随着计算机辅助设计技术的发展，三种数据模型均不能充分、有效地描述工程数据，许多研究机构都在探讨构造新的数据模型，如面向对象数据库（Object - Oriented Data Base，OODB）提出的语义数据模型和对象关系模型等。

六、高级数据库新技术

短短 30 年数据库管理系统已从第一代的网状、层次数据库系统，第二代的关系数据库系统，发展到第三代以面向对象模型为主要特征的数据库系统。数据库技术与网络通信技术、人工智能技术、面向对象程序设计技术、并行计算技术、分布式技术等互相渗透，互相结合，成为当前数据库技术发展的主要特征。

下面就从数据模型、新技术内容、应用领域三个方面来讨论数据库新技术和新进展。

（一）数据模型的发展

数据库技术的飞跃发展，也暴露出许多缺点。为此人们提出了许多新的数据模型。

（1）对传统的关系模型（1NF）进行扩充。引入了数据模型构造器，能表达比较复杂的数据类型，增强其结构建模能力，称这样的数据模型为复杂数据模型。

（2）全新的数据构造器和数据处理原语。提出全新的数据构造器和数据处理原语，以表达复杂的结构和丰富的语义，这类模型常常统称为语义数据模型。

（3）将上述语义数据模型和 OOP 程序设计方法结合提出了面向对象的数据模型。

（二）数据库技术和其他相关技术相结合

（1）分布式数据库（Distributed DataBase）：数据库技术与分布处理技术相结合。

（2）多媒体数据库（Multimedia Database）：数据库技术与多媒体处理技术相结合。

（3）主动数据库（Active Database）：数据库技术与人工智能相结合。

（4）对象-关系数据库（ORDB）：兼有关系数据库和面向对象数据库两方面的特征。

（三）面向应用领域的数据库新技术

数据库技术被应用到特定的领域中，出现了工程数据库、地理数据库、统计数据库、科学数据库、空间数据库等多种数据库，使数据库领域中新的技术内容层出不穷。

6.5　电气工程 CAD 中数据实用处理技术

一、数表程序化

（一）数表分类

根据电气 CAD 中所用数据间有无函数关系和数表维数进行分类。

（1）按数据间有无函数关系可分为简单数表和列表函数表：

1）简单数表。这种数表数据之间没有一定的函数关系，例如各种电气元件的电气参数，电机、变压器标准容量，各导线在不同温度下的允许电流等。

2）列表函数数表。数表中的数据之间存在某种函数关系，这种数表可分为两类：一是数据本身有精确的计算公式或经验公式，由于公式复杂，为了方便计算，将其制成表格供设计人员查用，在 CAD 中可将公式编入应用程序进行计算，这种方法简单，结果精确；另一类是一组离散的数据，没有相应的计算公式，在 CAD 中可用程序化方法来处理。

表 6 - 5 所示为选择电缆时所作的短路电算中距电源点电缆长度与短路电流关系数据表，这是一个一元列表函数表。

表 6 - 5　　　　　　　KSJ4 - 6/0. 69 320kVA 变压器后电缆长度与短路电流关系

电缆长度（m）	0	10	20	30	40	50	60	70	80	90	100	150	200	300
短路电流（A）	5161	4960	4761	4568	4382	4208	4304	3874	3722	3578	3443	2877	2454	1881

（2）按数表的维数可分为一维数表、二维数表和多维数表，具体如下：

1）一维数表。所要检索的数据只与一个变量有关，表 6 - 4 就是这样的数表。

2）二维数表。所要检索的数据与两个变量有关，如最大负荷损耗小时数与最大负荷看利用小时数和功率因数有关，这类系数表就是一个二维数表。

3）多维数表。所要检索的数据与两个以上的变量有关，这类情况难以用数表直接表示，可将其转化为一维数表或二维数表进行处理。

（二）数表的程序化

用程序完整、准确地描述不同函数关系的数表。常用的有如下三种方法。

1. 直观列表输入法

用屏幕输出语句在屏幕直观显示表格的方法，可让用户自行选定所需数据。这种方法程序实现简单。

2. 数组存储法

在应用数据中，数据以数组的形式存储，程序运行中装入内存，供应用程序使用。

例将双绕组变压器规格型号及参数程序化，设计中用数组存放，见表 6 - 6。

表 6 - 6　　　　　　　　　　　双绕组变压器数据表

型　　号	容量（kVA）	额定高压（kV）	额定低压（kV）	空载损耗（kW）	短路损耗（kW）
SFL₁ - 10 000	10 000	110	11	14	72
SFL₁ - 16 000	16 000	121	10.5	18.5	110
SFL₁ - 20 000	20 000	110	11	22	135

数据表只有一个自变量，即型号，且为字符型，查得的函数数值即为容量、电压、损耗等参数，均为离散型实数。在程序中可定义一个二维数组，并将表中的数值写在程序中使数组初始化，再定义一个整型变量 i 代表型号顺序，当 $i=0$ 时代表表中第一行变压器，$i=1$ 时代表第二行变压器，以此类推。下面是 BASIC 语言程序段。

```
Dim i As integor
Dim Se( ),Vg( ),Vd( ),Po( ),Pd( )
FOR i= R TO 3:Read Se(i),Vg(i),Vd(i),Po(i),Pd(i):NEXT i
Data 10 000,110,11,14,72,16 000,121,10. 5,18. 5,110,20 000,110,11,22,135,31 500,110,11,
31. 05,190
```

如果用户给定 $i=2$，程序立即查出

```
Se(2)=20000;Vg(2)=110;Vd(2)=11;Po(2)=22;Pd(2)=135
```

3. 插值查询法

由于列表函数只能给出节点 x_1，x_2，…，x_n 处的函数值 y_1，y_2，…，y_n。当自变量为节点中间值时，就要用插值计算法求取其函数值。插值法的基本思想是在插值点附近选取几个合适的节点，过这些节点构造一个简单函数 $P(x)$ 代替原来的曲线，这样插值点的函数值

就用 $P(x)$ 的值来代替。

(1) 线性插值。即两点插值，已知插值点 $P(x, y)$，其相邻两点为 $P_i(x_i, y_i)$ 和 $P_{i+1}(x_{i+1}, y_{i+1})$，近似认为函数在此区间呈线性关系，根据几何关系可求得插值点 P 对应于 x 的函数值 y 为

$$y = y_i - \frac{y_{i+1} - y_i}{x_{i+1} - x_i} - x_i$$

(2) 抛物线插值。在列表函数节点上取邻近三点作抛物线 $P(x)$，以 $P(x)$ 代替列表函数。抛物线插值可以获得比线性插值精度高的结果。

设已知三点为 $p_{i-1}(x_{i-1}, y_{i-1})$，$p_i(x_i, y_i)$，$p_{i+1}(x_{i+1}, y_{i+1})$，插入值为 x，则

$$y = \frac{(x-x_i)(x-x_{i+1})}{(x_{i-1}-x_i)(x_{i-1}-x_{i+1})}y_{i-1} + \frac{(x-x_{i-1})(x-x_{i+1})}{(x_i-x_{i-1})(x_i-x_{i+1})}y_i + \frac{(x-x_{i-1})(x-x_i)}{(x_{i+1}-x_{i-1})(x_{i+1}-x_i)}y_{i+1}$$

二、曲线图数字化

电气 CAD 中，经常遇到一些曲线图供查找系数或参数用，如最大负荷年损耗小时数曲线、短路计算曲线等。曲线图表按以下方法进行数字化处理。

(1) 将线图公式编入程序，这是精确的程序化处理方法，但不是所有的线图都存在着原来的公式。

(2) 将线图离散化为数表，再用数表程序化方法加以处理。

(3) 用曲线拟合的方法求出线图的经验公式，再将公式编入程序。

三、离散数据解析化

工程中复杂的问题，难以用解析化的理论公式描述，提供的往往是一组离散的测量数据，建立近似表达这类问题中参数关系的经验公式的过程称为数据公式拟合。为消除误差干扰，应使拟合的曲线尽可能接近这些测量点，这就是最小二乘法的曲线拟合。例如实验测得反时限继电器的 m 个动作电流倍数 x_i 与动作时间 y_i，设拟合公式为 $y = f(x)$，则每一测量点处的偏差为

$$E_i = f(x_i) - y_i \quad (i = 1, 2, \cdots, m)$$

偏差的平方和

$$\Delta E = \sum_{i=1}^{m} E_i^2 = \sum_{i=1}^{m} [f(x_i) - y_i]^2$$

为最小，称最小二乘拟合。拟合公式常用多项式。

采用最小二乘法进行多项式拟合时，所采用的多项式的幂次不能太高，一般小于 7，可先用较低的幂次，如果误差较大再提高。另外有一组数据或一条线图不能用一个多项式表示其全部，可分段处理，分段大都发生在拐点或转折之处。如想提高某区间的拟合精度，应在区间上采集更多的点。

第7章 智能化与网络化电气工程CAD新技术

开放、集成、智能化、网络化和标准化是CAD技术的发展方向。本章主要对电气CAD的智能化和网络化新技术做些介绍。

7.1 智能化电气CAD

一、概述

智能化CAD是以CAD系统为平台，包含CAD对象设备及其关联信息数据系统、专家知识库系统，集方案设计、图形生成、文档信息处理于一体的优化组合系统。智能化CAD向设计人员提供一个功能全、效率高、高自动化与交互共存的、操作方便的设计环境。智能CAD是一种由多个智能体（专家系统）与多种CAD功能模块有机集成的复杂系统。

智能CAD技术主要研究三方面问题：设计知识的表示与建模方法；知识利用；智能CAD体系结构。方案设计与支持变型设计的系统建模是智能CAD技术中的两个重要环节。

在电气工程中引入智能CAD技术，可以解决电气工程中重复性设计多、信息资源利用率低的难题，可以缩短设计周期，产生巨大的经济效益，具有良好的应用前景。

在设计理论和方法中，智能设计（Intelligent Design）和基于知识库系统（Knowledge Based System）的工程CAD是发展的新趋势。建立于知识化和信息化基础上的设计仓库（Design Repository），能及时准确地向设计师提供产品开发所需的知识与帮助，并利用Web机制，实现信息共享与交换，从而满足产品设计中对知识的需求。

智能CAD软件包括动态导航技术、智能型知识检索工具和知识推理工具等模块，相当于对设计师进行引导的智能助手。这种智能性具体表现为：①智能地支持设计人员，提供主动型知识服务，系统捕获和理解设计人员的意图，自动检测失误、回答问题，提出建议方案等；②具有推理能力，使设计新手也能做出好的设计来。

智能型电气CAD，不仅具有很强的绘图功能，还要有很强的自动化与优化设计功能，诸如方案决策优选、图形自动生成与自动标注、设备材料自动统计概算等智能化工作。如电气工程中供配电系统设计是一项复杂的工作，全部任务经过需求分析、原理、方案设计、技术设计和施工设计共四个阶段，每一阶段都要对所建立的各种模型反复进行综合、分析、修改和评价，最后得到较为优化的设计结果。其中主要过程应能自动完成，也能灵活人工干预。

设计活动可分为两类，一类是数值计算工作，另一类是逻辑推理。如果说前一类工作是对数据信息的处理，第二类设计活动就是对知识和专家信息的调用，这就要求CAD系统智能化，使CAD系统具有专家和人工智能功能。电气辅助设计中的专家系统是人工智能领域的一个分支，为实现非数值计算的智能行为提供了有力的手段。

二、智能化电气 CAD 软件特性

电气设计人员对电气 CAD 软件的要求越来越高，不再满足于简单的计算和辅助绘图功能，而是希望软件能够实现自动布线、自动配线、配管、自动进行三相平衡计算及自动生成系统干线图等功能。

为使电气 CAD 软件成为设计人员得心应手的工具，必须具备以下特性：

1. 计算功能强大

能由软件实现电气设计所涉及的各项计算，并对计算结果自动归纳、组合及显示。

2. 数据高度共享

电气设计是其他工程设计中的一个重要组成部分。在设计过程中，需要综合其他专业的相关资料，如机械、建筑、结构、水暖等。这些专业之间的信息应具有良好的接口机制，并能互通、同步和协调一致。电气设计中的首要问题就是如何生成条件图及其相应的互通数据。

3. 自动化程度高

自动化程度主要表现在：

（1）能自动从图中获取计算所用数据，并将计算结果反馈到施工图中。

（2）能自动布置设备，并自动布线、配置管线。电气设计中设备管线非常繁多，软件应能根据各种布置设备和布线模型，自动布置设备管线（如自动布置灯具、开关等），再通过数学分析计算出每条管线中的线径、线的根数及套管管径，提高设计效率。

（3）自动进行三相负荷平衡分析计算，自动标注支路号及相序。

（4）自动生成干线系统图。根据自动配线、配管及负荷平衡分析计算结果，生成干线系统图，这不仅能大大提高设计速度，还能保证设计质量、保证系统图和平面图的一致性。

（5）自动统计整个工程的设备材料，并填写材料表；自动统计图例。

（6）自动生成高低压订货图及二次接线图。

应尽量提高设计速度，由于该部分设计在电气设计中占有相当的工作量，其自动化程度也就显得尤为重要。

4. 修改方便

在电气设计中经常由于多种原因，需对原图进行修改，软件必须满足这一需求能方便变更设计，并使关联设计自动进行调整。

5. 其他

能在软件中体现工程经验及规范，能对设计方案进行评估优化。

三、智能化电气 CAD 系统的结构

智能电气工程 CAD 应包括智能建模、专家系统、分析计算、方案择优、图形生成、工程数据管理、统计概算及仿真等主要部分。其中智能建模是基础，专家系统是决策核心，分析计算、方案择优、绘图制表是主体环节，仿真是对设计成果的检验。

（一）智能建模

智能建模是电气工程 CAD 中一个新的概念，是高一层次的系统级模型构建，不仅涵盖了常规的元件模型，而且要描述各不同种类元件模型之间的影响与连接关系。除了包含常规的分析模型外，还要揭示系统中元件对象的图形结构及其布局和几何连接规律。在完成方案设计的同时交互式自动生成满足相关规范约束条件的工程图形。

智能建模就是将知识表示与专家系统融入电气工程模型的构建中，使电气量的分析模型与系统图元实体结构模型相关联，建立高层次的，融合反映电气网络、元件、节点等物理属性、状态信息、电气参数与工程图形实体结构的复合模型。模型为层次结构，基本层组成元素，由实际变电站、线路、用户抽象为电气元件及其标志图元；第二层次元素为描述电气元件的多种属性如结构参数、技术参数、运行状态、隶属关系等及图元的结构、性质、连接等属性。通过复合模型，不仅可获得工程图形结构框架、元件连接等信息，还可由此提取出电气元件的拓扑结构而提供分析计算的依据。通过面向对象技术，建立图元实体与后台数据间的智能关联，通过图形对象能透视到对应电气元件的电气属性，以及与其他元件电气量间满足约束条件的状态方程。由此打开工程图形与电气分析模型数据间联系的通道，为 CAD 技术开辟图示化的新领域，使电气 CAD 更形象、直观、高效，操作更方便、快捷。

电气 CAD 智能模型包含内容为：

（1）各层次模型的组成原理及基本元件，各层次的结构及数学描述，电气工程项目对象拓扑结构描述技术。

（2）电气工程设计组成元件如电源、变压器、线路、负荷及保护控制装置等的物理属性数据的组织和管理，以及相应的图形结构数据及图元、图块、属性参数的组织形式，图形符号归类编码，建立规范化图形元件库。设计电气图元的适用格式及与标准图形格式间的转换方法，各类电气图形如电气接线图、平面布置图、二次展开图、安装施工图等的自动生成技术。

（3）电气元件的图形与属性参数间的自动链接、双向映射、关系识别技术及人机交互过程中的同步联动技术，实现在输入输出、数据处理、干预修改等操作行为中的动态同步。在此基础上，实现 CAD 系统的全面图示化。

（二）智能电气工程 CAD 的框架结构

在传统设计的基础上融合知识表示与专家系统构成电气 CAD 的框架结构模型。通过建立图元对象与电气元器件间的关系、图元结构属性参数与电气元器件物理参数间的关系，利用电气图元所在位置函数实现对指定设备的模拟操作控制，包括参数的查询、状态的改变、保护的配置及设备的增减，达到显示的设备图形与库中后台数据的联动操作，使设计过程中任一时刻都保持对应的协调关系。

基于实例推理技术（CBR）提出参数设计和结构模型的智能设计框架，为解决智能 CAD 技术中存在的问题提供一种新思路。结构模型通过建立电气元器件之间的结构模型及其属性信息表达构建设计意图、连接原理和关联功能，是一种支持概念设计和变型设计的对象模型，而 CBR 以过去解决某类问题的成熟方案作基础为解决相似问题提供了一种简便有效的方法。实例库是组织已有技术的基础。基于参数化设计技术和结构模型的智能电气工程 CAD 结构框架如图 7-1 所示。该系统特点是：概念建模和变型设计方法密切相关；结构模型是实例推理的基础，CBR 是智能设计系统的核心，约束满足技术（CSP）用于实例修改，使装配建模大量重用已有资源。CAD 系统必须支持电气工程的设计全过程，解决概念设计模型和结构设计模型的兼容性和互补性，为大量存在的变型设计提供支持。在电气工程设计中引入智能 CAD 技术，不仅要支持二维设计信息模型，还应研究支持三维设计的全过程设计模型，对企业已有的资料信息进行改造和重建，提高信息资源利用率。

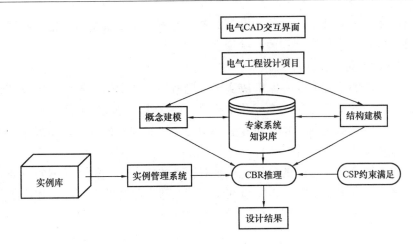

图 7-1　智能电气工程 CAD 结构框图

四、电气 CAD 专家系统

目前，我国在工程设计领域的计算机应用基本停留在辅助绘图和单纯计算阶段。CAD 的真实含义是应支持设计全过程，即包括设计方案拟定、优化、分析比较、参数确定、设备选型到成果表达、施工图绘制、设备材料统计概算和文档管理等。电气工程师之所以能完成复杂的设计任务，是由于长期设计经验的积累和总结，掌握了大量的工程实践知识。设计中，首先依据已掌握的原始资料、数据在计算机中寻找相似的模型，提出若干个可行的方案，再依据一定的规则和算法确定优化方案。

人工智能就是使计算机具有人类的某些智慧，包括理解自然语言和进行语言交流的能力。而专家系统实质上就是模拟电气工程领域内人类专家行为的计算机程序。

（一）专家与专家知识

专家是指所在领域中拥有渊博知识的集成者，这些知识来自于经历、教育和资料等，主要在于工作经验的积累，新知识的获取与原有知识及天资与勤奋均有关。知识分为事实、关系和自学习三个层次。最简单的知识就是各种事实本身，通常是一种陈述性知识称为语义知识语言信息，如房屋有顶，车有轮子，变压器有线圈等。关系指此物与彼物的联系，有静态的、动态的、位置的，还有逻辑过程的联系。自学习是指在了解自身知识态势的基础上寻找新知识的本领。

事实可以在数据库中进行编码，即将某一事实与编码相对应。关系根据复杂程度分为一对一、一对多和多对多等各种结构。关系如能使用简单合理的算法表述，就能将其翻译成计算机所理解的程序；若关系无法转换为算法，则计算机也无能为力。

知识可以复原为原来的形式，也可以按演绎、推理、组合等方法形成新的知识。按学习时原先的样子回忆出来的都属于陈述性知识；程序性知识又称为办事方法与操作步骤的知识；策略性知识是指应用一定的操作步骤或规则来控制和调节自身的认知过程，以提高学习记忆和思维等认知活动效率的知识。

知识信息在计算机中呈现和记载的方式称为知识的表征。陈述性知识在计算机内以命题网络的形式表征和存储。程序性知识，在人脑中是以产生式规则的形式表征和存储，以 IF……Then（如果……则）的形式表示。

自学习是指出现不同于现状，即超出现有知识范围的新情况时，从现有事实推断出新的事实，从已有技术获得新技术的过程。专家的技能并不在于知道所有问题的答案，而在于专家能准确地理解问题，进行推理和解释结论。

（二）专家系统的特点

专家系统指的能够体现人类专家解决实际问题所使用知识的计算机程序及其数据库。通常专家系统根据用户的提问提出一个或几个建议，要求使用比较专业的语言，用户也需要有机会询问为什么。专家系统通常是针对专家知识的学科而独立开发的，如医疗诊断、化学分析、倒闸操作票和集成电路设计。

提出的建议可能是故障原因的分析，或是对行为的要求或一整套具体的行动方案，也可以是一篇说明文字。专家系统的突出特点在于存储在数据库中的知识和推理机制是互相独立的两个部分，其中的难点在于推理，能从知识库中得到结论，推导出新的知识，从而提出专家建议或解决办法。

专家系统能够从一个或多个专家处获得新知识，而且能够在计算机中以推理形式表述知识。作为经验的产物，它的基本知识可以修改和加工，人机界面良好，如同专家会诊。CAD专家智能系统由知识库和推理机制组成，工作原理模拟人类解决问题的方法，将长期设计实践中总结积累的大量工程设计经验，抽象成为知识资源，存入相应的数据库。通过推理机制，选择归纳出优化的方案和参数。专家系统必须能够对推理过程和形成的结论进行解释。具有专家智能的CAD系统，不仅仅是出色的制图员，更是优秀的工程师。

对于某个专家知识，在初始状态完成后，基本知识的增加并不容易。因为专家们很难将其拥有的知识设计成便于装入计算机的程序代码，带一个便携机再容易也比不上带着自己的脑袋，专家们很难有始终的热情教导一个机器超过自己。对于能够形成规则的知识，如A真则B假，计算机学习起来并不困难。困难在于人类专家经常采用可能、很可能一类的模糊词汇，而不是50%可能这类的定量词汇来描述可能性的大小的，对这类当然性的问题进行推理是专家系统的难点。采用模糊数学等方法能够解决类似这样的问题，但一些常数往往要经过长时间的科学统计。

（三）专家系统的实践

专家系统理想的方式是通过对一些特殊的例子进行观察、分析、归纳、推理，从而自己获得知识。可以采用"教导"方式，让专家提问，专家系统进行回答，专家对回答进行补充并进行解释。让计算机获得知识的最好方法就是让专家和专家系统之间不断进行交流、分析。最好采用自然语言作为专家与专家系统通信的基础，计算机在这方面实践还很不成熟。但新的理论不断出现，使采用有限的词汇、语法能够实现人与计算机的交流变得可能，有限的语言可以避免多义性和语法错误的干扰。

（四）基于知识的CAD方法

普通CAD工具中含有基于专家系统的编码。对于电气工程施工图绘制系统，需要整合成套设备布置一体的方法，并利用这些知识半自动地绘制出普通施工大样图。

任何一个以设计为目的的计算机程序也都包含有隐性知识，计算某值的程序当然知道计算某值的方法。同样，计算机模拟配电系统，在组织配电网描述数据库和修改网络结构时，也利用了配电网络基本特点的知识如闭式电网、开式电网等。更进一步讲，有的绘图系统还根据节点与支路的连接规则，使节点编号和接线图生成自动化。一旦回答了系统提出的诸如电源、线路、母线、变压器、负荷等必要信息后，系统就能够产生典型的结构图。设计师们仅仅需要少量修改就可以满足工程要求。

这类程序的最大问题在于，知识直接体现于程序本身。如果对某一典型问题有了新的看法或处理方法，则必须重新编写程序。在应用中，软件包的开发往往比不上新技术发展的速度，这也许是相当多的二次开发的程序远不如基础平台本身普及的原因。理想的原则是：知识必须保持独立，要显式表达更多的信息，这样才可能在局部对系统程序进行修订。

知识丰富的 CAD 软件包应含有关于用户可能遇到的多种实践信息，它的效率要比一般 CAD 高得多。对于计算机辅助电气设计领域，二次开发程序通常要有效和直接得多。但是，大多数设计师们忙于工程，几乎无暇顾及并且熟悉开发商们推出的一个又一个可能很快过时的软件包。

专家系统是作为一种合成工具而被需要的，应该将主要精力放在高层次的设计描述工作上，而把低层次上的合成工作给计算机完成。工程师完成一个设计通常先画草图，再进行造型设计，然后进行详图设计。在进行草图和造型设计时，认为细节部分以后可以再设计，也就是认为自己或其他人有设计完成详图的全部知识。如果将细节储存于计算机，这部分可以全部交给计算机完成。当然，要使计算机能够解决大多数电气工程问题也需相当长的时间。

（五）电气工程 CAD 专家系统的构成

CAD 专家系统（见图 7-2）具有大量专家水平领域内的知识与经验，通过推理和判断，运用计算机智能程序模拟专家解决问题的方法和过程来解决设计中的问题。建立一个电气工程设计类的专家系统一般应解决以下三个问题：

（1）知识的获取。即如何将专家的知识和推理方法提取出来。

（2）知识的表示。即如何将已取得的知识转化为适当的逻辑结构和数据结构，存储在计算机内。

（3）知识的利用。即怎样设计推理机构，以利用知识去解决问题。

一个通用的电气工程设计类专家系统的基本结构常由以下几个部分组成，它们相互间的关系和各自的功能是：

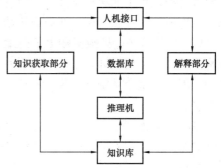

图 7-2　CAD 专家系统的基本结构

（1）知识库。知识库由专业书刊包括规程、规范和标准及参考文献经提炼组成。结合专家在实际工作中得出的经验知识，保证在必要的时间进行合理的猜测，并有效地处理和判断获取的数据是否正确。

（2）推理机。用于控制、协调整个系统。根据数据库内当前的事实，利用知识库的知识，模拟专家推理过程来求得当前问题的解答。

（3）数据库。用于存储该领域内初始数据和推理过程得到的各种信息，即存放已知的事实、用户回答的事实和由推理得到的事实。

（4）解释部分。负责给推理提供必要的解释，回答用户提出的"为什么"、"如何"一类的提问，也为系统维护提供方便。

（5）人机接口部分。是用户与专家系统的接口，能输入用户的问题，输出供用户参考的方案和有关信息。

一般情况下，单一的知识表示与问题求解策略难以解决复杂的问题，只有将几种方法有机地结合在一起，才能获得较理想的结果。因此，电气设计的专家系统常用"设计——评价——再设计"的控制结构。该结构一般包含初始设计、分析、评价、方案选择、控制修改和黑板等六个模块。它们各自的功能是：

(1) 初始设计模块。提供设计的初始方案，包括以往设计的经验知识及初始方案的设计方法。

(2) 分析模块。分析的目的是为综合评价提供主要依据，这个模块主要从各方面进行电气性能分析。电气工程设计中常用的分析有潮流分析、故障分析、可靠性分析、安全分析等。

(3) 评价模块。其主要任务是根据分析的数据及专家的经验对设计方案进行评价，确定方案的各项评价指标的具体数值，为下一阶段的可接受性决策提供依据。评价的另一个作用是为再设计提供重要的反馈信息。由于工作环境、性能指标的不同，评价指标会有较大的差异。

(4) 方案选择模块。其主要任务是检查设计方案是否满足要求，包含专家评价设计方案的经验知识。该模块有两种功能：①检查每个具体设计方案是否可以接受，存储每个具体方案的性能指标，以便用户参加方案的评价，最大程度地满足用户要求；②方案优选，从若干个可行方案中选择最佳方案。

(5) 控制修改模块。由于设计任务的复杂性，一个新的设计方案，总是或多或少需要作些修改，因此这个模块在专家系统中有很重要的作用。它的任务是根据评价模块反馈的信息，运用专家的经验知识，对原方案进行修改，使设计方案向可接受的指标逼近。

(6) 黑板模块。黑板实际上是一个工作存储器，是一个动态的共用数据库。黑板记录有技术要求、过去的设计方案、当前设计方案，黑板上的内容随着设计的进程而动态地增加和删除。因此，整个系统以黑板为中心，各个部分以黑板为中介，来协调不同层次、不同类型的信息交流。

将人工智能技术，特别是专家系统的技术，与传统 CAD 技术的结合起来，形成智能化电气 CAD 系统，这是电气工程 CAD 发展的必然趋势。目前已研制还是一些局部单项设计的专家系统，对于电气工程总体方案设计的专家系统还处于起步阶段，有待进一步开发、完善。

五、CAD 图形交互功能的智能化

CAD 软件是创新的设计工具，必须易学好用、得心应手，有一个友好的、具有某种智能化的工作环境。这样的工作环境可以开拓使用者的思路，解放其大脑，使其集中精力于设计创作，而不是忙碌于软件的操作次序或使用规则。交互功能的智能化可从以下三方面体现。

(一) 智能化的图标菜单

多层的弹出式或下拉式菜单已不能满足使用者的需求，良好的菜单结构可以使设计周期缩短 20%～50%，因此智能化的图标菜单结构是 CAD 软件今后的发展趋势。

好的菜单结构是：用户在图形操作区和菜单区之间移动光标的次数要尽量少，菜单层次要尽量少，菜单要直观、简洁、明了，操作指令结构要十分简化。

（二）"拖放式"造型

设计需要灵活的修改，直观地、实时地对图形实体进行"拖放式"的设计与修改一直是设计人员追求的目标。在变量化技术的支持下，利用形状约束和尺寸约束可以分开处理的灵活性，可以实现对元件上的常见特征以拖动方式直观、实时地进行图示化编辑修改功能，今后的发展方向是实现智能化的、完全的"拖放式"造型。

（三）动态导引功能

在某些软件中，伴随光标而随时随地弹出菜单的操作模式越来越多。随着光标的移动，动态导引自动拾取、判断模型元素的种类及空间相对位置，理解使用者的设计意图，记忆常用的步骤，并提示使用者下一步可能要做的工作，这是软件智能化的一个非常好的体现。

六、应用功能智能化

（一）改进软件结构，实现应用功能集成

CAD 软件改进主要有两种途径：①改进整体性能，优化内部数据结构和算法，改进易用性；②改进功能集成性，在一个软件体系结构下实现更多的应用功能。即用一个 CAD 软件快捷地、一路畅通地开发出客户所需的产品，如设计、绘图、数据管理一体化，设计制造一体化，电网故障分析、保护整定、文档管理一体化等。

（二）知识融合技术

知识融合技术是能够进行自动化过程设计、管理可能性因素和实践性因素的一门技术。它让用户能够创造和保存自己的规则和过程，物理、化学或电学等领域创建的工程规则都可以被集成。例如，电气工程项目材料的花费、设备的统计、施工安装过程等项目都可以保存和评估，并实现自动化处理，用户可以方便地选择所需的方案。

特定过程的智能向导融合了工程界特有的过程知识，把设计技术中复杂的因素连接到了自动的过程当中。例如，电网框架结构的优化、电机辅助设计的有限元分析、故障分析中序网的自动查寻、配网的重构、电气图的自动生成、保护装置的最佳匹配等，这些自动化过程向导将极大地改进工作流程，成倍提高设计效率和质量。

（三）系统化造型及系统功能提升

使用系统化造型设计者能够通过改变设计框架中任何部件，查看完整的设计过程及其对设计模型的影响。新一代的 CAD 软件将参数化造型技术提升到更高级的系统级层面上，其设计参数可以由上向下驱动其子系统、安装施工乃至最终元件。对于目标定义的修改将通过自动化控制并映射到所有相关的子系统和元件上。以下两种途径可以提升 CAD 系统的功能：

1. 在 CAD 软件中加入 PDM（产品数据管理）功能

具有 PDM 功能的 CAD 软件正在逐渐为用户所认识和接受。PDM 管理产品整个生命周期内的全部数据，即除设计图纸和文档外，还要对相关的市场需求、分析、设计与制造过程中的全部历程、用户使用说明及售后服务等数据进行统一有效的管理。实施 PDM 技术可实现并列工程，提高设计效率。

PDM 的加入促进了 CAD 在广域范围内的设计协同，实现设计协同是未来 CAD 的主要发展方向之一。设计协同能解决在工程师、供应商与客户间对关键部件设计问题的协调工作，使异地数据实现共享。

1 1

2. PLM 环境中的 CAD

CAD 功能是 PLM（产品生命周期管理）解决方案中必不可少的一个有机组成部分。PLM 环境中的 CAD 功能与独立运行的 CAD 软件在使用定位上有一定的层次差异，独立的 CAD 软件强调数据的关联，具有 PDM 功能的 CAD 软件强调数据的共享，而 PLM 中的 CAD 功能则强调在产品全生命周期内的数据管理，以及基于这些数据而工作的各地、各企业、各部门、各工作组之间的协同。

7.2 网络化电气工程 CAD

网络技术是人类 20 世纪的一项奇迹，网络的出现改变了人类世界的面貌。目前，网络已遍布全世界，涉及各领域，如工程、教育、天文、气象、生物、环保、计算机、医疗、卫生等。人们足不出户就知天下事，与世界各地取得联系。

网络化的根本问题是数据共享，信息化很难解决的问题就是数据共享，数据共享要有一系列标准和规范，目前虽然还存在一些困难，但已在逐步实践。可以预言，电气工程 CAD 系统也必然会在因特网上实现。

网络化 CAD 的特点包括：通过设计环境内部的网络化实现 CAD 过程的集成；通过网络实现开发设计人员之间的资源协调、共享和优化利用；通过网络实现异地 CAD 开发、协同工作（Cooperation）。计算机协同工作环境（Computer Supported Collaborative Work, CSCW）是与以计算机为基础的系统设计相关的领域，可以支持和改善执行共同任务或目标的群体拥护的工作，并使其理解应用这种系统所产生的影响。

一、新兴 CAD 技术公司及其网络产品

（一）Solidworks 公司及其网络 CAD 产品

Solidworks 公司隶属于 IBM/Dassault 系列，是在 1993 年由原 CV 公司的 John Hirschtick 所创建，其主打产品 Solidworks 于 1995 年问世。由于该软件创新、易学、价格适中、用户界面友好，且符合当时三维设计的潮流，又只运行于 Windows 和 PC 机，故受到了不少 CAD 用户的欢迎，占据了不少 CAD 市场份额。Solidworks 于 1996 年 8 月正式引入中国以来，目前用户已经扩大到 30 多万个单位，大有取代 AutoCAD 的趋势。Solidworks 公司为了适应网络化设计与电子商务的发展趋势，近年来推出了多种设计通信和网络协同工具，包括：eDrawings Professional，3D InstantWebsite，3D PartStream，NET 等。这些工具能够实现设计小组内 2D/3D 产品数据共享和协同设计工作，可以帮助用户简单、快速地将所设计的 Solid-works 模型和工程图数据发布到 Web 网页上，可以为公司创建一个基于 Web 的交互式在线产品目录，供客户观察、浏览，甚至下载配置。

（二）Lattic 公司及其网络图形传输技术

三维 CAD 产品设计已经逐渐成为 CAD 设计的主流。但是传统的 CAD 文件的数据量（如 I-DEAS，STEP，CATIA，Parasolid 等）都非常庞大，不经过数据简化，无法用于 Web 应用。Lattic 技术公司是一家专门从事网络三维应用开发的日本公司，成立于 1997 年 10 月，其核心技术是 XVL（eXtensible Virtual World Description Language）语言。XVL 是一种超轻量级的三维数据表示方法，能够对三维数据进行压缩，将其压缩到原先的 $0.2\%\sim 1\%$，这样数据传输速度非常快，而且能够保持很高的数据精度（$0.001\sim 0.1$mm）。XVL 文

件格式是基于 XML（下一代互联网描述语言），因此，XVL 可以很容易地与互联网应用集成起来。

（三）ImpacXoft 公司及基于 Web 的协同设计产品

ImpacXoft 公司创建于 1999 年 6 月，可以说是伴随着 Internet 的发展应运而生。他们认为，Web 的应用已经为产品定义和设计方法打开一扇新大门，其目标是要影响明天的产品开发方法。ImpacXoft 的核心思想是并行产品开发（Simultaneous Product Development，SPD），将串行协同设计变成并行协同设计，分布的产品开发人员可以通过 Internet 以并行、同步的方式进行产品定义、开发，如同在同一台计算机上工作，设计信息可以在设计者、供应商、制造商、最终用户之间同步共享。ImpacXoft 开发了一套基于 Web 的协同设计解决方案，其产品包括 IX Speed Suite，IX Speed Servers，IX Design 等，其三项关键技术是：功能造型、功能对象表达、设计意图合并。

（四）其他公司及其产品

Alibre 公司从事基于 Web 的协同设计 CAD 系统和产品数据管理系统开发，主要产品是 Alibre Design。CoCreate 是 HP 公司的子公司，从事协同设计系统与网络会议工具的开发，其主要产品是 OneSpace。

Proficiency 公司从事主流 CAD 系统之间参数化特征模型的数据转换工具开发，其主要产品是 Collaboration Gateway。Reality Wave 专业从事网络环境下三维数据管理和传输技术的开发，提出的 VizStream 技术，实现 CAD 产品数据的流式传输。TSA 从事网络图形显示与模型传输技术开发，主导产品是 Hoops 三维，可以实现三维模型的渐进传输。

二、基于 Internet 的 CAD 信息获取与资源共享

（一）CAD 信息获取方法

Internet 上有大量和 CAD 有关的信息资源，运用 Internet 可实现信息共享，加强了科研人员之间的学术交流，将有效地提高 CAD 的效率和质量。

（1）通过网络直接查询有关信息。用户可以通过 Internet Explorer、Firefox、QQ 等工具，进入 Internet 网的搜索引擎，如百度、Google、雅虎等门户网站，在目录工具上键入希望查询的关键词或点击感兴趣的专栏，则该目录工具将按树形结构搜索类目和子类目，直至找到感兴趣的内容。如可先选择电气类，再到 CAD 类，然后再输入某个专门课题查询。如果已知某个信息资源的域名，则可直接输入域名查找，实现浏览网上的各种电气 CAD 资源。

（2）进入图书馆查询有关信息。我国现有几十家重点高校图书馆和市级图书馆，均可提供网络查询服务，并通过 Internet 进入全球联机书目，选用 TELNET、GOPHER、WWW 等查询图书馆上网资料，了解高校学术成果，博士、硕士论文，专家教授著作论文，研究课题，实验室建设等，还可通过阅读电子期刊，获取 CAD 最新信息。

（3）通过联网的电子阅读器查阅书刊资料。近年来，随着电子（纸）阅读器技术的飞速发展，上海易狄欧电子科技有限公司于 2009 年 7 月 9 日在中国国际消费电子博览会上展示了全球第一款带 3G 无线上网功能的 E600 电子书。随后推出配备有 TD-SCDMA 和 Wi-Fi 无线上网功能的第三代电子书产品小欧电子书，使用户不仅具备普通下载功能，而且可方便的通过无线的方式，花数十秒的时间，随时随地获取想要的书籍报刊等资料。电子阅读器为 CAD 的研发和使用者提供了一条灵活移动地获取信息的新途径，读者相当于随身携带了"个人图书馆"和"资料库"。这项成果将改变传统的纸质资料的获取方式。

（4）了解 CAD 最新发展动态。通过网络可了解各 CAD 公司发表的最新 CAD 软件产品的应用状况、适用范围、功能专长和特点等信息，并免费下载一些最新 CAD 共享软件，获取最新 CAD 运作手段、设计专利等动态信息。

（5）发布最新 CAD 动态信息等。可在 Internet 上发布自己最新的 CAD 科研成果，推广、推销研制成功的 CAD 产品，将科研成果转化为生产力。

（6）加强 CAD 专业人员的信息交流。通过网络参加感兴趣的 CAD 专题讨论，交流运作 CAD 的经验，体会和交流有关信息，用户还可以通过 E - mail 向有关专家请教，交流学术成果，探讨运用 CAD 工作中共同感兴趣的问题。

（二）CAD 资源共享方法

用户共享 Internet 上的设计资源，可组成远程异地设计，方便地进行异地外部参照引用与版本更新。异地设计引用，不是简单的"下载"、"上传"，而是真正的"网上外部参照"技术，与本机、局域网上的外部参照，具有同一性能。Internet 将不仅使 CAD 的用户界面和数据库实现共享，而且将使 CAD 系统易于使用、开发和维护。

要想使用 CAD 的 Internet 支持技术，需要在操作系统下安装 IE 浏览器。可以在 Internet 上打开、保存输入和输出文件，CAD 文件的任何有效的 URL 路径，都可以被识别和利用。

Internet 上 CAD 设计的链接，比较多的是通过 FTP（文件传输协议）实现设计资源共享。FTP 协议是使计算机与计算机之间能够相互通信的语言，一般需要获得许可才能登录并访问对方文件。具体步骤为：

1. 建立 FTP 链接

（1）在"选择参照文件"对话框左边的位置列表中，按下［浏览 FTP 站点］按钮。

（2）在弹出的 FTP 专用对话框中（首次使用是空的），添加一个 FTP 链接，单击"工具（L）"选定菜单项"添加/修改 FTP 位置（D）"

（3）在弹出的对话框中"FTP 站点名称（N）:"后键入要键接的 FTP 站点的域名或链接用的 IP 地址。

（4）在"登录为:"后键入用户名；在"口令:"后键入口令。

2. 使用 FTP 链接进行文件操作

设置好了 FTP 参数，可在任何文件选定对话框中，使用［浏览 FTP 站点］，并连接已经设置好的 FTP 地址，就能看到 Internet 上这个位置上的文件夹和文件。

三、基于 WEB 的电气工程 CAD 中数据及图形的管理

（一）数据的管理

随着 Internet 网络技术的普及，日趋成熟的 Web 数据库技术被广泛应用于数据管理领域，已成为克服传统数据传送弊端的理想方案。尤其是对于广域分布的电力系统及厂矿供配电系统，传递处理数据的快捷、及时和管理的方便更是无与伦比。

1. 基本方案

常用模式是采用 SQL Server 数据库管理系统通过 ADO 与 ASP 相结合实现网上数据传输和操作，用户通过网页对数据库中的数据进行读取、修改等操作。

网页和数据库之间的参数传递通过脚本语言（或 ASP 环境）实现。当浏览器要进行数据操作时，Web 服务器就调用 ASP 引擎将所要求的文件预扫一遍，若需要就执行数据操作，向数据库服务器发出请求。数据库服务器应答数据返回 Web 服务器，再由 Web 服务器生成相应的 HTML 描述，将整个 HTML 页面传回用户浏览器，由此实现数据交互。ASP 实现数据操作的工作模式如图 7 - 3 所示。

图 7 - 3　ASP 实现数据操作的工作模式

2. 数据库与 CAD 软件接口

在 Web 数据库系统中，利用脚本语言将数据从数据库中读出，然后按照 CAD 软件所需的格式写入文件，就可在电气设计软件中直接使用。Web 数据库用户界面采用网页形式，用户只需单击相关的超级链接就可进行参数据记录的查询、修改、删除、添加等操作。单击弹出数据的链接就可得到 CAD 软件需求的数据文件，简化了数据的录入。

当电力网络处于不同地区的电气数据变动调整时，由当地电业管理部门登录到网站，对参数修改后提交，便可及时更新，将最新的数据提供给用户。

（二）图纸的管理

1. 图纸管理系统介绍

图纸的使用和管理涉及众多部门的数据处理，通过网络进行工程图纸的统一集成化管理是提高管理效率、方便多用户查阅、保护数据安全的信息化管理技术。

工程图纸分为两类：①纸介质图纸；②电子版图纸。电子版图纸又分两种：①栅格式或点阵式，以像素点为单位存储图样；②矢量图形，即数字坐标图形，工程图形多属此类。点阵图形可用压缩位图 jpg 格式存储，纸介质图形可通过扫描成点阵图形，再通过矢量化处理成为可编辑的矢量工程图。

图纸的查阅浏览通过网络传输，jpg 格式图纸可直接采用 Web 发布，将文件和数据放在服务器端，运行 Web 服务器软件［Win2000 中 IIS（Internet Information Server），或 Win98 中 PWS（Personal Web Server］响应客户端的浏览器访问。AutoCAD 格式图形文件，利用 AutoCAD 的 whip 插件，直接发布 dwg 格式的图形文件。矢量格式图纸除上述方法外，还可以将矢量图形的数据用文本和数值的格式存储在数据库中，客户端只需读取很少的数值，数据和文本数据就可重现矢量格式的图纸。这种方式避开了大容量的图形数据的传输，大大提高了运行效率，但需编制由数值格式到图形格式的数据转换程序，可以是一个 exe（可执行程序）或 dll（动态连接库），由客户程序调用；也可以应用组件化的程序设计成一个组件或 Active X 控件，内嵌在 IE 浏览器里。

图纸管理是 CAD 的组成部分，同时也是 MIS（管理信息系统）的一部分，应是一个可扩展、开放式的网上智能平台。

2. 管理系统结构示例

（1）工作平台。

客户端配置：Win2000/XP 或 NT，IE6.0。

服务器端配置：WinNT server；Win NT server pack3；Internet Information server；Active server Pages；SQL server7.0。

（2）图形档案访问。实现 Web 数据库访问的方法可分两大类：

1）B/S 方式。以 Web 服务器为中介，把浏览器和数据源连接起来，在服务器端执行对数据库的操作。

2) C/S方式。把应用程序和数据库下载到客户端，在客户端执行对数据库的访问。

ADO（数据连接对象）与ASP（动态服务器主页）结合可支持各种浏览器实现数据的访问。

图形档案管理可实现图形资料录入、分类、组卷和归档及生成主题词等工作，用户可在浏览器中查阅访问，对于通过Internet访问的合法用户系统可将选择的文件通过传输协议（FTP）下载到浏览所在的计算机上。

四、网络化电气工程CAD文件管理系统实现方案

网络化CAD通常是将一个工程分为若干子模块，每个模块交由不同的设计人员进行开发，最后进行系统集成、分析。某个模块的设计通常需要使用到其他人员所设计的部件文件，这种情况在进行装配建模时尤为普遍（零件借用），这就需要一套文件管理系统对整个工程中的所有部件文件进行统一管理。文件管理系统通过访问和版本控制机制、文件搜索、状态更迭等技术来促进设计团队里的协同工作，文件管理系统不但连接开发人员，还连接各设计分析系统进行绘图、造型、有限元分析、优化设计，是CAD网络的核心单元。

C/S和B/S是当今世界开放模式技术架构的两大主流技术。C/S结构的精华在于它把每一项任务按功能划分，使一些服务独立起来，形成专业化的服务。并且通过对这些专业化的服务进行灵活组成，形成一个适合用户使用的、有效利用资源的应用环境，这种系统极大地促进了信息的获取和利用。

（一）基于C/S网络化CAD环境下的文件管理系统

大多数CAD软件都支持二次开发技术，留有开发接口，提供了丰富的开发函数库，使用C/S结构就可以在客户端实现与CAD软件的无缝集成。考虑到大多数CAD开发工具都是运行在Windows平台上，客户端不存在跨平台的可能，因此CAD网络化中的文件管理系统（如图7-4所示）采用C/S体系结构更为合适。

客户端与服务器端通过Intranet相连接，服务器端存放开发完成的部件文件，需要的时候可以由设计分析或CAM系统调用这些部件文件进行其他处理。

（1）客户端。将管理系统的客户端设计为CAD开发工具的插件，这样安装方便，且不影响CAD软件的其他功能。通过对CAD软件中菜单的响应，调出客户端对话框，输入服务器IP、端口等信息连接到服务器。客户端获取文件过程如图7-5所示。

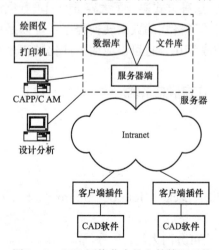

图7-4 CAD网络化中的文件管理系统

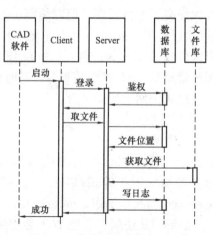

图7-5 客户端获取文件过程

（2）服务器端。服务器端作为整个管理系统的核心，对所有 CAD 客户端提供统一的接口，访问公共资源。应具有以下功能：

1）网络传输功能：负责响应用户连接请求，与客户端传送数据。

2）加密解密功能：对传送数据加密或解密，以保证数据安全。

3）数据管理功能：与数据库交互，封装 SQL 操作。

4）用户鉴权功能：通过对用户 ID 和口令的判断，确定用户权限。

5）统计分析功能：统计完成的部件文件个数，反映工程进展情况，记录操作日志。

此外，服务器端需要提供系统管理员的后台管理界面，还要具有处理并发请求的能力。

（3）文件管理特性如下：

1）文件锁定：允许某一用户锁定某些文件，这时其他用户将不能执行对这些文件的覆盖、获取操作。

2）文件标注：允许某一用户对某些文件进行标注。

3）文件口令：允许某一用户对某些文件设置访问口令，甚至根据不同口令对某文件具有不同的操作权限。

4）文件备份：如果错误覆盖了某个文件，系统使用备份机制恢复原来的版本。

（4）版本控制与存储：可采用与 VSS 相似的规则来进行版本控制，通过系统设置，系统管理员可以决定是否保留以前所有的旧版本文件。

（二）基于 B/S 的网络化 CAD 环境下的文件管理系统

这里介绍一种在 Web 技术基础上选择了 B/S 系统作为系统的框架结构的方法。该方法采用 Java 技术，使用客户端的 Java Applet 技术、服务器端的 Java servlet 技术，再开发客户端和服务器端应用程序，就可实现网络的三维通信机制。最后，应用 Java3D 建模语言开发一个基于网络的三维图形系统，可实现建模系统的点、线、面、体等图素及电气图元的开发。该方法用到电气工程领域，也可达成基于网络实体的建模、交互式图形操作和服务器端演算等功能，满足异地设计、制造以及国际协作生产的需要。

Internet 作为一种高效、迅速、全面的通信手段，将在 CAD/CAM 系统中发挥更加重要的作用，并使 CAD/CAM 系统资源得到充分的利用。信息技术和互联网的飞速发展及社会经济的技术创新，已经为 CAD 软件发展提供了强大的社会需求。

我国的 CAD 应用，一方面，目前处于"甩图板"阶段同时又面临全球网络化、信息化新的挑战。另一方面，随着未来需求的发展，用户对现在 CAD 产品、软件企业和应用水平也提出了新的要求：首先，用户需要一个具有支持他们专业化、能够配套的软件产品，不再需要单一的图形软件；第二，基于网络环境面向工程数据库；第三是面向互联网的多用户并行设计环境；第四是智能化。因此，实现软件的网上经销、网上培训咨询及网上运行的网络平台是未来电气工程 CAD 技术发展的目标。

第8章　电气工程CAD基本建模与处理方法

　　将现实世界中的事物用数学方法进行归纳和描述从而得到事物的抽象表达的过程称为建模。模型是计算机识别事物、存储和分析处理数据的依据。建模技术是CAD系统的核心技术，是分析计算的基础，也是实现计算机辅助设计的基本手段。

　　本章将简要介绍电气工程CAD中供配电系统的建模、二次继电保护设计建模、工业电气控制电路设计建模及电气工程CAD智能建模的原理与方法。

8.1　电气CAD建模概述

一、概念

　　建模分为机理建模与几何建模，两者存于同一物体中，分别表示其物理性能和几何结构。机理建模揭示物体内在联系，是表明其运动规律的数学描述。几何建模主要处理部件的几何信息和拓扑信息，几何信息一般是指物体在欧氏空间中的形状、位置和大小，拓扑信息则是指物体各分量的数目及其相互间的连接关系。目前常用的建模系统是三维几何建模系统，一般常用的有三种：线框建模、表面建模和实体建模。

二、建模技术的发展

　　20世纪60年代出现的三维CAD系统只是简单的线框式系统，只能表达基本的几何信息，不能有效地表达几何数据间的拓扑关系。法国达索飞机制造公司开发出基于表面模型的三维造型系统CATIA，为人类带来了第一次CAD技术革命，实现了以计算机完整描述产品零件的主要信息，改变了以往只能借助油泥模型来近似表达曲面的工作方式。SDRC公司于1979年发布了世界上第一个完全基于实体造型技术的大型CAD/CAE软件-I-DEAS，能够精确表达零件的全部属性，在理论上有助于统一CAD、CAE、CAM的模型表达，给设计带来了惊人的方便性。实体造型技术的普及应用标志着CAD发展史上的第二次技术革命。进入20世纪90年代，基于特征、全尺寸约束、全数据相关、尺寸驱动设计修改的参数化实体模型（复合建模技术）的成熟应用主导了CAD发展史上的第三次技术革命。变量化模型的实体造型技术既保持了参数化技术的原有优点，同时又克服了许多不足之处。它采用特征造型和参数化造型技术，允许自动指定或由用户指定参数化设计、几何或功能化约束的变量式设计，其成功应用，为CAD技术的发展提供了更大的空间和机遇，引发了CAD发展史上的第四次技术革命。

三、电气CAD建模概念

　　电气设计模型是对整个电气设计过程进行描述和识别，以便计算机处理。系统模型包括电路结构模型和电气分析模型，电路结构模型描述电路的连接方式和形体外观，即几何描述；电气分析模型则描述满足电气变量状态方程约束的电气性能，属物理描述。几何描述是物理描述的条件，物理描述是几何描述的结果。模型涉及初步选型，基础数据定义管理，负荷的分配、统计计算，电控计算、选型计算、短路计算、校验计算等一系列综合复杂的设计过程，重点描述出整体及每个电气设备的基本属性、工作（运行）属性、短路属性。基本属性是该设备的出厂铭牌的电气型号规格和电气技术参数等；工作属性是指当前运行设备的工作电流、设备容量、工作电压、功率因数等情况；短路属性是指当前选定设备的短路阻抗、短路电流等情况。上述三类属性都是物理描述范围，建立在电气系统几何结构的基础上。

用计算机完成电气工程的分析计算与方案设计，首先要建立有效的数学模型。

8.2　供配电网的描述与拓扑识别模型

建立供配电网电气设备及其连接关系拓扑描述模型是实现供配电 CAD 的首要问题，本节将基于面向对象和图形化技术进行阐述。

一、供配电网模型的基本对象类

供配电网络由节点和支路组成，无论结构多么复杂，都可用节点和支路的组合来描述，这是计算机识别网络的有效方法，因此节点和支路是供配电网络的两大基类。

（一）节点与支路概念

节点：电网中的母线或需要专门研究的某些电气点。

支路：分析电网时，支路指计及阻抗或导纳的电气元件，如变压器，线路等；用于选型设计时，所有待选电气元器件都应作为支路或支路元件。

（二）节点基类

节点分类知识：供配电网络模型中将供配电网节点分为 5 类，分别用 1 至 5 的正整数表示，节点分类及输入数据表见表 8-1。每一节点类型都是节点基类的子类，各有一些独特的属性。

表 8-1　　　　　　　　　　　　　节点分类及输入数据表

类型说明	ID	节点号	节点名称	类型代码	有功功率	无功功率	额定电压	特征说明
电源节点	1			1				5
母线节点	2			2				1
联络节点	3			3				5
负荷节点	4			4				5
虚拟节点	5			5				5

表中，负荷节点指直接连接负荷的终端节点；联络节点指有两条以上支路交汇或与其他网络相连的节点；虚拟节点包含三绕组变压器中性点、分裂电抗器中心点及组合支路的虚拟末端。额定电压是该节点所在电网的额定电压，用以识别高压侧和低压侧节点。特征说明是为了方便计算机识别母线节点与一般节点，并区分母线类型是单母线、双母线、旁路母线还是母联开关。仍然用连续的正整数来标识节点特征：1 表示单母线节点，2 表示双母线节点，3 表示旁路母线节点，4 表示母联开关节点，5 表示一般节点。

（三）支路基类

支路分类知识：模型中将变配电所电气支路分为 12 类，分别用 1 至 12 的正整数表示，12 类电气元器件支路分类及属性数据见表 8-2。每一类型支路都是支路基类的子类，除基类的公有属性外，还有各自特有的属性，这在后面的示例中将有体现。

表 8 - 2　　　　　　　　　　　　　　　支路分类及属性数据表

类型说明	ID	名称	类型代码	首节点i	末节点j	首端额压	末端额压	有功功率	无功功率	长度/容量	截面/$U_k\%$	工作电流	额定容量	正序电抗	零序电抗
电源进线	1		1	√	√	√	√			√	?			?	?
负荷馈线	2		2	√	√	√	√	√	√	√	?			?	?
母线及母联	3		3	√	√	√	√								
联络干线	4		4							√	?	?		?	?
2 圈变压器	5		5	√	√	√	√					?	?	?	?
3 圈变压器	6		6	√	√	√	√					?	?	?	?
补偿电容	7		7	√	√	√	√		?			?		?	?
电压互感器、避雷器	8		8	√	√	?	?					?			
普电抗器	9		9	√								?		?	?
裂电抗器	10		10	√								?		?	?
所用变压器	11		11	√	√	√	√	√	√						
系统	12		12	√	√	√	√							√	√

支路类型说明	型号规格	首成套柜	首隔开关	首断路器	首电流互	首熔断器	末成套柜	末隔开关	末断路器	末电流互	末熔断器	零序流互	避雷器	带电显示器	接地开关
电源进线	?	?		?		?									
负荷馈线	?	?		?		?						?	?	?	
母线及母联	?	?		?		?						?			
联络干线	?	?		?		?									
2 圈变压器	?	?		?		?									
3 圈变压器	?	?		?		?									
补偿电容	?	?		?	?										
电压互感器、避雷器	?	?	?		?								?		?
普通电抗器	?	?		?		?									
分裂电抗器	?	?		?		?									
所用变	?	?		?	?									?	
系统		?		?		?									

注　表中打√的单元格表示输入数据或计算的数据，打？的单元格表示设计待求变量。

其中，首末节点为组成该条支路的首末节点编号 i 和 j。首末电压为支路首末端所在电网的额定电压。每一支路均可设开关、互感器、熔断器或成套开关柜（配电盘）。

此分类可描述变配电所大部分类型，也可根据需要增添新的支路类型，使设置的支路能完整地表示主电气图结构。

二、供配电网的描述及拓扑识别

（一）开式电网节点与支路编号规则

（1）在一种给定运行方式下开式电网的电源根节点只有一个，编号为 1，其余节点任意编号，只要不重复即可。节点编号可人工指定或由计算机自动编号。

（2）支路由首末两端节点号所唯一确定，支路可按其末节点号由小到大的顺序排列，称为支路顺序号。顺序号确定了支路数据的输入顺序。

（二）网络拓扑识别

节点的数字编号是识别网络接线的有效方法。节点编号具有单一性，即一个节点对应网络中一条母线或某一电气点。可见，由任一节点号可找到接线图中对应的电气节点，即节点和支路的数字编号确定了网络各元件的连接关系。

具体识别方法如下：

（1）由不同的末节点和支路序号可识别出支路。

（2）首节点号相同的支路其首端联在一起，末端放射分支，首末端节点号均相同的支路为并联。

（3）某一支路的末节点为另一支路的首节点，则该两支路为串联。

以上描述规则可识别出供配电网的拓扑连接关系，节点与支路的分类属性可描述供配电系统的组成结构，为内在电气模型的建立提供基本参数。

CAD 系统中，不同支路类型可配置的开关、互感器、熔断器或成套开关柜（配电盘）等电器设备在规程规范约束下确定，若支路采用成套开关柜形式，则标出其成套开关柜的型号以及方案编号。成套柜后面各列为各支路上可能的设备，用来记录某条支路上所连接的主要电气元器件的配置方式与型号规格，包括刀开关、断路器、熔断器、电流互感器、避雷器、补偿电容器、变压器，截面和长度表示电源进线、母线和馈出线的截面和长度，是为短路计算作数据准备的。各空格处用设计结果填入。

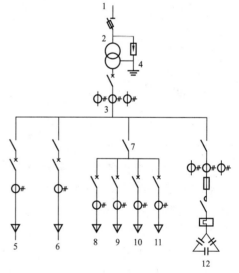

图 8-1　某配电网主接线图

（三）开式供配电网系统结构描述举例

对图 8-1 某低压配电网主接线图所示系统描述的节点、支路数据见表 8-3 和表 8-4。

表 8-3　　　　　　　　　　　　节 点 数 据 表

ID	节点号	名称	类型代码	有功功率（kW）	…	额定电压（kV）	特征说明
1	1	电源节点	1			10	5
2	2	联络节点	3			10	5
3	3	母线节点	2			0.4	1
4	4	虚拟节点	5			10	5
5	5	负荷节点	4	30		0.4	5
6	6	负荷节点	4	50		0.4	5
7	7	联络节点	3			0.4	5
8	8	负荷节点	4	25		0.4	5
9	9	负荷节点	4	25		0.4	5

续表

ID	节点号	名称	类型代码	有功功率 (kW)	…	额定电压 (kV)	特征说明
10	10	负荷节点	4	15		0.4	5
11	11	负荷节点	4	10		0.4	5
12	12	虚拟节点	5			0.4	5

表 8 - 4　　　　　　　　　　　　　　支 路 数 据 表

ID	支路名称	类型代码	首节点 i	末节点 j	首额定电压 (kV)	末额定电压 (kV)	…	正序电抗	零序电抗	型号规格	刀开关	断路器	电流互感器	熔断器	避雷器接触器	热继电器
1	进线	1	1	2	10	10				LJ				RW4 - 10		
2	变压器	5	2	3	10	0.4				S9						
3	避雷器	8	2	4	10	10				FS - 10						
4	负荷馈线 1	2	3	5	0.4	0.4					HD	DZX10	LMZ1			
5	负荷馈线 2	2	3	6	0.4	0.4					HD	DZX10	LMZ1			
6	联络干线	4	3	7							HD					
7	负荷馈线 3	2	7	8	0.4	0.4					HD	DZX10	LMZ1			
8	负荷馈线 4	2	7	9	0.4	0.4					HD	DZX10	LMZ1			
9	负荷馈线 5	2	7	10	0.4	0.4					HD	DZX10	LMZ1			
10	负荷馈线 6	2	7	11	0.4	0.4					HD	DZX10	LMZ1			
11	补偿电容	7	3	12	0.4	0.4					HD		LMZ1	RM10	CJX	JR10

（四）复杂闭式供配电网的描述及拓扑识别

电网节点的数字编号也是识别复杂闭式供配电网接线的有效方法。由于节点编号具有单一性，从而唯一确定了网络各元器件的连接关系。节点与支路的分类基本与开式电网相同，分类属性描述了供配电系统的组成元器件及电气性能。

较为完善的电气工程 CAD 软件中，对节点的编号不受限制，即在满足节点号为不重复的正整数前提下，用户可对节点任意编号，由专用模块按计算要求自动进行规范处理。

在图形化的电气 CAD 系统中，对网络中节点的编号可随接线图的逐步绘制自动生成。使用者不必了解内部复杂的处理过程便可轻松地完成电气绘图和全部解算过程。

节点支路数字编号执行过程如下：

（1）绘制母线元件并对其编号，编号按递增方式确定。

（2）对需专门研究的电气点，如非母线短路点等在计算时临时编号。

（3）按元器件绘制顺序记录支路及图元结构数据。

（4）节点编号自动规范处理，方法如下：

1）消去空号，即原编节点号后电网改变、变电站或线路拆除等。

2）按节点类型及计算模块对数据格式要求重新规范编号，也称机内编号，是为计算机处理方便而必须的步骤，如果原始编号符合规范要求则无需此步，此操作会给使用人员带来不便。

（5）将计算处理结果转换为按原始节点号及支路顺序输出。

电气网络分析算法数学模型请参考相关专业书籍，算法程序可以直接引用。

三、供配电系统的对象模型

（一）供配电系统对象模型介绍

建模是对现实对象进行抽象、封装后，得到具体的对象类型，并且得出可实现的解决方法。供配电 CAD 系统中的对象数目很多，类型千差万别，但具有以下共同特点：①可视对象能直接命名；②可直接为可视对象分配属性，并作为继承信息；③可由用户自由选择和编辑共存的实例化图形对象；④具有相同行为的不同对象可看作同一类的实例；⑤方便系统应用，支持图形操作。在可视化供配电 CAD 系统中用户所使用的电气实例对象有：电缆、母线、开关、变压器、磁力启动器、电机、电源等。在 CAD 系统中应做到：每类对象都可通过图标将其直接在工程图纸上绘出，并可直接对其进行属性设置。对于同一类对象中的不同子类对象，属性应继承。以电缆为例：电气系统中，电缆按电压等级有高压电缆和低压电缆之分。实现各类对象时，可通过设置相应的绘图对象来完成图形存储、移动、改变大小、删除等功能。绘图类对象定义见第 5 章，绘图类对象定义后，可继续定义其派生类。在实际应用中，通过鼠标消息来完成对象的生成和操作处理。

（二）模型对象关联的实现及图形对象拓扑关系描述

具体对象建立之后，各对象之间关联的建立是 CAD 可视化设计得以实现的另一关键技术。使用关联矩阵是一种有效的方法，其优点是简单易行、减少系统计算阶段的数据组织与生成的工作量、提高系统运行效率。对于电气 CAD 系统，可给每一个对象约定一个确定的描述码，此码与对象一起存储，只与该对象有关。在电气 CAD 系统设计中，描述码在标识对象的同时，描述对象间的拓扑关系，并根据描述码产生对象关联矩阵，实现对象关联关系。在对象拓扑关系描述完毕，并且相应初始数据在图形界面下从元件属性窗体输入后，通过调用相应的计算函数即可实现各种计算。在电气 CAD 系统中计算函数以动态链接库（DLL）的形式存在，涉及某一类型计算时，调用相应的 DLL 函数。计算完毕将数据传送给系统中的可视对象成员变量，较好地解决了图形方式下的设计计算问题。

（三）图形对象的存取操作

在可视化电气 CAD 系统中，图形对象的存取操作和拾取操作是图形系统开发中的两个关键技术。在对象存取操作中，必须考虑应用程序中对新增成员的顺序化。使用 MFC 支持的 CObjeet 类可导出对象的顺序化，其原理是：对象将其当前状态保存在一个永久存储器中，下次使用时，能恢复当前状态。CObject 类支持其派生类的 Serialize（顺序）函数重载功能，可实现应用程序中对象新增成员的顺序化。MFC 中提供了 CArchiVe 类，允许将一复杂的对象网络用一永久二进制形式保存，一直保留到这些对象被删除为止。在电气 CAD 中采用对象链表来保存图像，对象链表使用派生列表类来管理内存对象的建立与撤销。

（四）图形对象的拾取

图形拾取有以下四个步骤：①检查输入点（或输入矩形）与图形对象链表中图形元素包围盒的交；②检查与图形元件的交；③将选中的图素插入到当前选择链表中去；④改变图形元素的显示模式。整个拾取处理过程都是建立在内存对象基础上，由对象内存管理接口负责管理，每一级对象结构都有一个内存管理函数负责申请与释放合适的内存，与物理内存和操作系统进行信息交换的只是接口。应用程序可以从 CObist 类派生自己的类，可以增加新数据、成员和函数。在拾取操作中，应用程序遍历对象链表，将鼠标的包围矩形盒与对象链表中的对象依次求交运算，如果链表中的某对象与鼠标的包围矩形相交，即为被选中对象，随之将其插入到选择列表中，并对显示模式加以改变，便可完成拾取操作过程。

（五）数据库接口的实现

电气 CAD 系统在应用时要与众多部门如设计部门、设备维修部门、材料保管部门等打交道，要实现与这些部门快速联系离不开网络数据库。网络数据库形式多样，为方便实现对数据库的访问，最强大的工具是使用开放式数据库互联（ODBC）技术。工程 CAD 系统集成大致有三类信息：①用于工程设计与分析的科学计算数据；②用于系统控制的事务管理信息；③用于设计查询的技术数据。通过接口即可实现各种数据的交换，电气系统中的电气元器件是用数据库管理系统（MS Access）建立的，采用 ODBC 语言，通过对数据库文件的操作，可实现相应接口的功能。数据库类的使用，使得应用程序能在很大程度上与数据库之间保持相互独立，使用 SQL 语句在电气 CAD 系统中即可实现对数据库的访问。该子系统可实现以下功能：①绘制供配电系统图；②编制电气元器件连接关系；③进行电气参数设置；④供配电系统中电气元件的自动选择（变压器、电缆、磁力启动器、防爆开关等）；⑤继电保护的整定计算；⑥供配电系统的预运行分析；⑦输出供配电系统图及有关技术数据。

8.3　工业电气控制系统的 CAD 建模

工业电气主要是指应用于机械、工业生产及其他控制领域的电气设备，包括机床电气、水泵、通风、运输电气、汽车电气和其他控制电气。本节主要介绍电控系统的 CAD 建模知识，即如何将电气控制工程的物理实体描述成计算机能识别的模式，从而完成原理图、接线图的设计及电控设备的选择效验，并自动根据原理图的连线关系生成各元器件之间的连线表和端子排，提供给施工人员在现场制造时使用。生成的材料清单（BOM）提供给采购及库管人员作为生产管理的重要依据。

一、电气控制系统电气设计方式内容及建模方法

（一）电气控制系统电气设计分析

1. 电气设计的特点

由于电控系统电气以元器件组合达到系统的功能为主。电气元器件在国际、国内标准化程度较高，使得电气设计的工作量与复杂程度不断增加。电气元器件品种规格多，更新换代快，对如何组合元器件以达到系统功能、性能要求没有规范或规范不全，设计自由度将非常大。电气设计存在重复劳动量大、设计周期长、设计自由度大，设计不规范的问题。

2. 电气 CAD 系统的目标与主要内容

应能完成电路图、接线图、安装图、接线盒和电柜以及按钮站的设计要求，保证设计质量又能提高效率、缩短设计周期、减少人工劳动。

（二）电气 CAD 系统拟采用的设计方式

（1）电控系统设计须采用检索式设计方式，以解决电气设计中设计自由度大、设计不规范问题；使电气元器件选用实现标准化，电气设计功能、性能达到规范化，满足降低产品成本的要求；能减少电气设计中大量的重复劳动，以达到缩短设计周期的目的，使设计人员从重复劳动中解放出来，去从事创造性的劳动。

（2）由于电气设计中零部件形状、尺寸也比较规范，还可以采用参数化设计方法。

（3）在传统电气设计中已积累了大量的资料，可以整理、归纳作为电气 CAD 系统建立通用组件或小部件图形库、数据库的基础，为发展为模块化设计创造条件。为了提高电气设计的水平，可在检索式设计和总结电气设计经验的基础上，形成设计规则，将已含有各种数据库、图形库的系统提升为专家系统。

（三）涉及内容

电气控制系统设计是一个包含了电路原理图、接线图、安装图、接线盒和电柜（包含按钮站）及与电动机参数的匹配与选择等内容的复杂工作，其中涉及了大量参数以及与设计或运行有关的要求，它们有的互为因果，有的则互相矛盾。相应的 CAD 系统由三个部分组成，即方案设计程序、电气控制系统数据库和绘图程序。迫切需要 CAD 系统来解决建库、报表及接线图生成等一体化设计问题，CAD 建模就是解决这一问题的关键环节。

（四）一般建模步骤

电气控制工程往往由一次、二次系统配合组成，CAD 模型构建的一般步骤为：先根据电控几何图形特征对元件对象进行分类，并对各对象间的关系进行描述和数字化；然后在基于电气系统的数学模型约束下对不同对象的属性数据进行组织，使各元件"缝合"成一个整体，即构建成 CAD 模型。CAD 模型可按一次和二次系统分别描述构建，以电动机一次主回路控制为例，对不同控制方式的动力设备，其组成元件受控制原理和规程规范所约束而有规律，可用一定的数学表达方式来描述。表 8-5 就描述了不同电动机控制回路的设备组成，表中一行数据表明了一类设备的元器件类型和数量。即由表中的一行数据可获得该项控制所需的元器件，进而可得到相应的电路图。其中元件的参数依据被控设备的大小和性质由电路计算得到。如图 8-2 所示是单台电动机直接启动控制标准图，主要组成元件及其数量见表 8-5 第一行所示，两者一一对应。

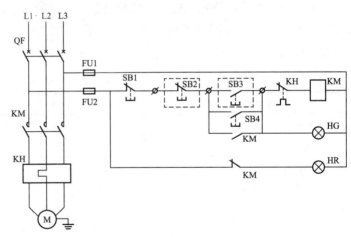

图 8-2　电动机直接启动控制标准图

表 8-5　　　　　　　　　　　　不同电动机控制回路的设备组成

控制设备	控制回路元件												
	断路器	接触器	热继电器	熔断器	控制按钮	指示灯	接线端子	自耦变压器	时间继电器	电流继电器	中间继电器	电流表	电流互感器
1. 单机直接启动	1	1	1	2	2	2	4						
2. 双机直接启动	2	2	2	4	4	4	6						
3. 单机可逆启动	1	2	1	2	3	3	6						
4. 单机星三角启动	1	1/2	1	1	2	2	3		1			1	1
5. 自耦降压启动	1	1	1	1	2	3	3	1	1	1	1	1	1
...													

二、电气控制 CAD 模型构建

下面以组合机床电控为例说明电气控制系统 CAD 的建模方法。CAD 建模是指从一个已有的实际系统产生出相应的 CAD 模型的过程，包含对控制系统的描述、特征提取、模式识别和数据生成等，是整个实现过程中关键、复杂的部分，也为后续的工程分析、优化设计和施工安装等提供数学模型支持。其内容涉及计算机、图形图像处理、电气计算等众多内容。

（一）主回路 CAD 结构模型

适用于对一般正转电机、一般正反转电机、带制动器正反转电机、双速或三速电机、主轴定位和带电脑监控器等多种形式的机床及自动线电气控制系统。CAD 模型结构包括设计程序、数据库和图形库三部分。

（1）设计程序：采用模块化结构，只输入很少的数据，就能自动地绘出主回路的电气控制系统图，且包括元器件型号、规格等选择功能。

（2）数据库：包含各种常用电机及配套元器件专用数据，汇总了常用电机及相配套的正反转接触器、自动开关、导线及管接头等的规格型号和技术参数。

（3）图形库：包括绘制电控系统主回路所需的各种图形，主要有自动开关、接触器、电脑监控器、电机、框架（主回路中各段用途、顺序号、导线等元器件的图形）等图形。

（二）电机特征码识别模型

为了区分不同功能模式电机及其控制设备，采用特征编码方式进行识别，不同类型电机的特征码见表 8-6。不同特征码的电机对应不同的控制方式和电气接线图，并以此确定出所需的电控设备和保护电器。

表 8-6　　　　　　　　　　不同类型电机的特征码

电机种类	特征码	电机种类	特征码
一般正转电机	64	主轴定位小电机（≤3kW）	74
一般正反转电机	66	主轴定位大电机（>3kW）	76
带制动器正反转电机	68	主轴定位多速电机	78
双速、三速 8/6/4 极电机	70	电源开关	63
三速 8/4/2, 6/4/2 极电机	72		

（三）数据描述模式

每一电机控制回路可由特征码、电机型号、序号、用途、第一支路电脑监控器标志、第二支路电脑监控器标志、用途代码等一组数据描述。表 8-7 为一组合机床各电机控制方式描述例表，其中序号是指电机在图上的代号。

表 8-7　　　　　　　　　组合机床各电机控制方式描述例表

序号	特征码	电机设备	用途名称	一电脑监控器（有 1/无 0）	二电脑监控器（有 1/无 0）	用途代码
0	63	电源开关	电力控制	0	0	
1	64	Y90L—4B5	液压电机	0	0	
2	70	YD132M1—8/6/4	左主轴低速，高速	0	0	
3	72	YD132M—8/4/2	右主轴低速，高速	0	0	

序号	特征码	电机设备	用途名称	一电脑监控器 （有 1/无 0）	二电脑监控器 （有 1/无 0）	用途代码
4	64	Y132S—6B5	冷却高压泵	0	0	
5	64	YLF—180	磁力排屑	0	0	
6	64	Y132S—6B5	冷却低压泵	0	0	
7	68	Y90L—4B5	快进、快退	0	0	B（A）

表中，第一行是电源开关段。对于单机，第一行都一样；对于自动线，只有第一张图上有电源开关段。序号是指电机在图上的代号，后两列是电脑监控器标志栏，当本段有电脑监控器时为 1，否则为 0。对于电机特征码为 64，66，68 的回路，只有一个支路，第二支路电脑监控器标志为 0。对于电机特征码为 74，76，78 的三种情况，不用电脑监控器，两栏均为 0。

用途代码，是描述有正反向电机的正反向电流的情况，电机从正向直接转向反向，其反向电流很大，反向接触器额定电流的选择要加倍（如'攻螺纹'）。正反向不是马上转换，可以按额定电流选择（如'机械滑台'）。此项只当特征码为 66 和 68 时才有意义。当用于攻螺纹时，该字段代码为'A'；当用于机械滑台的时候，该字段代码为写'B'；当特征码为 63，64，70，72，74，76，78 时，该字段代码为"空"。上述只是一种描述方式举例，读者可在分析综合基础上组建其他方式。

8.4　工厂电气工程 CAD 系统建模

一、工厂电气 CAD 系统的任务与范围

工厂电气工程设计主要包括供配电所、配电网接线及其绘图；电气设备拖动控制系统电路、安装图、接线盒和电控柜以及按钮站的设计，此外还有防雷接地、照明及通信等弱电系统设计。各部分之间不是孤立存在的，而是互相联系，各部分既有外观形体的相互连接，又有内在电气量物理方程的状态约束；能单独运行，又能实现信息共享。电气 CAD 系统实现的目标与范围是对电气工程师设计过程进行模拟和抽象。

（一）工厂电气工程设计的任务

电气设计任务有方案设计、文档编写和工程图绘制。需要绘制的图纸主要有：

（1）电气主接线图或高压系统图。

（2）低压系统图。

（3）电气拖动控制电路图及低压动力箱系统图。

（4）配电室、电控室平面布置图、剖面图。

（5）电控柜、配电柜立面图、低压抽屉盘盘面布置图。

（6）照明系统图。

（7）设备材料表及电缆清册。

（8）电气计算书。

（9）二次控制原理图。

（10）二次外部线路图。

此外还有防雷接地、信号、通信照明等设计项目图纸。

(二)电气工程设计过程 CAD 功能实现

电气工程设计长期停留在修改旧图，反复的计算—填写表格—替换设备—删除—复制等低级的劳动过程中，缺乏对整个系统结构的认识，造成许多前后不对照的图纸错误和问题工程，并难以大规模地批量修改，降低了设计正确性和绘图效率。目前国内电气工程设计软件主要偏向于绘图功能，个别软件提供了不系统的计算，如对其中单一回路、某一种负荷类型(如电动机)进行计算，无法做到上下级配合选型，也缺少全面的综合校验，与实际工程需要相差较远。完善的电气工程 CAD 需要完成设计每一步的相关功能，主要设计步骤及功能任务如下。

(1)设计基础数据：用电设备的编号，设备名称，安装位置，额定电压，负荷等级，场所属性，负荷性质等对电气设计的要求(形成数据表与知识规则库)。

(2)负荷分配：确定配电设备(配电箱、盘、柜)的位置，把每一个负荷分配到配电设备上，按设备容量与就近的原则分配负荷。

(3)负荷计算：采用需要系数法进行负荷统计计算(负荷计算模块)。

(4)分配电点计算选型：分配电中心(如某层的配电间、竖井、或机房的配电间)的配电柜供给下联的配电盘或箱，对这些配电盘、箱、柜进行选型(选型模块)。

(5)变配电所设备计算选型：变配电所对分配电点供电。对变配电所的所有设备包括母线、高压电缆、高压柜、低压柜、低压抽屉组件、低压出线等进行选型(选型模块)。

(6)短路计算：计算每个短路点的三相和单相短路电流(计算短路模块)。

(7)校验计算：对于高低压设备进行短路校验、电压损失校验、电机启动校验以及灵敏度校验等。校验不合适的值，要重新进行选型，直到校验通过(校验模块)。

(8)绘制系统图：绘制系统电气接线图(绘图模块)。

(9)绘制布置图：绘制排列端子、配电柜、控制柜等设备平面布置，绘制立面图、剖面图(绘图模块)。绘图前建立回路库、设备库和符号库，如高低压柜的一次方案回路组件图库，在 CAD 绘图中要调用这些方案，这些组件的电气属性(技术参数)则在设备库中定义，符号库是规定了这些组件对应的图例。符号库、设备库、回路库对用户开放，用户可以新增设备系列，新增回路方案等。符号库采用国标图例，回路库和设备库也采用常用的型号，参见最新版《工厂常用电气设备手册》上下册以及上下册补充本。回路库结构中每个回路都可以设定盘内组件的型号规格和数量或额定电流、控制电机功率，按照实际样本提供的内容录入，并提供选型"电子样本"。

(10)统一设定：电气工程设计将所有电气设备划分为供电、输电、配电、用电、拖动控制类，设计人员只需对以上设备进行初步选型，确定设备的系列号以及相关参数，其他参数自动选型。

(11)电气设备明细表：CAD 自动生成或用户自行录入的工程设计中所有用电设备列表，包括电气设备的安装位置、名称编号，设备容量，负荷性质等内容，可以从用电需求表导出到 EXCEL 中。

二、工厂电气 CAD 系统模型的建立

建立适应设计要求的电气 CAD 系统模型是辅助设计的首要步骤，下面以工厂配电设计为例说明其结构描述模型。

　　CAD 系统设计流程是：将用电负荷人工或自动添加到配电柜上，由负荷计算结果自动选择配电柜内元器件型号规格；进行短路校验，通不过时重新选型计算；重复以上设计过程，直至效验合格；绘制编写表明设计成果的图纸和技术文档。

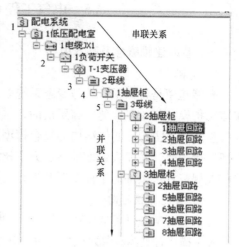

图 8-3　设计系统结构模型

　　鉴于工厂配电均为开式网路，电气系统的电路结构模型可采用树状结构，电气连接关系有串联和并联，复杂的网络可以看成是串联和并联的组合。图 8-3 就是图 8-4 工厂电气系统电路图的一个设计系统结构模型。从图中可以看出，树节点上从左到右组成一个串联的电路：低压配电室（电源）→电缆→负荷开关→变压器→母线→进线柜→…。从"3 母线"节点下面所接的"3 母线→抽屉柜 2→抽屉柜 3→抽屉柜 4→抽屉柜 5"是母线并联所连的若干个抽屉柜。

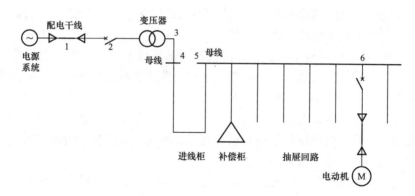

图 8-4　工厂电气系统电路图

该结构模型的功能：

（1）可以直观看到开关柜一次方案图形，以方便选型。

（2）可以对用电需求进行统一分配，确定所有用电设备的电源位置。

（3）可以对每个设备都进行负荷计算，统计配电干线及全厂总负荷，计算无功补偿。

（4）可以进行短路计算。短路计算包括无限大容量系统和有源系统的短路计算，搭建的任何模型都可以自动进行计算。

（5）自动选型与校验计算。

（6）参数计算。

（7）可以直观地看到配电中心内配电系统上任何一个设备目前的工作电流，短路点短路电流以及设备技术参数。

（8）可以自动输出高低压系统图、主接线图、设备材料表、电缆清册、计算书和抽屉柜排列图等一系列图纸，完成辅助设计全过程。

8.5　电气工程 CAD 系统智能建模方法

一、智能建模概念及基本内容

(一)概念

智能建模是将知识表示与专家系统融入模型的构建中,使电气量的分析模型与系统图元实体结构模型相关联,建立高层次的,融合反映电网、元器件、节点物理属性、状态信息、电气参数与工程图形实体结构的复合模型。要揭示系统中元器件对象的图形结构及其布局和几何连接规律。在完成数据处理、方案比较、分析计算、设备选校的同时交互式自动生成满足相关规范约束条件的工程图形和设计文档。

(二)智能建模思路

智能建模是运用面向对象技术的基本思想,将实际物理系统抽象为模型对象,用类之间的继承关系描述各具体对象之间的关联。还要描述各不同种类元器件模型之间的影响与连接关系。通过智能模型,不仅可获得工程图形结构框架、元器件连接等信息,还可由此提取出电气元器件的拓扑结构为分析计算提供依据,通过图形对象能透视到对应电气元器件的电气性能、技术参数、运行状态及连接关系等属性,以及与其他元器件电气量间满足约束条件的状态方程。

(三)电气 CAD 智能模型具体包含内容

(1)电气 CAD 的特点及模型层次、各层次模型的组成原理及基本元件,各层次的结构及数学描述,基本元件定义及表示方法,电气工程元件图形对象描述技术,元件及标志图元的物理及结构属性分类、组成及连接关系。

(2)电气工程组成元件如电源、变压器、线路、用电负荷及保护控制装置的物理属性、数据的组织和管理以及相应的图形结构数据及图元、图块、属性参数的组织形式,图形符号归类编码,建立规范化图形元件库。

(3)电气元器件的属性参数与图元实体间的自动连接、双向映射、关系识别及人机交互过程中的同步联动的图形化技术。

二、二次智能建模原理方法

(一)二次元件对象属性描述

基于面向对象设计思想,按照不同的二次回路,将二次成套装置分为六大类:①控制装置;②保护装置;③信号装置;④测量装置;⑤自动装置;⑥直流电源装置。其中控制装置按控制对象的不同细分为断路器控制装置、隔离开关控制装置等;保护装置按保护对象的不同又细为变压器保护装置、线路保护装置以及电容器、电动机保护装置等;自动装置按功能不同细分为备用电源和备用设备自动投入装置、自动重合闸装置、低周减载装置等。从上述二次设备装置中提取重要功能参数作为二次元器件的属性描述,主要包括装置名称、装置型号、生产厂家、额定数据(电压、电流和频率)、功能配置、技术指标及安装地点等规范化参数。在二次设备数据库中分类构建数据表,设置对应的属性描述字段对二次元件完成对象标识,从而为二次系统中的整定计算和设备选型提供必要的后台数据信息。

(二)二次元件几何图形类库建立

1. 电气元件图库

二次元件图库分为开关类、端子类、线圈类、表计类、灯光音响类、特殊符号类以及其他符号类。为了便于了解，二次接线图中还应附有主接线图，同时，继电保护的整定计算也在主接线图上进行。因此，电气元件图库中还应包括一次设备对应的图形符号，即一次元件如变压器、断路器、隔离开关、输电线、互感器等。将上述常用元件做成图块，以 .dwg 的文件格式保存，形成电气元件图库。电气元件图库图元示例如图 8-5 所示，将基本图元按类标号排序，建立元件句柄和代号表。它有两个字段：字段"句柄"用来存储图元的句柄值，字段"类型代号"用来存储这个图元代表的电气元件的代号，用以识别电气元件，如 2 号线圈的代号为"xq2"，3 号端子的代号为"dz3"。

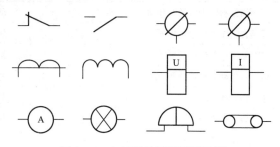

图 8-5　电气元件图库图元示例

2. 功能单元图库

一次系统的结构相对简单，二次系统的结构较为复杂，由大量不同类型的二次回路构成，因此有必要对二次系统进行逐层分解，可以获得多种不同类型的功能单元，如电流回路、电压回路、控制回路、保护回路、储能回路、信号回路等。这些单元重用率很高，将它们做成图块以 .dwg 的文件格式存储，形成功能单元图库。功能单元图库单元示例如图 8-6 所示，建立功能单元数据表，设置图块名、电压等级、功能特征等数据项，对各支路图块进行标识和编码。

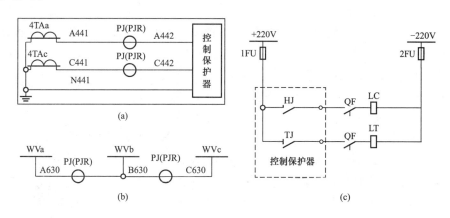

图 8-6　功能单元图库单元示例
(a) 电流回路；(b) 电压回路；(c) 控制回路

3. 标准模板图库

标准模板图库存放变配电所二次标准设计样图，包括二次控制原理图、展开接线图及设备布置图、端子排图等。设计时，可直接从库中调出相应的标准设计样图，在此基础上根据设计方案的具体要求进行修改和完善，形成最终的规则设计图。为了方便图形调用，一般采用树形菜单结构组织存放，为实现自动查找，可采用二维数组 $MB(i, j)$ 的方法存放图名。其中，数组的"行"为不同类别的二次图纸，"列"为变配电所的不同电压等级。如调取 6～10kV 配电所二次图形，可令数组变量 $MB(i, j)$ 中 $j=1$，i 为 1～8，即可调出全部二次模板图形。二次标准模板图分类表见表 8-8。

表 8 - 8   二次标准模板图分类表

图 名	电压等级		
	(6~10) kV	35kV	110kV
变压器控制保护计量展开图	MB(1, 1)	MB(1, 2)	MB(1, 3)
线路控制保护计量展开图	MB(2, 1)	MB(2, 2)	MB(2, 3)
电容器组控制保护计量展开图	MB(3, 1)	MB(3, 2)	MB(3, 3)
电动机控制保护计量展开图	MB(4, 1)	MB(4, 2)	MB(4, 3)
中央信号系统图	MB(5, 1)	MB(5, 2)	MB(5, 3)
自动装置系统图	MB(6, 1)	MB(6, 2)	MB(6, 3)
直流操作系统接线图	MB(7, 1)	MB(7, 2)	MB(7, 3)
所用电系统图	MB(8, 1)	MB(8, 2)	MB(8, 3)

三、二次建模实现举例

以二次继电保护设计模型为例说明实现方法。

（一）需求分析

电气工程中使用的二次设备与继电保护装置类型繁多，进行保护装置的设计与整定计算是十分繁琐而费时的工作。电气二次 CAD 系统必须满足以下基本要求：

（1）保护装置选择合理，整定计算正确无误并符合国家及有关部委的规程规范。

（2）类型齐全，通用性好。

（3）包含各种可供选择的接线方式、继电保护装置类型及其他约束条件，以便用户比较并选择最佳方案。

（4）可自动或人工交互进行。

（5）输入简单，输出明了，操作方便，界面友好。

（二）二次保护设计使用对象模型描述

电气工程常用电气设备有输电线路、发电机、变压器、电动机及电力电容器等，其二次保护装置对象模型描述原则是用变量名表示不同的设备对象，用代码描述不同的保护装置对象。同一设备可有若干种保护装置，同一保护装置对象也可用于不同设备。对多种状态采用功能代码控制转移，相同变量代码的控制内容以菜单形式于屏幕上提示。常用设备类型变量及保护代码设置举例如下：

（1）被保护设备按规格、大小或使用状况等进行分类。例如，供电线路分为（6~10）kV 线路、（35~60）kV 线路、110kV 线路、220kV 及以上线路等六类，以 Linelx 变量表示，其值分别为 1~6；变压器按容量及使用环境分为六类等。

（2）各设备常用的保护装置类型。如变压器保护分为过流保护、速断保护、零序保护、纵差保护等八种。

（3）按保护装置的结构分类，分为电磁型、感应型、半导体与集成电路型、微机型。

（4）电流互感器按接线方式分为五种，即三角形、不完全星形、完全星形、电流差接等。

以上设备、保护、装置、接线及方式的不同种类由类型变量识别，代码控制完成相应功能。此外还有自动与人机交互设计方式的选择等。

（三）自动与交互设计功能定制

自动设计计算方式由用户对提示的方式变量输入对应代码来选定，在自动方式下，程序能完成以下任务：

（1）按照被保护设备的种类（代码），以现行规程规范为准则，选配适当的继电保护装置并进行整定、灵敏度校验等项计算。

（2）设置的保护装置不满足要求时，自动改选较好的保护类型，直到满足要求为止。

（3）可自动按常规确定或用户指定保护用电流互感器的接线方式、装置类型，以及其他需选择的参数。在自动方式下，用户只需按提示输入必要的原始数据，全部过程就可由计算机自动完成。

人机交互保护设计功能方式下，继电保护设计的各项可变参数的选择均由人指定，在人机交互下逐步进行。用户根据设计目的指定对象设备，在满足现行规范要求下凭经验选定保护装置类型及电流互成器的接成方式。程序可提供中间结果供用户判断比较或修改给定条件，这种方式便于发挥人的创造性和潜能，也便于用户进行多方案比较以确定最佳保护配置。

综上所述，模型内容包含电气元件描述，系统的联系结构、设计过程的知识构建、保护方案数学解析与设计成果的形成输出，以及相应的支持部件、图形库、知识库、计算程序库、专家系统、功能模块的组建方案等。

第9章　电气工程 CAD 软件开发

　　随着对 CAD 软件需求量的增大，开发高性能的 CAD 软件成为当前重要任务。为了使 CAD 软件真正实用化、商品化，要求用科学、严谨的方法进行软件产品的开发。软件开发是将各个专业领域的传统设计方法转化成计算机上的操作，即将原来的专业设计知识和经验体现为软件代码的过程。

　　国内 CAD 软件开发分两种方式：一类是以 AutoCAD 为平台二次开发的应用软件；另一类是自主平台的 CAD 软件，即从最低层进行开发，不依赖于国外的平台软件。无论哪种开发方式都必须遵循基本的规律。本章将使用软件工程中的一些基本概念和原则，针对电气工程 CAD 软件的特点，介绍 CAD 开发基础、开发方法，并以不同电气工程 CAD 系统为例，说明其软件结构与实施步骤。

9.1　电气工程 CAD 软件开发基础

一、软件工程的概念

（一）软件工程的提出

　　1986 年在北大西洋公约组织的计算机会议上首次提出了软件工程这一术语，其目的是要用工程化、规范化方法实现软件的开发和维护，提出这一要求的基本原因有以下几方面：

　　（1）软件的复杂性增加。软件随着应用的发展复杂性增加，许多软件都以"十万行"、"百万行"来计数，这样一个庞大软件难以由个体方式完成，必须寻找软件开发、使用、维护的新途径，力求花费尽可能少的代价，得到正确、高质量的软件。

　　（2）软件生产成本较高。随着集成电路的飞速发展，硬件成本下降，软件成本上升，目前一个 CAD 系统中，硬、软件的投资达 1∶4。软件成本高的一个重要原因是开发方法落后，只有采用规范化方法才能降低成本。

　　（3）软件开发周期长。据统计资料表明，开发软件所需人数逐年随程序代码行数情况的上升呈指数曲线上升，手工的落后编程方式已不能适应计算机应用突飞猛进发展的需要。

　　（4）维护工作量大。一般情况下，70％的软件错误是设计产生的，30％的软件错误是编程产生的。软件在验收时并不能发现全部错误，改错过程中还会产生新的错误。在扩大功能中也会产生错误，加上软件开发者不重视技术资料的及时整理、审定及程序中说明语句的叙述，使维护更加困难。人们不得不重视研究软件开发、使用、维护的工程化、规范化问题。

（二）工程化软件

1. 软件的定义

　　1983 年，IEEE 对软件作了明确的定义，即"软件是计算机程序、方法、规则及其相关的文档以及在计算机上运行时所必需的数据。"该定义全面阐述了软件应包括的内容。软件应有三方面的含义：

　　（1）个体含义是程序及相关的一切文档。

（2）整体含义是在一个计算机系统中，是硬件以外的所有组成。

（3）学科含义是开发、使用、维护软件的理论、方法和技术的研究。

2．工程化软件的要求

工程化软件应满足以下几条基本要求：①正确性；②可靠性；③简明性；④易维护；⑤用结构化方法设计；⑥文档齐全，格式规范。

软件以正确、易读、易修改、易测试为标准。软件工程指开发、运行、维护和修改软件的系统方法，涉及软件的整个生存期。

（三）软件的生存期

软件从开始设计、开发、实现运行到最后停止使用的整个过程称为生存期，一般分为分析、设计、编写、测试、运行维护五个阶段，在每个阶段都有具体内容。

（1）分析阶段：分析阶段的主要任务是要确立软件总体目标、功能、性能以及接口设想，建立软件系统的总体逻辑模型。

（2）设计阶段：设计阶段要将逻辑模型按照功能单一的原则划分模块，并确定模块间的接口。

（3）编写阶段：对模块进行编程，并给出结构良好、易读的程序说明。

（4）测试阶段：进行单元测试和整体测试，检验其功能是否满足设计要求。

（5）维护阶段：解决测试中发现的问题，修改软件使之适应新要求。

在这五个阶段中，如果开始工程化程度好，则对后面的影响是非常大的。

二、电气工程 CAD 软件的功能目标

对电气工程 CAD 应用软件，可以从数据的输入、输出、传输、存储及加工五个方面来分析它的功能目标。

（1）输入：输入方式以菜单、图形或二者的结合为主，对输入数据的正确性应有严格的检验手段。

（2）输出：电气工程 CAD 软件的输出格式并不复杂，文字报表要求不高，图形以二维为主，且大部分是有规则的几何图形。

（3）存储：CAD 存储管理的数据可分为两大类：一类是公用标准数据，另一类是设计数据。前者以表态存储管理为主，后者以动态存储管理为主。

（4）传输：CAD 软件在功能模块级方面有较高的独立性，各个子系统之间独立性更强，一般都能单独运行；信息传送速度要求不高，只是在数据格式上有较严格的要求，国际上已有统一的标准格式，如 GKS、IGES、CGM 等。

（5）处理：因电气工程 CAD 软件主要与几何图形、拓扑关系、离散数学、计算方法等有关，因此对不同算法或技术要求需用不同的程序库工作。

由上述特点可见，CAD 软件在工程化方面的要求比一般软件还要高，在某些方面的实现比较困难，但只要软件的开发人员和应用人员一开始就严格按照软件工程的要求去做，则软件工程化的目标就一定能实现。

三、电气工程 CAD 软件的开发原则及要求

（一）软件开发原则

电气行业的设计标准和规则，尤其编制规则和电气图形符号，都是电气工程的语言。在专用电气设计软件的开发和应用中需遵循以下的原则：

1. 建立相应的数据库

应建立与电气工程 CAD 配套的设计数据（包括电气简图用图形符号）和文件的数据库，保持文件之间及设备与其文件之间的一致性，数据库应该便于扩展、修改、调用和管理，电气简图用图形符号库中的符号应符合国标规定。

2. 初始输入系统

CAD 初始输入系统应采用公认的标准数据格式和符号集。

3. 选择和应用设计输入终端导则

（1）选用的终端应在符号、字符和所需格式方面支持适用的工业标准。

（2）设计输入系统应支持标准化格式，以便设计数据能在不同的系统间传输。

（3）数据的编排应准许补充和修改，且不涉及大范围的改动。

4. 遵守制图规则

设计文件中必须遵守一致的准则，这些准则包括图纸格式，图号、张次号，图线的形式、宽度和间隔应符合 GB/T 4458.1，电气技术图样和简图中的字体汉字应为长宋字，箭头和指引线，尺寸线终点和起点，视图，比例；简图布局准则包括：信号流方向，符号布局，简图中的图形符号，符号的选择，符号的大小，符号的取向，端子的表示法，引出线的表示法；连接线准则；图框和机壳准则；简化的方法；项目和端子代号；信息的标记和注释。这些规则和准则是电气工程软件设计的根本，违反了这些就失去了软件的灵魂和根本。

（二）软件开发基本要求

1. 硬件支撑环境

首先要确定 CAD 软件将要运行的硬件环境，即软件要求的硬件性能指标，内外存储容量、打印机、绘图仪、图形输入板等设备的使用方式和特点。

2. 软件支撑环境

需要明确以下三点：①使用操作系统如 Windows，UNIX 或其他；②选用的编程语言如 FORTRAN、VB、C、Java 或其他；③采用的图形标准如 GKS，PHIGS，CORE 或其他。这三点对 CAD 软件的编制及以后的维护、移植等阶段的工作影响极大，必须认真选择。

3. 软件性能要求

软件开发时必须按照软件工程的思想，从开发、立项、分析、设计、编程，直到运行维护的全过程都要有正确的决策、合理的组织以及科学的方法。软件开发的基本要求是：

（1）正确性：软件应当满足用户提出的应用要求，实现规划的全部功能，性能优越、结果正确。

（2）可靠性：软件在各种极限情况下多次反复测试不失败，运行出错的概率小于预定目标，运行正常，容错性好。

（3）完整性：软件应提供完整的有效运行程序、文档资料及必要的培训服务。

（4）实用性：软件应具有良好的人机界面，操作简便，有一定的适用范围，能解决实际问题。

（5）可维护性：便于纠正软件错误，扩充系统功能，实现各类维护活动。

（6）简明性：程序简单易读，采用模块化设计，接口简单。

9.2　电气工程 CAD 应用软件的开发方法

一、开发程序设计原则

CAD 系统的设计就是利用软件技术，提出在计算机系统上实现工程设计的方案和手段。设计的成果就是软件，开发 CAD 软件是一项庞大的软件工程。

（一）分阶段设计

CAD 程序系统的研制过程可分为以下几个阶段：

（1）需求分析：分析任务，确定设计系统的功能，并作可行性分析。

（2）总体设计：通过分析和设计，确定系统的结构和数据流程。

（3）详细设计：确定算法，完成模块细节设计，为编写代码作具体准备。

（4）编写代码：用高级语言或汇编语言实现前面各阶段的设计。

（5）程序调试：逐个模块上机运行、调试、修改及统调。

（6）程序系统的运行和维护。

强调编写程序前应做好设计，切忌在没有做好规划和设计的情况下就去编写程序，这样上机调试时其结果往往是故障太多，以致系统长期不能运行。设计工作做得好，后面的工作就能顺利进行，减少返工。据统计，前面三个阶段占 40％的时间，第四阶段编写程序占 20％时间，第五阶段调试占 40％时间。调试阶段发现的错误中，若属编程错误，修改起来较为容易，属于设计上的错误，则要返回到前面几个阶段的工作，设计工作目标之一就是减少这种返回。

（二）减少维护工作量

程序系统初步调试成功后，接着便是运行、维护阶段。此时最多只完成了一半的开发工作量，而修正和维护占据了大量的时间，造成维护工作量大的原因是：

（1）设计考虑欠周密。实际上不可能完全做到没有错误，调试的目的就是帮助发现错误。有的系统运行几年后仍会发现错误。

（2）程序系统结构不好。由于程序段的功能太多，即使是自己编写的程序，过一个阶段后，有时也会变得不熟悉了，修改就困难。此外，各人风格不同，因此修改别人写的程序难度更大。

（3）设计任务的要求有所改变，导致修改程序。程序系统的结构不好，模块化程度低，各程序段互相牵连严重，这种程序修改就十分困难。一处修改常常导致不少新的错误。

（三）提高程序的质量指标

现代计算机的存储量和计算速度已大大提高，长度和运算时间已不是评价程序质量的重要指标。评价程序质量的主要指标是：

（1）正确性：一个能使用的程序首先要运算正确，要保证在各种输入条件下都能正确运行。

（2）结构清晰：是指组成系统的各部分程序关系明确。

（3）程序简单：程序简单就便于阅读，不要为缩短程序而使程序过于复杂。

（4）容易修改和维护：这样可降低调试和维护的代价。

以上几点是各类程序系统共同的目标。此外，不同的任务可能还有自己的标准。在保证上述条件下，才考虑缩短长度，减少运算时间。

二、CAD 系统开发过程

（一）需求分析

本阶段主要明确 CAD 软件开发的要求，包括功能、可靠性等，讨论实现预定要求的可行性，选定软件的开发环境（硬件及软件支撑环境）和运行环境，写出开发技术报告。

（二）总体设计

这一阶段的设计目的是确定整个程序系统的结构及其组成和相互关系，并确定功能块的输入和输出，数据结构和开发语言等，给出总体设计框图。总体设计包含以下部分：①程序系统结构设计；②自顶向下设计法；③确定数据的流通途径。

设计系统的结构图时，还要分析系统运行时数据的流通。设计系统外部数据输入、输出的次序和途径，模块之间的数据传送。当一个系统的数据流通较为复杂时，最好在图上标注出数据的流向。

（三）详细设计

详细设计阶段的任务主要有决定实现模块功能的算法，决定模块的数据结构，精确描述算法。本阶段包含以下步骤：

（1）使问题模型化，即建立计算机模型。

（2）算法设计，画流程图。算法用简单的文字和算术符号来描述，用流程图来表明算法的过程。画流程图时，对计算内容的说明应尽量写得明白易懂，还要编写一个符号名表，定义出使用的全部变量和数组名，采用的符号应与下一步编程中使用的变量、数组名一致。

流程图是编写程序的依据，对程序的结构只使用三种基本逻辑控制结构。每个控制结构只有一个入口，一个出口，它从顶上进入，底部出去。三种基本控制结构如图 9-1 所示。

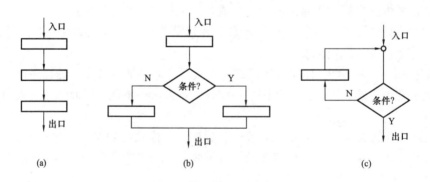

图 9-1　三种基本控制结构

（a）顺序结构；（b）选择结构；（c）循环结构

（1）顺序结构：表示一个任务完成后，接着完成下一个任务。

（2）选择结构：当一个判断为"真"时执行其中一项，判断为"假"时执行另一项。

（3）循环结构：一项任务反复地执行直至一个预规定的条件满足为止。

为实际使用方便，允许使用由基本控制结构组成的扩展控制结构，也可用嵌套方式控制结构，如图 9-2 所示。在编写程序之前，应重视画流程图的工作，先画好系统的总流程图，再详细画各模块的流程图。

（1）数据信息的输入与输出。输入与输出部分的数据有图表和文档，要合理制订出输出的内容和格式。

（2）手册数据、资料的处理。对电气设计中要使用的手册标准数据、技术规范及各种计算用的系数，在编写程序之前要全面收集组织，并确定在程序中的表示方法。

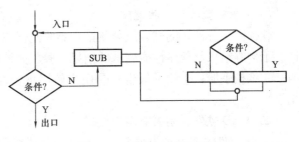

图 9-2　嵌套方式控制结构

（四）代码编写及调试

软件设计的最后一步是通过编码将软件设计的结果转化成计算机可以识别的程序，叫做编码阶段。该阶段的主要任务是将详细设计阶段得到的算法描述转换成某种语言表示的程序，相对而言，工作要比前面几个阶段容易。

（五）软件测试

软件测试指的是软件开发基本完成之后，软件设计者通过一些模拟用户使用的实例来检验软件的质量，包括软件是否能完成预定功能，软件的可移植性，软件处理非法数据的能力，软件处理边值问题的能力，软件的可靠性等。

（六）软件维护

完成软件开发工作，交付用户使用以后，根据用户反馈的信息不断地调整以排除故障，完善性能，软件维护阶段贯穿整个用户使用期。

（七）文档编制

文档编制需要解决如何设计结果文件，如何使这些文件便于阅读、管理和修改等问题。

9.3　CAD 软件的文档组织

一、CAD 的文档规范

在 CAD 软件的研制阶段，整个过程集中体现在文档的编写和程序的编制上。

（一）分析阶段的文档规范

分析阶段的文档应说明任务的目的和目标，所需硬、软件环境及限制、输入/输出信息描述、功能描述、软件采用的操作方式、性能、数据流图及其说明。

（二）总体设计阶段的文档规范

总体设计的文档应说明软件的总体结构和模块之间的关系，定义各功能模块的接口、控制接口，设计全局数据结构，确定本软件与其他软件的接口界面信息。

（三）详细设计阶段的文档规范

该阶段的文档主要描述概要设计中产生的功能模块，设计功能模块的内部细节，主要有细化功能模块、程序模块的描述、过程描述、算法描述、数据结构描述及各程序模块间接口信息的描述。

（四）实现阶段的文档规范

实现阶段的文档将详细设计说明转化为所要用的程序设计语言书写的源程序，并对编好的源程序进行模块测试。

（五）测试验收的文档规范

软件测试分模块测试、组装测试和验收测试三个阶段，测试报告有测试计划、方法、数据、示例等结果及程序性能测试的结果。验收文档的内容包括：①技术说明书；②使用说明书；③维护手册；④测试报告；⑤用户使用报告；⑥源程序清单；⑦源程序介质（磁盘或光盘）。

二、CAD 软件说明书类型与格式

CAD 软件说明书种类很多，常用的有技术说明书、使用说明书和维护手册。

（一）技术说明书

设计技术说明书应包括以下内容：

（1）国内外此类软件的技术现况、水平和发展趋势，用户需求及软件的目标，开发环境所需的硬、软件支持，适用范围。

（2）软件的总体方案、功能指标、设计思想及特点、关键技术、模块层次图。

（3）分层模块结构图，功能说明，输入输出信息及所用的算法。

（4）信息处理和组织方法、数据结构、内部表、堆栈、文件等的组织及处理，数据在模块中的流程，输入数据的组织与输入方式，输出结果。

（5）本软件所依据的主要原理及方法，主要算法介绍及分析。

（6）本软件的外部界面及接口描述（命令调用、交互菜单、子程序等）。

（7）程序规模及性能（内存开销、程序条数、子程序个数、运行时间等）。

（8）本软件使用的限制、克服方法及改进。

（9）主要参考文献。

（二）使用说明书（用户手册）

每个软件必须有使用说明书，使用说明书应包括如下主要内容：

（1）可用文档。提供可用文档的完整目录，包括文档控制号和发布日期。

（2）功能综述及本软件的运行环境。

（3）上机前的准备。数据的准备与数据的输入/输出信息格式及示例，上机操作说明，操作步骤，命令菜单及子程序包的功能，使用方法的详细说明及使用示例。

（4）数据文件和数据描述，包括数据文件的内容、类型、组织、大小、提示、可存取性及用途的描述，文件创建、更新、保护和保存的方法，文件间相互关系的描述。

（5）与其他模块的接口和功能扩充，软件提示信息说明，出错信息及错误信息分析。

（6）至少有五个以上的完整的使用示例，这些示例应包括本软件的各种主要功能。

（三）维护手册

每个软件必须有维护手册，维护手册应包括软件的安装和软件的维护等。

9.4 电气工程 CAD 软件开发步骤

电气工程设计包含的内容很多，但归纳起来，都可综合成以下 CAD 任务：

（1）电气工程数据库系统的创建与管理。

（2）电气设计的方案确定及相关计算分析。

（3）电气图形的绘制及文档管理。

（4）图示化人机交互界面设计。

软件开发中，对不同的环境条件可选择不同的开发类型。本节介绍电气工程 CAD 软件的分类开发，总体目标和结构框图及其实施步骤。

一、软件的分类开发

电气工程 CAD 软件按开发可分为三类：

（1）开发专用独立的应用程序。用独立的应用程序去完成某一阶段或某一子阶段的具体工作，是 CAD 软件开发初级阶段常见的方式。电气工程中，典型的例子如电网潮流计算程序，短路电流计算程序等。

（2）阶段设计系统。某一阶段的任务由程序自动完成，这类设计系统优点是简化数据输入，提高自动化程度，提高功效。

（3）综合设计系统。从方案确定、数据输入到全过程完成，结果输出，由计算机连续作业，在人工参与下进行。这是 CAD 软件技术的发展方向，其最大的优点是自动化程度高、效益高、智能化。

二、软件系统总体目标和结构框图

通用的电气工程 CAD 软件系统所要达到的目标是：根据用户的需求，遵照国家及行业规范、标准，利用计算机技术辅助人工完成工程的电气设计。一种以几何设计工具为内核的集成开发结构和开放资源框架的体系结构可用于电气工程 CAD 系统，分别如图 9-3 和图 9-4 所示。

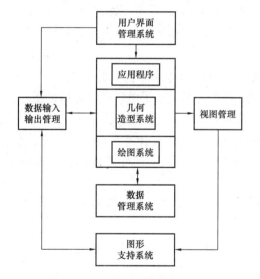

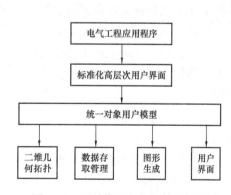

图 9-3　几何设计工具为内核的集成开发结构　　　　图 9-4　开放资源框架的体系结构

根据设计要求和已知的原始数据，调用有关分析计算模块设计计算，用数据库查询有关参数，得到满意的结果后送入高级语言编制的参数绘图系统中，就得到 CAD 可以识别的图形文件，再送入 CAD 图形编辑系统中处理得到图形，存入图形库。设计过程中需要保留待用的数据，也可及时送数据库存储。

三、实施步骤

传统的工程设计实施步骤是：原始资料→人工方案比较→手工绘图→审描→晒蓝图→文档编制。

　　早期的 CAD 应用以绘图为主，是 CAD 初级阶段，仅图形处理与传统方式不同。现有的电气 CAD 多是以 AutoCAD 为基础二次开发而成，由于 AutoCAD 是一个单纯的绘图软件，与设计计算分析软件在不同操作平台进行，两者通过文件或数据库交换数据。

　　下面以企业供电工程 CAD 为例说明电气 CAD 系统实施步骤。

　　（一）选择和构建工程数据库

　　独立的电气工程 CAD 系统，可选用通用形数据库，如 Access 等。若系统较大或远程联网传输数据，采用 SQL 较优越，供设备选择、安装、计算与绘图之用。需存储、交换的数据库类型有：各电气设备及电气网路的原始数据及规范标准等公用数据库，描述规则、方法与模型的知识库，生成各类电气图形的图元库、图块库、标准模版库，设计中间成果数据库及最终结果文档、报表数据库等。数据库应支持设计计算程序包和绘图程序包。

　　（二）工程计算数学模型及程序模块设计

　　计算分析工具软件可选用一种通用高级语言，考虑到绘图及网络操作，可选用内嵌 JET 数据引擎的 Visual Basic 可视化语言。

　　电气一次的各项计算分析工作如负荷计算、设备选校、保护整定、确定一次接线方案、导线选择、防雷与接地设计等均有成熟的算法，可分类形成独立的程序模块，供计算模块调用。计算结果传送给数据库和绘图程序。

　　（三）绘图软件的选用与开发

　　（1）选用高级可视化语言或现有通用绘图软件 AutoCAD、Visio 二次开发出电气绘图用图素库，包含电气元器件、开关、电机、电器、线路、集成模块等基本元素，并建立图元对象与属性数据库间的链接关系。

　　需要说明的是，AutoCAD 因缺少相应高级语言的图形对象事件，故不能在 AutoCAD 图形实体上用鼠标操作图元而激发运行分析软件的行为，满足不了电气软件系统的图形化操作。内嵌于 AutoCAD 中的 VBA 具有图形对象事件响应功能，但受制于 AutoCAD 的环境，功能有限。利用 Visio 进行电气工程应用软件的开发技术，具有开发平台高、开发代价小、开发周期短以及开发功能强大的特点，为图形化电气工程 CAD 软件开发提供了新的有效途径。

　　（2）在图素库基础上建立支路库、功能电路图块库和文档库，供绘图调用、编辑和查阅。

　　（3）由设计计算程序及数据库提供的数据，用交互方法绘制接线图、布置图等。

　　（四）文档提供

综合统计设备、材料，预算制表，编写说明书及相关文档。

9.5　电气工程 CAD 开发方案实践

本节简要介绍几个在实际中得到应用的电气工程 CAD 系统的实现方案。

一、机床电气控制系统 CAD

本小节介绍组合机床电气控制系统 CAD，本软件可以很方便地用于组合机床及自动化生产线电气控制系统的设计中。系统建模原理详见 8.3 节。

（一）系统的总体结构和功能特点

机床电气设计包括电路图、接线图、安装图、接线盒和电柜（包含按钮站）等部分。电气控制系统主回路 CAD 含设计及绘图软件包，适用于一般正转电机、一般正反转电机、带制动器正反转电机、双速或三速电机、主轴定位和带电脑监控器等多种形式的主回路的设计。本软件包由数据库、图形库和模块程序三部分组成，软件遵循软件工程的方法进行开发，采用模块化结构，输入很少的数据，就能自动地绘出主回路的电气控制系统图，并包括元件型号、规格等选择，软件易于使用和维护，具有较好的实用性。机床电气控制 CAD 系统的总体菜单结构如图 9-5 所示。

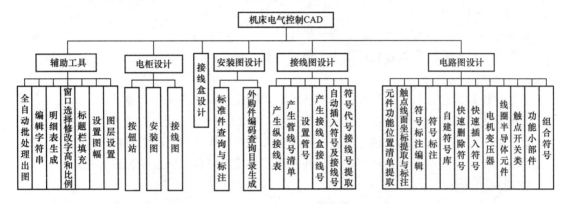

图 9-5　机床电气控制 CAD 系统的总体菜单结构

数据库是各种常用电机及配套元件专用数据库，其中汇总了 300 多种常用电机及其额定功率、额定电流、同步转速及相配套的正反转接触器、自动开关、导线及管接头数据等，本数据库由 27 个数据文件组成。

图形库中包括了绘制电控系统主回路所需的各种图形，其中包括以下几类主要图形：自动开关类图形、接触器类图形、电脑监控器类图形、电机类图形、框架类图形（指包括主回路中各段用途、顺序号、导线等图形元素的图形）等。

（二）系统主要功能模块

该系统包括六大功能模块，每一模块又包含若干子菜单，各模块选项的功能如下：

（1）电路图设计模块：采用每次输入一段回路再插入元件的方法，线段自动断开，元件方向及位置随电路走向自动调整。文字标注采用顺序编号法，由符号标注程序完成。线圈及触点对应坐标位置的标注是在电路图全部绘完后，由程序自动提取并进行，同时亦可从电路图提取元件功能位置清单。用户可以通过自建符号库功能，建立和管理自己在设计过程中常用的符号功能块。对常用的典型结构开发了功能小部件，可直接进行调用。另外，用此模块建立了包含继电器控制和 PLC 控制的典型电路图库。用户通过输入简单的几个参数，即可调出所需要的电路图。

（2）接线图设计模块：通过符号代号和接线号全自动提取程序，由程序代替人工自动搜索每张电路图内的符号代号和接线号，再经过程序对提取出的信息进行处理，如接线号自动合并排序等，即产生接线图。

（3）安装图设计模块：通过此模块可以对标准件和外购件进行查询、标注和目录生成。

（4）接线盒设计模块：从对话框列表栏内选择接线盒尺寸，并输入各面安装管接头型号及规格，则接线盒安装图及开孔图即可参数化生成。

（5）电柜设计模块：直接从图形菜单内调用所需要的模块，很容易生成电柜接线图、安装图和按钮站安装图。

（6）辅助工具模块：主要辅助上述各模块，使作图效率更快、更方便，如全自动批处理出图功能，比手工出图效率提高至少10倍以上。

系统的程序设计主要采用了 ADS（Autocad Development System）、Auto LISP 等，其支撑平台选用 AutoCAD。

（三）采用的关键技术

1. 全自动处理技术

该系统全自动批处理实现触点、线圈坐标位置标注，全自动批处理出图，线号全自动提取，多图形文件全自动批处理打印等手工难以做到的事情。

2. 自动参数化技术

参数化设计既包含尺寸各异又包含形状各异，既包括安装图又包括零件图，既是局部参数化，又是整体参数化。随着接线盒规格的不同，手工设计时要反复查阅手册，对相邻两管接头之间的距离要通过计算来进行判断。参数输入用户只用从对话框选择接线盒尺寸，输入各面管接头型号及规格，再选择安装图或开孔图，系统就可自动完成全部设计任务。

3. 数据交换技术

CAD 过程中的数据组成单独的数据库，独立进行管理，AutoCAD 提供了与数据库的接口，应用程序都可借助数据库实现数据交换，程序与数据相对独立，减小了各程序模块间的相互依赖，且提高了管理效率。该系统在开发过程中，除涉及设计手册和各种标准中五花八门的数据表和图表外，还涉及标准件库和外购件库，利用上述技术将它们表示成显示插图的数据表格或单独建库。

（四）图形绘制

1. 原理图绘制

将常用的电器元器件图形符号、框图图形符号等制作成子图，纳入 AutoCAD 菜单中，可用鼠标单击需要的电器元器件图形符号，快速绘出原理图。

2. 电柜内元器件位置图绘制

电柜内元器件位置图是电控系统设计中所提供的图纸之一，它是根据"电控系统原理图"将各个控制元器件布置在电柜中的图纸。软件将组合所常用的电柜系列分别制作成子图，用以作为绘制电柜的基础。考虑到现在各种电器元器件变化较大，各种新产品不断涌现，对每个元件的长宽尺寸，抽出其共性，统一绘制1∶1的子图，绘制出每种电器元器件的有效尺寸，可以大大降低子图的数量，省去绘制子图的繁杂，而且为增加新的电器元器件提供了方便，生成的图形也易于修改。

软件具有适用范围广、操作方便、自动化程度高、生成图形后易修改等特点，适用于单机和自动线，板前、板后走线，采用人机对话的方式输入，操作方便。

3. 机床接线互连图绘制

把典型机床部件、操纵台面板图等做成子图，在 AutoCAD 绘图软件支持下，可以快速绘出机床接线互连图。

二、高层建筑电气 CAD

这是一套新的具有一定智能化和批处理功能的建筑 CAD 软件包。

（一）功能模块

本系统包括八大功能模块，分别是文件管理、图库管理、系统图设计、原理图设计、图块功能、导线功能、文字功能和表格设计。每个功能模块又包括若干子功能，这些模块几乎囊括所有的建筑电气设计的主要方面：平面图设计、系统图设计、二次接线图设计、标注、设备统计、线型设置、负荷表计算等。高层建筑配电照明 CAD 系统总体框图如图 9-6 所示。

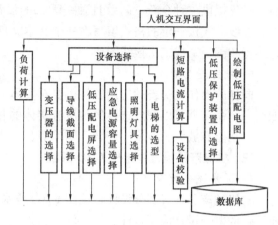

图 9-6　高层建筑配电照明 CAD 系统总体框图

（二）开发工具

系统利用 Auto LISP 程序设计语言对 AutoCAD 二次开发，建立自己的命令，并重新定义其他的命令。Auto LISP 可以使开发者以极强功能的高级语言编写出适用于图形应用的宏程序和函数，开发出适用于电气工程专业特点的 CAD 应用软件。

（三）图形库的建立

图形库是各专业软件基础、核心的部分，关系到整个软件的功能和使用效率。软件在图形库方面具有以下特点：

（1）所有元件设备均建于 0 层，这是 AutoCAD 分层设计的优点，用户调用时能改变图块的图层，根据设计内容把元件放在不同的图层，以便对元件选择、管理和操作。

（2）所有元件和设备的尺寸严格按照模数制作，设计时以搭积木的方式自动搭建成新的元件或设备。

（3）一次可以调用多个不同的元件和设备，程序把用户选中的元件和设备保存在临时的表中，再以一定的方式把元件或设备调出。

（四）典型特性

1. 全局或局部过滤器功能

所谓过滤器的功能就是在选择集里再进行选择具有相同属性的实体，重新组成一个新的选择集的功能。相同属性的实体有相同块名的图块、相同颜色的连线或相同高度的标注等。建筑电气的平面图内容繁多、图面复杂，每张平面图通常包括照明、动力、有线电视、电话、综合部线、消防报警、广播等系统；每个系统又包括设备布置、连线、标注等内容，只要选择要替换的区域（可以包括其他的实体），单击一下双管荧光灯，替换工作一次完成。"全局或局部过滤器"是透明的调用，可以嵌套在需要实体选择的任何函数和操作中。

2. 自动连线功能

选取相同回路的灯具和配电箱，程序自动把配电箱回路与离它最近的灯具进行连线。

3. 自动打断交线功能

建筑电气平面图中各系统的连线经常会出现交叉，形成交点的情况。按照要求，互相交叉的两条连线在图面上不能形成实的交点，其中的一条必须打断。通常的做法是，用户自己寻找交点，再把其中的一条连线用 break 命令手工打断。软件提供自动寻找选择集中的所有的连线的交点，把相交的其中一条连线打断。

4. 连线自动标注功能

平面图中各系统的连线必须在线上进行标注。

5. 根据文本文件生成二次接线图

软件提供一种全新、高效且独一无二的设计方式。只要把元件的名称、相对位置、标注、连线方式按一定的格式填写在一个文本文件中，程序读取文本文件，把文件中的设计信息逐行"翻译"成二次接线图。

6. 批处理功能

同样的操作，传统的应用软件也要对实体一个个进行相同的处理，效率低下。批处理功能用一个命令就可以完成选择集内所有实体的相同操作，可以进行批处理的对象包括线条、文字，功能有放大、替换、旋转、删除等。

三、机械产品设计中电气 CAD 系统

(一)系统分析

对机械产品电气部分设计，采用 CAD 技术是必然趋势，必须有通过二次开发形成的专业性强的电气设计应用软件。

1. 机械产品电气设计的特点

机械产品的电气化历史悠久，从常规电气设计发展到与应用现代电子技术、计算机技术互相结合，目前向机电一体化发展，电气设计的工作量与复杂程度也在不断增加。此外，由于电气元器件在国际、国内标准化程度均较高，电气设计方式以元器件组合达到系统的功能、性能为主。

2. 机械产品电气设计存在的问题

重复劳动量大：设计方式以组合元器件为主，标准化程度较高，所以设计工作中重复劳动量大。

设计周期增长：机械产品电气设计随复杂程度不断增加而增加，设计周期增长。

设计自由度大，不规范：电气元器件品种规格非常多，更新换代快，自由度大，影响产品功能、性能、结构的标准化和电气元器件采购、产品成本与交货期。

传统机械产品设计中电气设计方式、方法已无法适应现代市场经济快变、多变的需求。

(二)电气 CAD 系统

1. 目标与范围

电气 CAD 系统的目标是保质保量并高效完成电路图、接线图、安装图、接线盒和电柜以及按钮站的设计，实现相互联系及电气功能要求，缩短设计周期，减少人工劳动。

2. 采用的设计方式

首先，根据机械产品设计中电气设计的特点及存在的问题，必须采用检索式设计方式，以解决电气设计中设计自由度大、设计不规范问题，使电气元器件选用标准化，电气功能、性能规范化。将传统机械产品电气设计中积累的资料整理、归纳成由元器件组合为一定功能的常用组件，建立通用组件或小部件图形库、数据库，创造条件开展模块化设计和采用参数化设计方法。

在检索式设计的基础上，归纳设计经验形成设计规则，与已有的各种数据库、图形库结

合，建立专家系统。

3. 电气 CAD 系统的功能设计

系统实现信息共享并达到要求的目标，必须有以下功能：

(1) 建立统一电气设计图面、图幅、元件标注、标题栏格式。

(2) 建立共享数据库、图形库，包括按国家标准 GB 4728 与行业、企业标准相结合的电气图形符号库。

(3) 提供用户建立、扩充图形符号库的功能。

(4) 提供对系统内图形符号库的快速、简便、灵活检索功能，包括查询、调用、插入、删除等。

(5) 分别提供标注图形符号与标注文字的功能，标注图形符号时能自动识别不同元件图形符号，并提取相应的标注内容，为生成接线图做好准备。

(6) 能自动确定在图纸上触点和线圈的相对应坐标位置，减少人工查找劳动，提高工作效率，避免人工查找容易发生的错误。

(7) 能调用机械 CAD 完成的图形，完成电气安装图的设计。

(8) 能读取电路图中信息，半自动生成接线图。

(9) 能读取标准件、外购件库，对安装图进行标注并生成标准件、外购件明细表或标准件、外购件清单。

(10) 接线盒的设计应用参数化设计方法，接线盒形状比较规范，尺寸规格参数可以系列化，采用参数化设计方法效果最佳。

(11) 电柜、按钮站的设计应用模块化设计方法。电柜、按钮站的功能与形状相似性很高，设计工作重复工作量大，应用模块化设计方法效果最佳。图 9-7 是电气 CAD 系统的总体功能结构图。

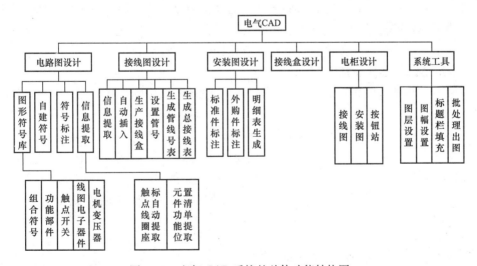

图 9-7　电气 CAD 系统的总体功能结构图

4. 电气 CAD 系统数据库、图形库设计

(1) 图形库结构。图形库是该系统重要基础，建立图形库需要收集大量的资料，并进行分析、整理，根据图形特征、用途来分类，对经常出现的图形组合，还可建立功能小部件图

形库。为了用户使用方便，不但各图形库是开放的，而且专门设立了用户自建图形库。其结构如图9-8所示。

图9-8　图形符号库结构

（2）图形库内容。图形库内容包括开关符号、组合符号、功能小部件、电机、变压器、特殊符号、常用文字、术语库等。

5. 数据库的建立与检索

为了方便检索，数据库按外购件分类建立。

9.6　设计采用的关键技术

一、与先进的设计方法相结合

电气CAD系统设计充分采用先进的设计方法，为了发挥CAD技术的作用，对电气设计进行系统分析后，得出的电气设计中元器件的标准化程度很高，设计过程基本上是元器件功能与结构的组合，其中部分可形成模块化设计，如电柜、按钮站，有不少小的功能部件可以作为通用部、组件，还有一些零部件已形成系列化设计，可以采用参数化设计方法。为此系统设计中首先决定大量采用检索式CAD，将设计过程中可能用到的元器件建立数据库，对元器件的符号、代号、接线号建立图形库，对经常使用的符号组合、小功能部件、模块化部件建立图形库，并对其中系列化部分可建立参数化图库，这样把CAD技术与先进的设计方法有机地结合起来，形成一个现代化、数字化的电气设计平台。

二、采用全自动批处理技术

一台机器尤其是功能完备的装备，一般其电气设计图纸少则几张多则几十张，而程序一般只能在一个图形过程中执行，但是电气设计几十张图都相互联系，要想全部提取每张图纸的信息，如果依靠人工逐张打开，执行提取程序，既繁琐又费时，工作效率低，为此采用批处理技术功能，通过编辑菜单在程序后面加上由该程序产生的SCR（SCR文件是AutoCAD的命令文件，可通过AutoCAD的Script命令调用）文件名，再点菜单，程序即能自动执行。由于SCR文件相当于批处理文件，整个过程不需人工参与，这是处理大批量图纸的有效方法。

三、采用参数化技术

一般机器上接线盒外形已形成系列化，但各面安装的管接头有多种规格，对应的开孔尺寸也不一致，而且不同接线盒的内置导轨不同，相应的接线端子也不一样，在一般交互式设计时，往往要反复多次查阅手册进行计算、判断。为了使这一设计过程自动化，在程序设计时把所有参数以结构数组或以子程序方式嵌入程序中，这样设计时只需从对话框中选择接线盒尺寸，输入各面安装的管接头型号及规格，再选择安装图或开孔图，系统就可自动完成全部设计任务。在设计过程中对一些关键尺寸具有智能判断能力，及时作出判断以防止不良设计。

四、采用数据库技术

数据、图形是 CAD 应用系统的重要组成部分，在实施 PDM 前，把数据与图形从 CAD 程序中独立出来，建立单独的数据库，进行独立管理。目前大多数的 CAD 软件都提供了与数据库的接口 ODBC，这样不同的程序都可与数据库交换信息，实现数据共享。数据与程序的分离，减少了各程序模块的依赖性，方便了程序的修改与扩充，而且提高了管理效率，为应用先进的设计方法（系列化、通用化、模块化等）和标准化技术提供了条件。

五、采用可视化与智能化技术

可视化是电气系统分析、仿真发展的必然趋势。随着数据库技术的发展，数据的组织和管理更加有序、方便。同时，将人工智能技术应用到电气设计中，模拟人类专家的决策过程来解决设计中的复杂问题，为电气应用软件的可视化、智能化，设计、图形、分析计算与数据处理的一体化提供了理论基础和技术支持。因此，运用先进的面向对象、人工智能、计算机图形处理以及数据库技术等，开发面向工程实际的较完整的智能 CAD 系统，对于促进电气工程 CAD 技术向高层次的集成化、智能化、标准化和网络化方向发展具有重要的理论意义和现实意义。

第 2 篇　应　用　篇

第 10 章　智能集成图形化供配电 CAD 系统

智能集成 CAD 是基于电气工程设计模型，实现方案形成、分析计算、设备选择校验、仿真、绘图制表、文档生成于一体的 CAD 系统，是电气工程 CAD 技术的发展方向。

本章将简要介绍一个基于面向对象技术、图形处理技术、人工智能技术以及数据库技术的较完整的供配电一、二次 CAD 实现方案，供读者参考。

10.1　供配电 CAD 系统功能特点和总体结构

一、供配电 CAD 系统工作原理概述

供配电 CAD 系统采用面向对象技术和图形化技术建立融合知识和专家系统的智能模型，解决图元实体对象与后台数据的关联及电气工程图形的构建技术问题，开发了与数据库链接的高级电气工程图形编辑系统及供配电工程图形生成系统。创建了集分析计算与方案设计、绘图、数据处理一体化的供配电 CAD 集成系统的结构框架，为电气工程 CAD 的推广应用打下基础。

二、主要功能特点

（1）集成 CAD 功能：对给定原始条件的供配电系统变配电所等电气工程完成一、二次系统网络拓扑描述、实现方案设计优选、负荷计算、无功优化补偿、短路计算及主要设备选型、投资概算及绘图制表等全面功能。

一次部分功能包括原始数据输入处理、多方案技术经济比较、设备选择、图形自动生成、自动调用 Excel 生成"电压等级比较明细表"、"负荷计算结果表"、"电气设备选择明细表"和"短路计算数据表"等设计文档。

二次部分功能包括数据图形输入、二次回路方案设计、控制、保护、信号、测量、自动装置、操作电源、所用电源等。

（2）自动组图功能：在电气元件图元与其属性参数的数据组织及动态联动基础上，实现一、二次设计图形及设备清单 Word 文档的自动生成。

（3）智能设计功能：通过人机交互的图形化技术，在专家系统知识库、规则库支持下，实现供配电一、二次 CAD 系统的一体化同平台操作。

（4）图形、文档、报表的交互生成和输出功能。

三、供配电 CAD 系统总体结构

系统主要由人机交互界面、数据库和智能模型构建、方案设计分析程序库、专家系统知识规则库及图形库等组成，集设计、数据处理、图形生成、设备选型于一体，供配电一、二次 CAD 系统总体结构框图分别如图 10-1 及图 10-2 所示。

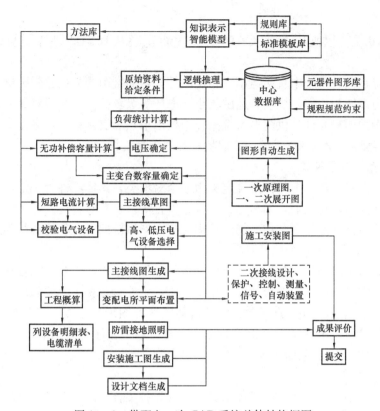

图 10-1　供配电一次 CAD 系统总体结构框图

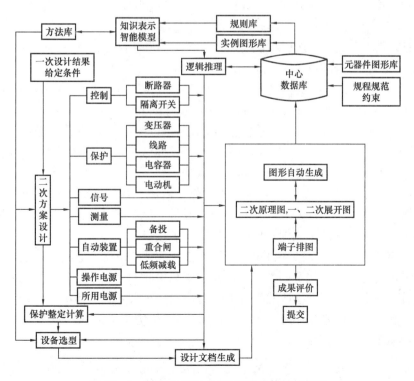

图 10-2　供配电二次 CAD 系统总体结构框图

10.2　供配电一次 CAD 系统智能建模及知识规则库设计

供配电系统是电力系统中直接与用户相连的部分，通常由变电站、供配电线路及用电设备组成。与电力系统相比较，规模和范围较小、电压等级较低、接线相对简单，但几乎包含了大电力系统中的所有元件。供配电系统拓扑结构由节点和支路描述，参见第 8 章。

一、集成供配电一次 CAD 系统智能建模及类对象属性描述

（一）一次元件对象模型

系统采用面向对象技术把每种元件定义为一个对象类，具体元件为一个对象实例。每种元件都具有自己的属性和数据，如名称、型号、位置等，也具有自己的各种行为方法，如绘制、删除等，使数据和操作封装在一起，从而实现图形系统的各种功能和行为。

（二）一次电气元件对象知识库建立

供配电系统对象库中的类分为四类：第一类是电气元件库，主要封装各种电气元件的数据及方法；第二类是与计算、选型及设计相关的库，主要封装相关元件的规则条文及推理知识；第三类是与数据输出相关的库类，主要封装了各种图纸的生成及设计文档和报表的生成；第四类是与其他应用程序交互相关的类，主要封装了程序与数据库、AutoCAD 及 Excel 的连接。下面以面向对象语言 VB. NET 实现为例进行说明。

1. 电气元件类库

电气元件类库中的类主要由电气设备类、电气设备集合类、节点类及支路类组成。

电气设备类包括电源类、变压器类、线路类、断路器类、母线类等。这些类具有相同的特点，即类的数据成员主要是由该电气设备的技术参数组成，而类的方法主要就是保存与删除。

（1）下面以隔离开关类为例详细说明电气设备类的设计情况：

1）隔离开关类的类名为：CIsolator。

2）隔离开关类的数据成员：型号 m_style（string）、额定电压 m_ratedvoltage（integer）、额定电流 m_ratedcurrent（integer）、峰值电流 m_maxcurrent（integer）、峰值电流有效值 m_maxcurrenteff（integer）、热稳定电流 m_hcurrent（integer）、操作机构型号 m_opeqstyle（string）。所有的数据成员均设为私有型，即这些数据只对类内部可见，而在类的外部只有通过该类公开的属性才可以访问这些数据。

3）隔离开关类的属性：型号、额定电压、额定电流、峰值电流、峰值电流有效值、热稳定电流、操作机构型号。这些属性与私有数据成员一一对应并均公开为只读属性，实现了数据成员的封装，又为程序中其他对象的使用提供了接口。

4）隔离开关类的方法：与类相关的一系列函数（过程）。首先是类的构造函数，运用函数重载的技术，设计了三个构造函数，一个构造函数接收七个参数，分别对应了该类的七个私有数据成员；一个构造函数接收三个参数，分别对应了型号、额定电压和额定电流三个私有数据成员；另外一个构造函数不接收任何参数。三个构造函数的函数头如下（在 vb. net 中构造函数用 sub new 来表示）：

```
Sub new(style as string,rv as single,rr as single,mc as single,mce as single,hc as single,
oes as string)
```

```
Sub new(style as string,rv as single,rr as single)
Sub new()
```

其次是 savetodatabase 方法，作用是将该类的一个实例保存到数据库中去。该方法接收一个数据库对象（也是一个自定义对象，主要封装与数据库相关的操作）和一个数据表名参数；该方法的返回值为一个布尔型，返回 0（false）表示保存成功，返回非 0（true）表示保存失败。其函数头如下：

```
Function SaveToDatabase(databa as Cdatabase,table as string)As Boolean
```

然后是 deletefromdatabase 方法，作用是将该类的一个实例从数据库中删除。该方法接收一个数据库对象和一个数据表名参数（字符串类型，用来指定该对象存放的数据表）；该方法的返回值为一个布尔型，返回 0（false）表示删除成功，返回非 0（true）表示删除失败。其函数头如下：

```
Function DeleteFromDatabase(databa as Cdatabase,table as string)As Boolean
```

上述就是对隔离开关类的建立，其他电气设备类的建立过程与此相同，只是具体的数据成员和需要公开的属性不同。

（2）电气设备集合类是一个集合类，主要用于保存各种不同的电气设备，以便程序以后的计算和绘图。电气设备集合类的建立很简单，可直接利用 .net 提供的集合类 ArrayList（），具体建立过程如下：

1）电气设备集合类类名：CDeviceCollection。

2）电气设备集合类的数据成员：.net 集合类实例 m_list（ArrayList（））。

3）电气设备集合类的方法：构造函数 sub new（），该函数接收一个参数，即一个 .net 集合类。其函数头如下：

```
Sub new(list as ArrayList())
```

Add 方法。该方法的作用是向该集合类实例中添加一个电气设备类的实例。该方法的实现可直接调用 ArrayList（）的 Add 方法，接收一个电气设备对象类具体实例作为参数。

Delete 方法。该方法的作用是从电气设备集合类实例中删除一个指定的电气设备，也可直接调用 ArrayList（）的 Delete 方法来实现，接收一个整型参数来指定需要删除的电气设备的索引。

Find 方法。该方法的作用是从电气设备集合类中返回一个指定索引的电气设备对象，接收一个整型参数来指定需要返回的电气设备的索引。

上述三个方法的函数头分别如下：

```
Sub Add(d as Object)
Sub Delete(index as Integer)
Function Find(index as Integer)As Object
```

（3）节点类用来封装节点相关的数据和方法。其具体建立过程如下：

1）节点类类名：CNode。

2）节点类数据成员：节点名称 m_Name（string）、节点类型 m_Style（integer）、节点

号 m_ID（integer）、节点额定电压 m_ratedvoltege（single），所有的数据成员均设为私有型。

3）节点类属性：与数据成员一一对应，这些属性均公开为只读属性。

4）节点类方法：构造函数 sub new（），为该类重载了两个构造函数。其函数头如下：

```
Sub new(name as string,style as integer,id as integer,rv as single)
Sub new()
```

SaveToDatabase 方法和 DeleteFromDatabase 方法，与隔离开关类相应方法的实现类似，不再赘述。

（4）支路类用来封装与支路相关的数据和方法，电气图的一条支路由两个端点和若干个电气设备元器件组成，因此支路类可利用以上建立的电气设备集合类和节点类来建立。

上述类库建成以后，在系统主程序中就可以像使用普通的数据对象一样来使用这些自定义的对象了。例如：申明一个节点对象可以用以下语句实现：

```
Dim mynode as CNode
```

实例化该节点可以用 mynode＝new CNode（"a"，1，1，35）语句来实现，表示该节点名称为 "a"，类型是 1，节点号是 1，额定电压是 35kV。

2. 与计算、选型及设计相关的类库

这一类类库与上面所介绍的库类不同，它不是封装一个具体的事物，而是封装了程序中的计算、分析和选型的过程，以及主程序的编写。下面以单个负荷类和负荷统计类的建立为例进行说明。

（1）单个负荷类主要封装了单个负荷的信息和相关的方法，其建立如下：

1）单个负荷类类名：Csinglecharge。

2）单个负荷类的数据成员：负荷名称 m_ChargeName As String、负荷类型 m_Style As Integer、需要系数 m_Kx As Single、有功同时系数 m_Kp As Single、无功同时系数 m_Kq As Single、有功功率 m_Pc As Single、无功功率 m_Qc As Single、变电站至负荷的距离 m_L2 As Single、功率因数 m_cos As Single、容量 m_Sc As Single。上述数据成员中，前八项需要在实例化该对象时初始化，而功率因数 m_cos 和容量 m_Sc 可以通过其他的数据成员计算得到，而以属性的形式向其他对象公开。

3）单个负荷类的属性：功率因数 cosi 和容量 Sc，这两个属性的实现代码如下：

```
Public ReadOnly Property cosi()'返回功率因数
    Get
        m_cos=m_Pc/System.Math.Sqrt(m_Pc*m_Pc+m_Qc*m_Qc)
        Return m_cos
    End Get
End Property
Public ReadOnly Property Sc()'返回容量
    Get
        m_Sc= System.Math.Sqrt(m_Pc*m_Pc+m_Qc*m_Qc)
        Return m_Sc
    End Get
```

End Property

4）单个负荷类的方法：构造函数 sub new（）运用函数重载技术，为单个负荷类设计了三个构造函数，一个构造函数接收八个参数，分别对应了该类的八个私有数据成员；一个构造函数接收 1 个参数，一个单个负荷对象实例；另外一个构造函数不接收任何参数，三个构造函数的函数头如下（在 vb. net 中构造函数是用 sub new 来表示的）：

```
Public Sub New(ByVal chargename As String,ByVal Style As Integer,ByVal Kx As Single,ByVal
Kp As Single,ByVal Kq As Single,ByVal Pc As Single,ByVal Qc As Single,ByVal L As Single)
Public Sub New(ByVal c As Csinglecharge)
Public Sub New()
```

savetodatabase 方法的作用是将该类的一个实例保存到数据库中去。该方法接收一个数据库对象（也是一个自定义对象，主要封装与数据库相关的操作）和一个数据表名参数（字符串类型，用来指定该对象存放的目的地）；该方法的返回值为一个布尔型，返回 0（false）表示保存成功，返回非 0（true）表示保存失败。其函数头如下：

```
Function SaveToDatabase(databa as Cdatabase,table as string)As Boolean
```

单个负荷类建立完成后，可以用以下语句创建一个单个负荷类的实例：

```
Dim c as new Csinglecharge(……)
```

可以用 c. cosi 返回该实例的功率因数，用 c. Sc 来返回该实例的容量。

（2）负荷统计类封装了与一系列单个负荷相关的数据和方法。其建立过程如下：

1）负荷统计类类名：Ccharges。

2）负荷统计类数据成员：单个负荷对象数组 m_singlecharge As CSingleCharge（）、负荷个数统计 m_Number As Integer、有功功率统计 m_tp As single、无功功率统计 m_tq As single、功率因数统计 m_cos As single。

3）负荷统计类属性：负荷个数、有功功率统计、无功功率统计、功率因数统计。除了负荷个数属性以外的属性值都是根据相应的规则和对象的原始数据计算得到。

4）负荷统计类方法：构造函数 sub new（）运用函数重载的技术，为负荷统计类设计了两个构造函数，一个构造函数接收 1 个参数，对应了该类的私有数据成员 m_Number；一个构造函数不接收任何参数。两个构造函数的函数头如下：

```
Public Sub New(ByVal number As Integer)
Public Sub New()
```

Add 方法。该方法的用途是将某个单个负荷实例添加到一个负荷统计实例中去，该方法接受一个参数——单个负荷对象，返回值为一个布尔型。其函数头如下：

```
Public Function Add(ByVal c As CSingleCharge)As Boolean
```

3. 与数据输出相关的库类

该库类主要封装了图纸及报表生成的数据和方法，主要包括主接线图类、平面布置图类和报表类。下面以主接线图类为例进行说明。

1）主接线图类类名：Cmainconnection。

2）主接线图类数据成员：电源类型、电源回路数、旁路支路数、主变压器台数、每层图块数、图块名称存放地址、负荷个数、母线类型、母线是否分段、连接形式、每层节点数等主接线图的信息。

3）主接线图类的方法：构造函数 sub new（ ）。其函数头如下：

```
Public Sub New(PowerStyle As Integer,PowerLoop As Integer,Standby As Integer,NumZB As Integer,NumBlock_Layer()As Integer,NameBlock()As String,NumCharge As Integer,LineStyle As Integer,IfCut()As Boolean,ConnectionStyle As Integer,Node()As Integer,NumSpurTrack As Integer,SpurTrackStyle As Integer)
```

4）最重要的就是用 draw 方法生成主接线图，该方法需要传入一个 AutoCAD 对象实例，根据主接线的生成规则自动调用 AutoCAD，生成相应的主接线图。该函数函数头如下：

```
Public Sub Draw(cad as acadapplication)
```

4. 与其他应用程序交互相关的库类

这一类型的类，主要负责程序与其他应用程序的交互，即如何连接到其他的应用程序，由于 VB. NET 可以方便的使用 automation 技术、ActiveX 技术以 ADO. net 技术，因此调用其他的应用程序十分便捷。

要连接 AutoCAD 应用程序以及使用其现成的对象，必须先创建一个 AutoCAD 应用程序对象，其他的 AutoCAD 对象都是该对象的子对象，可以从它派生出来，因此使用 AutoCAD 应用程序的第一步就是创建 AutoCAD 应用程序对象：

```
Public AcadApp As AcadApplication
AcadApp=GetObject("AutoCAD.Application")
```

然后可以从 AcadApp 派生各种需要的 autocad 应用程序子对象：

```
Public WithEvents MyDoc As AcadDocument
MyDoc=AcadApp.ActiveDocument
Dim mos As AcadModelSpace
mos=AcadApp.ActiveDocument.ModelSpace
```

上述四条语句分别生成了 AutoCAD 应用程序的文档对象和模型空间对象，而要向当前文档中插入图块，只需要调用模型空间对象 InsertBlock 方法就可以了。

应用程序需要访问数据库，首先应该建立与数据库的连接，这是通过 OleDbConnection 对象实现的；而连接到数据表并且实现数据表的读写操作，则是 OleDbCommand 对象、OleDbDataReader 对象、OleDbDataAdapter 对象和 DataSet 对象联合使用实现的。

（三）供配电一次电气元件几何图形类库建立

为实现比较完善的图形智能生成和交互修改功能，需要事先将元件图和块图规范化，按标准电气图形符号建立图元库、支路图元（如成套柜标准方案）库及接线模板库。

1. 基本电气图元库

基本电气图元按类标号排序，分为常用类、线缆类、开关类、绕组类、高压器件类、保护控制类、低压配电类、照明灯具类、半导体类和集成块类十大类。按"类型名称的拼音首字母—jb（"基本"拼音首字母）＋该类图元序号"的文件名称存放基本图元，例如开关类中的

2 号开关，文件名称为"kg‐jb2"。

2. 支路组图元库

支路组图元库按电压等级分为 6kV 成套柜方案、10kV 成套柜方案、35kV 成套柜方案和 110kV 配电装置。

以福州天宇电气集团有限公司福州第一开关厂的间隔式金属封闭开关设备为例，其中 6kV 采用 JYN2A‐6 系列共 44 种接线方案，10kV 采用 JYN2A‐10 系列共 44 种接线方案，35kV 采用 JYN1‐35 系列共 116 种主接线方案。图元存储名称应包括额定电压等级和主接线方案编号，按"zl("支路"拼音首字母)＋额定电压－主接线方案编号"的形式存储，例如 35kV 下的 89 号主接线方案即为"zl35‐89"，6kV 下的 03 号主接线方案即为"zl6‐3"。

3. 标准模板图元库

平面布置图考虑采用调用标准模板图的方式，取用各电压等级下各种接线方式标准。平面布置模板图表见表 10‐1。采用数组 Standard（12，5）存放这些模板图地址，以便按条件查询同类标准图形。

表 10‐1　　　　　　　　　　　平 面 布 置 模 板 图 表

主接线型式	电 压 等 级				
	6kV	10kV	35kV	63kV	110kV
单母线接线	Standard（1，1）	Standard（1，2）	Standard（1，3）	Standard（1，4）	Standard（1，5）
单母线分段接线	Standard（2，1）	Standard（2，2）	Standard（2，3）	Standard（2，4）	Standard（2，5）
双母线接线	Standard（3，1）	Standard（3，2）	Standard（3，3）	Standard（3，4）	Standard（3，5）
双母线分段接线	Standard（4，1）	Standard（4，2）	Standard（4，3）	Standard（4，4）	Standard（4，5）
双母线带旁路接线	Standard（5，1）	Standard（5，2）	Standard（5，3）	Standard（5，4）	Standard（5，5）
二分之三断路器接线	Standard（6，1）	Standard（6，2）	Standard（6，3）	Standard（6，4）	Standard（6，5）
线路—变压器组接线	Standard（7，1）	Standard（7，2）	Standard（7，3）	Standard（7，4）	Standard（7，5）
内桥接线	Standard（8，1）	Standard（8，2）	Standard（8，3）	Standard（8，4）	Standard（8，5）
外桥接线	Standard（9，1）	Standard（9，2）	Standard（9，3）	Standard（9，4）	Standard（9，5）
全桥接线	Standard（10，1）	Standard（10，2）	Standard（10，3）	Standard（10，4）	Standard（10，5）
发电单元接线	Standard（11，1）	Standard（11，2）	Standard（11，3）	Standard（11，4）	Standard（11，5）
扩大单元接线	Standard（12，1）	Standard（12，2）	Standard（12，3）	Standard（12，4）	Standard（12，5）

二、智能辅助设计专家系统知识规则库

现以供配电方案比较和主接线选择为例说明专家系统知识库中部分规则条文的描述形式及决策方法。

（一）供配电方案比较优选知识规则

在供配电系统的规划设计中，如果有多个电压等级，就需要对各个电压等级所选的方案列表进行技术经济分析。通常的步骤是首先在可行的初步方案中筛选出几个技术上优越而又比较经济的方案，然后再进行经济计算比较，由此确定出最佳方案。

经济比较的部分规则条文如下：

规则一：当经济效益相同时，进行经济比较只需计及投资总额与年运行费用的大小。

规则二：当两个方案技术经济指标相近或较低电压等级的方案优点不太明显时，应选用电压等级高的方案，必要时可考虑初期降压运行。

规则三：在比较方案中，投资与年运行费最小的方案优先选用。

规则四：若投资大的方案年运行费小，则进一步计算比较。常见的方法有补偿年限法、年计算费用法以及投资回收率法等，默认选用"补偿年限法"确定最优电压等级。

（二）供配电所主变台数、容量选择规则

主变压器的选择应根据供电条件、负荷性质、用电容量和运行方式等条件综合考虑决定。其部分规则条文如下：

规则一：330kV 及以下的电力系统，在不受运输条件限制时，应选用三相变压器。

规则二：对深入引进负荷中心、具有直接从高压降为低压供电条件的变电站，为简化电压等级或减少重复降压容量，可采用双绕组变压器。

…

规则九：规定对地区性孤立的一次变电站或大型工业专用变电站，可设三台主变压器。

规则十：如有一级负荷或重要二级负荷时需设两台或两台以上变压器。

规则十一：有大型冲击负荷（大型高压电动机、电弧炉）需单独设变压器。

…

根据上述规则条文，可知主变压器台数的确定需要考虑进线方向、负荷要求、扩建备用需要等条件。默认采用两台双绕组变压器。

（三）供配电所主接线选择规则

1. 主接线设计

部分规则条文如下：

规则一：6~10kV 级所连回路不超过 5 回，采用单母线接线方式。

规则二：35~60kV 级所连回路不超过 3 回，采用单母线接线方式。

…

规则十三：当进线和出线总数为 12~16 回时，在一组母线上设置分段断路器。

…

规则十七：35~110kV 级线路为两回及以下时，采用桥形接线。

…

2. 智能确定电气主接线型式的知识表示与获取

基于知识的人工智能方法，首要问题是获取专家知识并以有效的形式表示出来，以便于计算机推理。变配电站主接线的型式灵活多变，并且与额定电压等级、电源条件、负荷条件等多个因素相关，因此不能采用 If - Then 这样的简单逻辑推理机制通过编程来完成。系统采用决策树的方法，把知识的表示和获取融于一身。

（1）决策树形式表示与获取。决策树是通过自身的学习获取知识，并以决策树形式表示出来。以决策树形式表示的知识简单直观，便于人类专家检验，具有很高的推理效率。因此，把决策树应用到变电站电气主接线形式选择领域，不仅可以实现知识的自动获取与表示，而且所获得的以决策树形式表示的知识具有很高的推理速度。关于决策树知识表示与获取原理请参考相关资料。

（2）变配电所电气主接线选择知识决策树的表示与获取。系统采用决策树方法选择电气主接线型式。决策树由表示知识的条件部分（决定主接线形式的各种因素）和表示知识的结论部分（主接线选择结果）构成。

在设计规则库时，将 If 部分（前提）作为一个或者多个字段存储，将 Then 部分（结论）也作为字段存储。在编写代码时，只要根据 If 部分查出相应的记录，便可知道该前提下相对应的结论，实现了根据多个条件准确地判断并获取电网主接线型式。

单电源的情况下，变电站一般没有重要用户且出线回路不多，电气主接线型式主要取决于电源情况，是否有备用电源以及是单回路还是双回路接线。将知识规则条文总结在数据表中即能方便地确定出主接线型式。表 10－2 是单电源时主接线选择规则表的部分记录，表中的 LineStyle、IfCut0、IfCut1 为该接线方式下的一些参数，用来在程序中识别和描述该种接线型式。

表 10－2　　　　　　　　　　单电源时主接线选择规则表的部分记录

	ID	回路数	备用	高压侧接线方式	低压侧接线方式	LineStyle	IfCut0	IfCut1
▶	1	0	0	单母线	单母线	0	☐	☐
	2	0	1	单母线	单母线分段（断路器）	0	☐	☑
	3	1	0	单母线	单母线	0	☐	☐

双电源情况下，变电站电气主接线型式就比较灵活复杂了，应综合考虑额定电压等级、电源条件、负荷条件等多个方面的因素。

首先将三个条件属性额定电压等级、出线回路数和总回路数，以规则条文为基础归纳分类。假设额定电压等级为 U，出线总数为 N_{out}，进线总数为 N_{in}，可知回路总数为 $N = N_{in} + N_{out}$。

条件属性一 U（此处暂只考虑（35～110）kV 变配电所）：35kV，63kV，110kV。

条件属性二 N_{out}：$\left\{ \begin{array}{l} N_{out} \leq 3, \ 4 \leq N_{out} \leq 8, \ N_{out} > 8 \\ N_{out} \leq 2, \ N_{out} = 3 \ \text{或} \ 4, \ N_{out} \geq 5 \end{array} \right\}$

条件属性三 N：$\{ N \leq 11, \ 12 \leq N \leq 16, \ N \geq 17 \}$

由此可见三个条件属性都可被划分为三类。将主接线型式形成规则知识用决策树表示如图 10－3 和图 10－4。

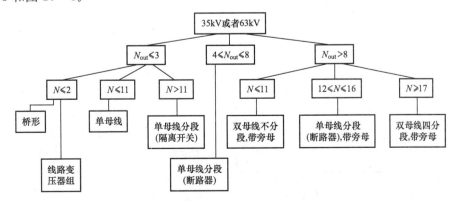

图 10－3　35kV 或 63kV 主接线形成规则

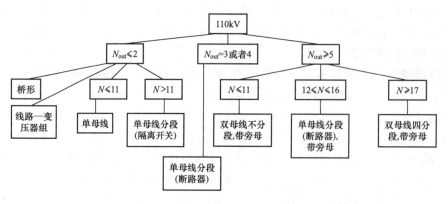

图 10-4 110kV 主接线形成规则

为了方便计算机识别以上规则知识，将每个条件属性都用正整数代码 1、2、3 表示三种情况，条件属性及其类型代码说明见表 10-3。

表 10-3 条件属性及其类型代码说明

类型代码	条件属性			
	U	N_{out}		N
		$U=35kV$ 或者 $U=63kV$	$U=110kV$	
1	35kV	$N_{out}\leqslant3$	$N_{out}\leqslant2$	$N\leqslant11$
2	63kV	$4\leqslant N_{out}\leqslant8$	$N_{out}=3$ 或 4	$12\leqslant N\leqslant16$
3	110kV	$N_{out}>8$	$N_{out}\geqslant5$	$N\geqslant17$

最终将各种情况下以决策树描述的主接线型式的专家知识信息转换成数据表的形式存放进知识规则库中。表 10-4 是主接线型式选择表，上述条件及结论最终可归纳为九条规则写入表中。图中的条件 1 和条件 2 分别指待选主接线侧的出线回路数和回路总数，If Cut 是用来在程序中识别该种接线方式是否分段。

表 10-4 主接线型式选择表

ID	条件 1	条件 2	主接线方式	If Cut	备 注
1	1	1	mx-jb1	☐	单母线
2	1	2	mx-jb3	☑	单母线分段（隔离开关）
3	1	3	mx-jb3	☑	单母线分段（隔离开关）
4	2	1	mx-jb2	☑	单母线分段（断路器）
5	2	2	mx-jb2	☑	单母线分段（断路器）
6	2	3	mx-jb2	☑	单母线分段（断路器）
7	3	1	mx-jb4	☐	双母线
8	3	2	mx-jb5	☑	一组母线分段
9	3	3	mx-jb6	☑	双母线四分段

（四）高压电气设备选择及校验规则

电气设备选择的程序是：先按正常工作条件选择设备，按短路条件校验其动热稳定。

选型统一规定：很多设计院在一个工程的协同设计过程中都采用了一种选型方案，如高压配电柜选用 KYN28，低压柜采用抽屉式 MNS，主断路器采用 CM1，电缆采用 VV 系列等，这些选型方案在同一工程中都是相同的。用户只需对所有电气设备进行初步选型，确定设备的系列号以及相关参数，其他参数都可以自动选型。以下为高压断路器的部分选择规则。

规则一：35～110kV 一般选用 SF_6 断路器。

规则二：额定电压 $U_N \geqslant$ 装设地点的电网额定电压 U_{NS}。

规则三：额定电流 $I_N \geqslant$ 装设回路的最大持续工作电流 I_{max}。

规则四：额定开断电流的检验条件为 $I_{Nbr} \geqslant I_t$。

其他设备隔离开关、电抗器、电流互感器、消弧线圈、电力电容器、母线装置、绝缘套管与穿墙套管等的选择方法相似，不再赘述。下面说明电气设备选择具体方法。

按前述模型中拓扑识别原理将设备组合归类，并用相应代码表示，同时接线图上对各连接点对象用数字编号，每相邻两节点间构成一条设备支路。每条支路由固定的电气设备对象构成，节点与支路分类明细见第 8 章。每个电气设备都有独立的选型校验模块。

根据选型统一规定，对于出线支路，该系统默认采用成套开关柜方案，其中 6kV 采用 JYN2A - 6 系列，10kV 采用 JYN2A - 10 系列，35kV 采用 JYN1 - 35 系列。

初选的结果标注在主接线图中，在 AutoCAD 环境下双击某支路图元可查看其具体信息，也可对该支路电气设备进行重新选型及校验。

三、供配电一次系统辅助设计专家系统推理机设计

（一）专家系统概念

专家系统是指能够体现人类专家解决实际问题所使用知识的计算机程序。系统内部含有大量的某个领域专家水平的知识与经验，能够运用人类专家的知识和解决问题的方法进行推理和判断，模拟人类专家的决策过程来解决该领域内的复杂问题。其基本原理参见第 7 章。

专家系统的突出特点在于存储在数据库中的知识和推理机制是独立的两个部分。建立一个电气工程设计类的专家系统应解决知识的获取、表示和利用三个问题。

CAD 专家智能系统由知识库和推理机制组成，模拟人类解决问题的方法，将在长期设计中总结积累的大量工程设计经验，抽象成为知识资源，存入相应的数据库，通过推理机制，选择归纳出优化的方案和参数。

推理机是整个专家系统的核心，实际是一组用于控制、协调整个系统的程序，根据数据库内所存储的知识规则，模拟专家推理过程来求得问题的解答，从而完成设计。

供配电一次回路设计采用基于规则的推理模式，以条件驱动的正向推理作为主要的推理策略，这样能更好地模拟人类专家的思维活动。

推理的过程实际上就是对数据库中记录的操作过程。在 VB. NET 的环境中，利用 ADO. NET 对象编程，设置 ADO. NET 对象变量，分别对应各一次回路数据库中的数据表（记录集）。取出每条记录的条件值字段和关键词字段的值与已知条件相比较，如果匹配成功，则将结论字段的值输出显示，并存入动态数据库中；否则，转入下一条记录进行比较，直至最后一条记录为止。正向推理流程图如图 10 - 5 所示。

（二）确定额定电压等级推理功能的实现及流程举例

对于高压侧，在计算出所有投资金额、年运行费用以及效益后，采用"补偿年限法"确定最优电压等级。

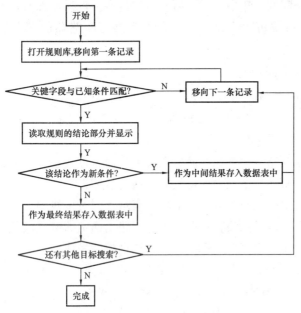

图 10-5 正向推理流程图

对于低压侧，根据总的计算负荷大小和离供电点的距离综合得出额定电压等级 U_2，将其转化为知识规则写入数据表 10-5 中，即各级电压合理输送容量及输电距离部分记录表。

当已知输送功率和输电距离时，查该数据表。当输送功率大小界于字段"输送功率 min（kW）"和"输送功率 max（kW）"之间，且输送距离介于字段"输电距离 min（km）"和"输电距离 max（km）"之间满足时，查出该条记录对应的字段"额定电压（kV）"即为 U_2 了。

表 10-5　　　　　　　各级电压合理输送容量及输电距离部分记录表

ID	额定电压（kV）	线路结构	输送功率 min（kW）	输送功率 max（kW）	输电距离 min（km）	输电距离 max（km）
1	0.22	架空线	0	50	0	0.15
2	0.22	电缆线	0	100	0	0.2
3	0.38	架空线	50	100	0.15	0.25
4	0.38	电缆线	100	175	0.2	0.35
5	6	架空线	100	2000	5	10
6	6	电缆线	175	3000	0.35	8
7	10	架空线	2000	3000	8	20
8	10	电缆线	3000	5000	8	20
9	35	架空线	2000	10 000	20	50
10	110	架空线	10 000	50 000	50	150
11	220	架空线	100 000	150 000	200	300

电压等级确定流程图如图 10-6 所示。

（三）变配电所主接线方案选择推理功能实现

若用户只提供一个 35kV 电压等级，无备用电源，且为单回路接线，则查表 10-4 可知该主接线高低压侧均为单母线接线方式。

若用户提供 2 个 110kV 电源，互为备用。共有 8 个负荷，其中 2 个一级负荷，4 个二级负荷，可知条件属性 U 的决策代码为 3，条件属性 N_{out} 的决策代码为 3，条件属性 N 的决策代码为 1，查表 10 - 4 可知该变电站高压侧为双母线接线方式，低压侧为双母线带旁路母线接线方式。查表过程均通过对 ADO. NET 对象编程来实现与数据库的连接。

（四）电气工程图生成规则及推理流程

系统的图形功能通过利用 ActiveX 技术在 VB. NET 环境下对 AutoCAD 软件的控制来实现，通过编程从 Auto-CAD 内部或外部控制实现打开、绘图、编辑、打印、关闭等操作。

1. 主接线图

根据系统自动选出的主接线型式，在 AutoCAD 环境中自动添加构成该接线方式的标准图块，按照先高压后低压的顺序，插入到 AutoCAD 文档的指定位置，由绘图模块自动绘制母线和电缆线，此时即形成了一幅完整的主接线草图。

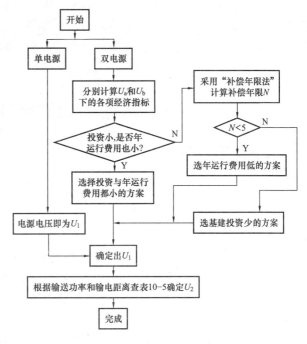

图 10 - 6　电压等级确定流程图

主接线图由图库中标准的图块组合而成，包括供电电源进线单元、变压器单元、各间隔主接线方案以及母线的生成。绘图模块将电网主接线划分为五层来绘制：供电电源进线、高压侧母线接线及高压侧支路、主变压器、低压侧母线接线方式、出线支路及计量和防雷。图形的生成都是从坐标原点（0，0，0）往下分层次顺序生成。

下面按照图形生成的顺序具体介绍图库的构成方式和图块的调用方法。

（1）图库的构成。基本图元库中存有电源图块 jx - jb1 和 jx - jb2，分别用在单母线和双母线的情况。jx - jb1 的尺寸为 $5×50$（$x*y$，以下同），该图块以 Y 轴为中心线，以原点为起点向 Y 轴负方向布局，jx - jb2 的尺寸为 $10×50$。

基本图元库中存有多种母线类型图块，两条母线上下间距距离为 5。

基本图元库中存有四种变压器类型图块，分别是：byq - jb1 表示变压器 2 卷（接单母线）；byq - jb2 表示变压器 2 卷（接双母线）；byq - jb3 表示变压器 3 卷（接单母线）；byq - jb4 表示变压器 3 卷（接双母线）。1 尺寸为 $10×120$，2 尺寸为 $10×130$，3 尺寸为 $30×120$，4 尺寸为 $30×130$，都将电缆线放置与 Y 轴重合，从原点往负轴布局。

负荷出线、计量及防雷支路图块都从支路图元库中提取，支路图元尺寸统一为 $30×50$，图块最顶端的接口放置在原点，将电缆线与 Y 轴重合，从原点往负轴布局。

（2）图块的调用：

第一层：插入电源进线基本图元。

第二层：插入高压侧母线及母线上的计量、防雷柜等基本图元和支路图元。

第三层：插入主变压器基本图元。

第四层：插入低压侧母线基本图元。

第五层：插入负荷及计量、防雷、联络等支路图块。

至此，一幅完整的主接线草图便绘制完成。将该图按照先高压后低压的顺序，用一组连续的正整数对供电网络各节点编号，相邻的每两节点构成一条设备支路，按支路顺序自动选型并且添加标注，标注涉及三个参数：标注文本、标注位置及字体高度。

平面布置图及其他图形均按以上原理生成。

10.3 供配电二次 CAD 系统智能建模原理及知识规则库设计

一、供配电二次系统结构特点分析

二次系统也是由"点"（二次设备）和"线"（二次线路）组成，由二次设备连接成的回路称为二次回路。二次设备主要包括各种继电器、信号装置、测量仪表、控制开关、控制电缆、操作电源和小母线等。供配电二次系统主要由控制、保护、信号、测量、自动装置、操作电源等二次回路组成。

二、供配电二次 CAD 系统方案设计专家系统知识库

二次回路方案设计多属于非数值问题，以思维和推理为基础，很难用明确的数学模型表达清楚，需要综合多个学科的专业知识和设计者丰富的设计经验，因此系统采用专家系统辅助完成。二次方案设计专家系统主要由知识库、数据库、推理机、知识库管理子系统、解释子系统等部分组成，如图 10 - 7 所示。

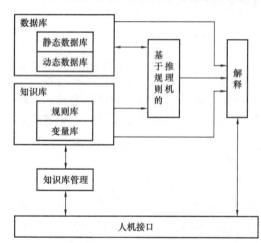

图 10 - 7 二次方案设计专家系统基本结构图

（一）二次方案设计专家系统知识库

知识库存放变配电所二次设计必需的非数值型知识和经验条目，由规则库和变量库组成。采用关系数据库作为知识库的物理载体存储知识，实现知识库与推理机相分离。

（1）产生式规则结构化：变配电所二次方案设计中相关的规程、规范、原则、标准的有序描述和专家的实际经验知识作为领域知识存储在规则库中，规则库中存放的规则均为产生式规则。由于二次设计中相关的规则数量较多，为提高推理效率和可靠性，可使产生式规则结构化（Structured Production Rule），称为结构化产生式系统。

（2）二次回路（对象）分类：二次回路按规则形成多个规则组，每个规则组对应一个数据表，主要包括断路器等设备控制回路类，变压器等设备保护回路类，信号、测量、自动装置类等。结构化和非结构化产生式系统的对比图如图 10 - 8 所示，每条规则设置规则号、条件、结论等字段。if 条件部分可以有多个条件，是"与"逻辑关系，表示条件必须同时满足；对于"或"逻辑关系的条件则分别写成多条规则，每个条件对应一条规则。

变配电所二次设计规则的条件部分总结起来主要包括两种情况：①自然语言的陈述信息，②"＝"、"＞"、"＜"连接的变量关系表达式。对于前者，可以对其关键词部分进行字符串比较；而对于后者，本系统采取建立变量库的方法加以解决。变量库是规则库中规则的

关系表达式条件所对应的变量的集合。关系表达式对应一个数值型变量，约定"<"为 0，"="为 1，">"为 2，作为规则库必须满足的语法规则。按规则组的分类建立变量表，变量表中设置规则号、变量名、变量和对应值字段。

（二）二次方案设计专家系统数据库

数据库包括静态数据库和动态数据库。静态数据库存储电气工程设计手册中的一次系统结构参数和主设备参数，其存放的信息将为推理机推理时使用。动态数据库存储专家系统推理过程中的全部中间结果和最终结果，其内容随着推理过程不断变化。

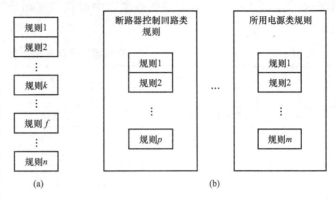

图 10-8　两类产生式系统对比图
(a) 非结构化产生式系统；(b) 结构化产生式系统

（三）二次方案设计专家系统推理机

基于规则的推理模式以条件驱动的正向推理作为主要的策略。系统工作过程中，推理机沿树状结构运行，即在每一节点根据实际设计对象的不同，进入不同分支。推理机结构示意图如图 10-9 所示。在进入相应的分支后，采用启发式搜索法，根据已知的一次系统资料和与用户的交互获取必要的一次参数作为条件，再以这些条件为基础对规则库的内容进行检索和匹配，直至获得符合条件的二次回路设计方案。

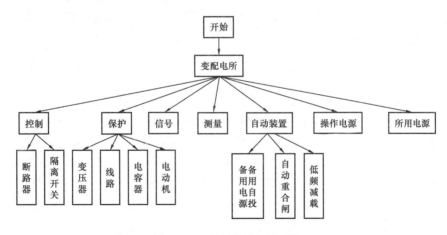

图 10-9　推理机结构示意图

（四）二次方案设计专家系统知识库管理及解释子系统

知识库管理子系统实现对知识库的访问和维护，通过对话框完成规则的增加、删除、修改、查询等操作，而不需要对程序进行修改。利用 ADO 或 DAO 数据库访问技术来建立程序与知识库的联系，在 VB 环境中对知识库中的规则进行访问和维护。解释子系统的作用是记录推理过程并回答用户提问。这样可以使用户明白设计过程，并可以此为根据对设计结果做出判断，如果对结果不满意，可以修改已知的事实条件或用知识库重新推理。

（五）二次回路设计知识规则描述和专家系统推理原理

以断路器控制回路为例说明，断路器控制回路涉及的规则条文存储在断路器控制回路规则表中（见表10-6），在对应的数据表中设置"规则号"、"条件1"、"关键词1"、"结论"字段。

表 10-6   断路器控制回路规则表

规则号	条件1	关键词1	结论
1			变电站宜采用强电一对一控制方式
2	有人值班变电站	有人值班	应设主控制室
3	无人值班变电站	无人值班	不应设主控制室，可设二次设备间
4	有人值班变电站	有人值班	宜采用控制开关具有固定位置的接线
5	无人值班变电站	无人值班	宜采用控制开关自动复位的接线
6			断路器的操动机构采用三相控制
7			有"跳跃"闭锁装置
8	空气操动机构的断路器	空气操动机构	应有操作用压缩空气的气压闭锁
9	弹簧操动机构的断路器	弹簧操动机构	应有弹簧未拉紧的闭锁
10	液压操动机构的断路器	液压操动机构	应有操作液压降低闭锁

在表10-6中，规则1、6、7为在任何条件下都必须满足的规则条文，因此其对应"条件1"和"关键词1"字段为空。由于断路器控制回路规则条文的条件部分均为自然语言的陈述信息，未涉及到"="、">"、"<"连接的关系表达式，因此不考虑断路器控制回路变量表。根据各规则条文的条件信息可知，存储断路器控制回路静态数据库设置"变配电所名称"、"断路器编号"、"值班类型"、"操动机构"等字段。通过界面输入以下一次信息：

（1）变配电所名称：河西变；

（2）断路器编号：QF1；

（3）值班类型：无人值班；

（4）操动机构：液压操动机构。

一次信息录入完毕后，专家系统按照图10-5所示流程完成整个推理过程。打开断路器控制回路规则表，首先比较第一条记录规则1，由于"条件1"和"关键词1"字段为空，直接将"结论"部分的值作为设计结果存储在动态数据库中。接下来比较第二条记录规则2，由于"关键词1"字段值为"有人值班"，与"无人值班"的一次信息不匹配，"结论"部分的值不能作为设计结果，转入下一条记录。依次类推，比较余下规则，直到最后一条记录规则为止。可知规则3、规则5和规则10都与一次信息匹配。规则6、规则7与规则1类似，直接将"结论"部分的值作为设计结果存储在动态数据库中。因此，在该一次信息条件下的断路器控制回路的设计方案结果如下：

（1）变电站宜采用强电一对一控制方式，即一个控制开关控制一组断路器。

（2）不应设主控制室，可设二次设备间。

（3）宜采用控制开关自动复位的接线。

（4）断路器的操动机构采用三相控制。

（5）有防止断路器连续重复合、跳的"跳跃"闭锁装置。

（6）应有操作液压降低闭锁。

（7）采用在我国广泛应用的双灯制接线的灯光监视回路，包括跳合闸位置、完整性、位置不对应状态、自动跳合闸信号、跳闸断线监视回路。

其他设备控制回路、保护回路等设计规则描述及推理与此类似，此处从略。

10.4 方案设计、数据处理、绘图一体化解决方案

针对已有设计分析软件存在的绘图与计算分离的缺陷，并依据上述智能模型总体结构，提出了设计、绘图与数据处理一体化的电气一、二次 CAD 智能集成系统解决方案。

一、方案设计

系统采用面向对象技术，图形处理采用 VB. NET 对系统将图形元件与数据库中的属性参数通过对象描述和属性定义相关联，解决了图形实体对象与后台数据对象智能关联的关键问题。系统以中心数据库为核心，将知识规则与逻辑推理模块有机地结合在一起。在 Auto-CAD 的环境下双击屏幕上已绘制的图元，则能激活该图元的参数查看、输入或修改的显示窗口。窗口绑定了 Data 控件连接数据库，使各数据文本框绑定不同的字段名，实现了图元与数据表的一一对应，为图元与数据的同步变更做好了准备。输入的属性参数与自动记录的图元结构数据是实现图元与数据库系统联系的桥梁。

二、数据库设计

数据库不但存储了程序计算和推理所需的所有数据，也将设计、选型和文档管理紧密联系成为一个有机的整体。考虑到数据的可靠性和安全性，设置了静态数据表与动态数据表。

基本参数表中存放电气设备的技术参数，为只读文件。知识规则表中存放的是各类专家知识条文，由编程语言利用 ADO. NET 对象获取知识规则。电气回路接线描述表用来描述某个工程对象的电气回路组成形式，该类数据表可读可写。设计结果表是在设计完成后通过程序调用 Excel 自动生成设计文档。数据库结构如图 10 - 10 所示。运行中，原始数据由图形界面输入或从静态数据表中提取，存入动态数据表备用。

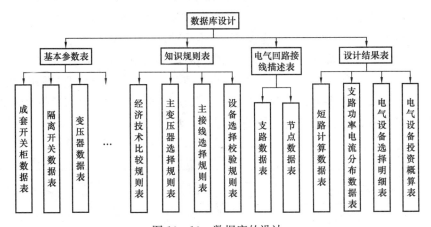

图 10 - 10 数据库的设计

三、主要组成模块及结构

系统主要组成模块有原始资料输入，负荷统计计算，无功补偿、电压等级确定，主变压器台数、容量、规格、型号选择，短路计算，设备的选择与校验及智能绘图模块等。

四、智能绘图

（一）图形库

为了方便、快捷的实现图形的生成，除了交互操作功能外，还必须实现智能绘图。智能绘图基于元件图库、功能图库和标准模板库实现。功能单元及二次模板图库例图如图 10-11、图 10-12 所示。

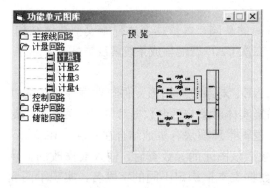
图 10-11　功能单元图库例图

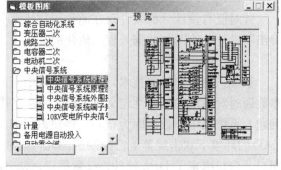
图 10-12　二次模板图库例图

（二）图形生成原理

图形的自动生成属于逻辑推理问题。该功能利用图形专家系统实现。例如二次图形生成部分的结构原理与二次回路设计专家系统类似，但采用基于实例的推理（Case-Based Reasoning，CBR）。

CBR 从本质上讲是一种相似推理模式，即通过访问知识库中过去同类问题的解决方法而获得当前新问题的解决方法。CBR 用实例表示问题的状态描述及其求解策略，然后经过实例检索、实例修改和实例存储的循环过程实现目标问题的求解。

二次电气图纸设计既有很强的经验性，又是一个规则化要求很严格的过程，单一的智能设计理论，很难单独地完成整个系统的设计。实际工作中，设计人员往往不是从头开始设计，而是参阅一些典型设计方案和标准图集，进行修改和调整以形成新的设计。采用实例推理的方法可以较好地模拟人类专家的联想、探索形式的思维活动。

实例库由电气功能单元库组成，设计实例采用分级树状层次结构模型描述，如图 10-13 所示。实例数据库按照二次功能单元的类型、用途等属性划分并组织成多个不同层次的子库，建立实例数据表，设置图名、电压等级、特征等数据项，对各实例进行标识和编码。对图形的操作转换成为对关系数据库数据的查询。

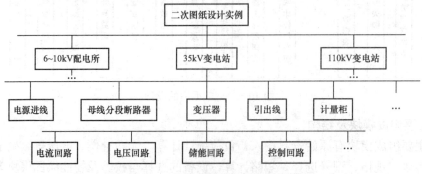
图 10-13　设计实例分级树状层次模型

实例检索的常用方法有权值邻近法、归纳法、知识引导法等。由于二次设计中的实例是各种形式的电气图，权值属性的选取和评价相对比较困难，因此采用较为灵活的基于特征信息的知识引导策略。具体推理过程如图 10-14 所示。

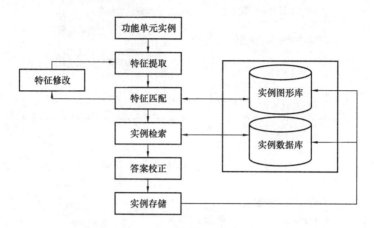

图 10-14　基于实例推理的工作过程

通过方案设计专家系统形成二次回路方案后，根据基于规则推理获得的属性要求，从实例库中搜索与之相匹配的功能单元图。对获得的单元图可根据要求进行修改，将满意的结果存入实例库中。利用 AutoCAD 中的图形对象、块对象、文本对象等，完成"自动布局"和"自动布线"，自动组屏生成各类图形，从而实现图形的自动生成。然后将各个功能单元通过布局和布线算法组合形成完整的设计图纸。

（三）实现图形与数据库的链接

通过对这些图形操作的鼠标事件响应，可建立几何图元与数据库间的内在联系。如双击屏幕上已绘图元，会产生一个双击事件，这个事件是 AutoCAD 的文档级事件。它的参数是鼠标双击点的坐标值，用选择集 SelectionSet 对象的 SelectAtPoint 方法，可以得到通过这个点的图元对象的句柄，根据句柄，在"元件句柄和代号表"中获得相应的元件代号，从而弹出对应的数据输入窗口，供输入数据或修改原有数据。

10.5　系统功能及应用举例

一、系统运行环境

（1）硬件配置：奔腾 100 以上 CPU，32M 以上内存，500M 以上硬盘，VGA 以上彩色显示器；IBM 总线系列或 MICROSOFT 串行系列鼠标器；广泛支持各外设打印机、绘图仪等。

（2）软件配置：Microsoft Windows 98\Me\2000\XP 中文版操作平台，Microsoft Access 2000 数据库，AutoCAD 2004 及以上，Microsoft Office 组件，Visual Basic. NET。

二、设计实例

本例是根据某电机修造厂的负荷要求，为该厂提供技术经济合理的变电站电气设计。一次 CAD 系统主界面、主要菜单如图 10-15 和图 10-16 所示。

其中二次线路数据输入及保护配置及成套保护装置选择界面如图 10-17 和图 10-18 所示。

主设备选择清单见表 10-7。

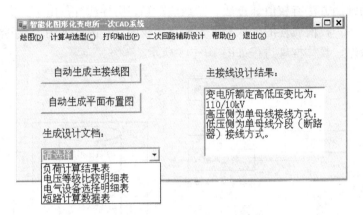

图 10 - 15　一次 CAD 系统主界面

图 10 - 16　图形生成菜单、选型菜单、输出菜单

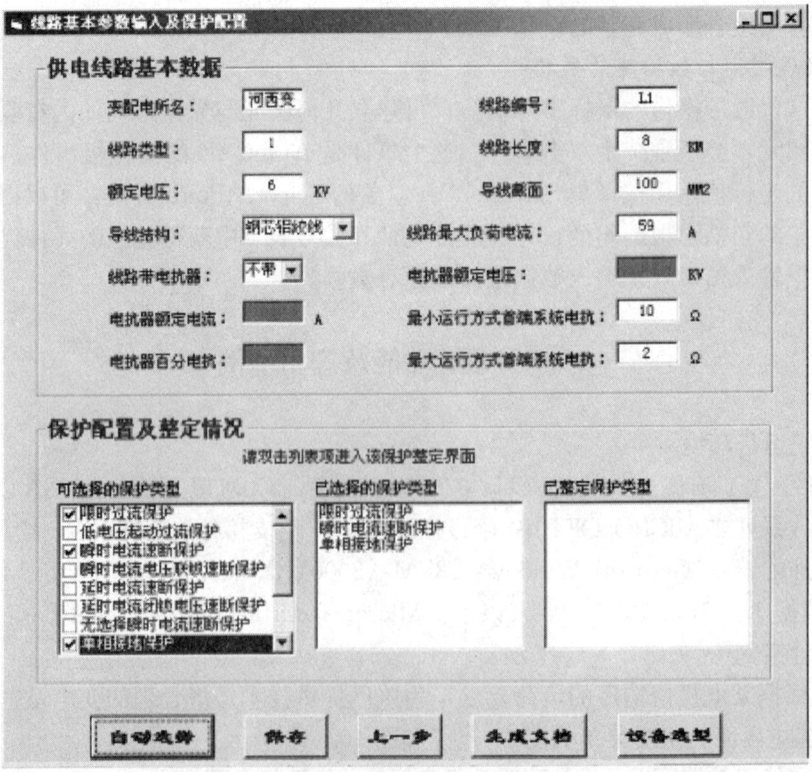

![图10-17界面]

图 10 - 17　线路基本参数输入及保护配置界面

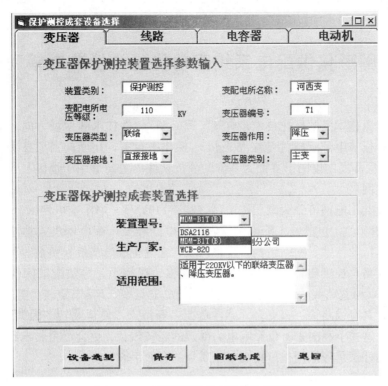

图 10-18　保护测控成套设备选择界面

表 10-7　　　　　　　　　　　　**主设备选择清单**

序号	电气元件名称	规格或型号	单位	数量	备　注
1	主变压器	SFZ9-8000/110	台	2	
2	压缩空气断路器	KW1-110/800	组	2	主变压器高压侧端
3	隔离开关	GW4-110/2500	组	2	主变压器高压侧端
4	电压互感器	JDJ2-110×3	组	1	高压侧母线处
5	熔断器	RN2-110×3	组	1	高压侧母线处
6	避雷器	FZ3-110×3	组	1	高压侧母线处
7	六氟化硫及真空断路器	ZN4-6/1000	组	2	主变压器低压侧端
8	隔离开关	GN6-6T/1000	组	4	主变压器低压侧端
9	隔离开关	CD10ICT8×1	组	18	低压侧负荷支路端和母联开关
10	六氟化硫及真空断路器	SN10-6I×1	台	9	低压侧负荷支路端和母联开关
11	电流互感器	LZZBJ-6×3	组	9	低压侧负荷支路端和母联开关
12	接地开关	JN-6I×1	组	8	低压侧负荷支路端
13	穿墙套管	CB-6	个	8	低压侧负荷支路端
14	电压互感器	JDZJ-6×3	组	2	低压侧母线处
15	熔断器	RN2-6×3	组	2	低压侧母线处
16	避雷器	FS2×3	组	2	低压侧母线处
17	电容器	BWF110/1.732-5000	台	2	补偿电容

第11章　图形化供配电系统无功优化补偿节电辅助分析软件

采用面向对象技术及图形化技术是电气工程 CAD 软件技术的发展方向。本章介绍的图形化无功优化补偿节电分析软件是在 Windows 操作平台下，用面向对象技术和 VB 可视化语言对 Visio 二次开发的以图形界面为基础的分析软件，主要适用于地区及大、中型厂矿企业电网与城乡电网。

城乡与企业共用电网可分为高压配电网（35~110kV）、中压配电网（6~10kV）、低压配电网（220~380V），包括城市配电网、农村配电网和工厂配电网等。其特点是：具有闭环结构、开环运行的特性，网络结构多呈辐射状，在发生故障或倒换负荷时可能出现短时环网运行情况；线路总长度比输电线路长且分支线多、线径小，导致配电网的 R/X 值较大，多数情况大于 1，可忽略线路充电电容；网络的 PQ 节点多，PV 节点较少等。

供电网由于具有线路长、布点多、感性负荷多等特点，使得其功率因数低、网损偏大、电压质量不高，这些不利因素不仅影响电力部门的经济效益，更会严重影响到用户的生产和生活质量。无功补偿是降低网损、提高电压质量的有效手段。

11.1　软件系统模型

一、数学模型

（一）补偿原则

无功优化遵守全面规划，合理布局，分级补偿，就地平衡的原则。

无功补偿方式主要以变配电站集中补偿和线路分散补偿为主，随器补偿、低压集中补偿与随机补偿相结合。配电网各种无功补偿方式配置如图 11-1 所示。

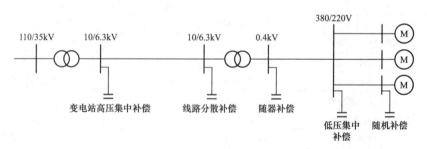

图 11-1　配电网无功补偿方式示意图

（二）优化潮流基础

1. 拓扑识别

供配电网潮流计算是无功优化分析的基础。对供配电网络具有辐射状特点、网络拓扑采用节点连接的邻接点链表及其连接支路集合描述。首节点为父节点，其余节点为父节点所连子节点。所有支路可找到连接节点及其连接关系，模型参见 8.2 及相关资料。由节点支路组成的配电网络及节点关系图如图 11-2 和图 11-3 所示。

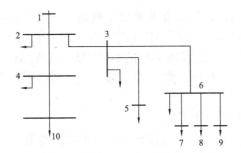

图 11-2　由节点支路组成的配电网

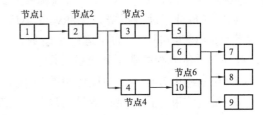

图 11-3　节点关系图

由上述关系可以得到所有节点的后序节点集。再由前推回迭代得到所有节点的传输功率，采用交替迭代算法实现潮流计算。

2. 示例

考虑图 11-4 所示的 35kV 14 节点纯辐射状配电网，复杂电网可参见文献 15《电力系统及厂矿供电 CAD 技术》。

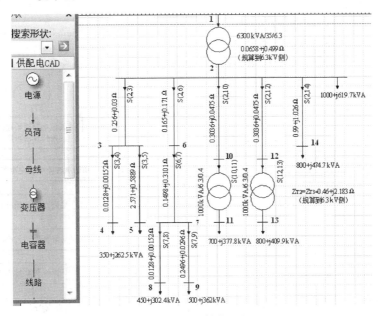

图 11-4　纯辐射状配电网

该配电网由一变电站向外供电，网络节点数 14 个，支路数 13 条，主变压器及配电变压器共 3 台，其参数已在图上表注说明。系统有接于节点 2、4、5、8、9、11、13、14 的 8 个负荷，其根节点（1 节点）看作平衡节点，7 次迭代后收敛（精度为 0.000 01kV）。

（三）无功优化补偿数学模型

无功优化目标为在保证电压品质的前提下，确定配电网中合适的补偿方案。具体目标有：①系统有功网损最小；②考虑补偿设备费用实现综合经济效益最大。以目标②为例，说明如下：

（1）目标函数

$$\max F = \beta(\Delta P_{\Sigma 0} - \Delta P_{\Sigma})\tau_{\max} - [(\alpha - \gamma)K_C + \Delta P_C \beta T] \sum_{i=1}^{m} Q_G \qquad (11-1)$$

式中：β 为系统电价，元/kWh；$\Delta P_{\Sigma 0}$、ΔP_{Σ} 分别为设置补偿设备前后全网最大负荷下的有功功率损耗（kW），τ_{max} 为年最大负荷损耗小时数；α、γ 分别为折旧维修率和投资回收率；K_C 为单位容量补偿设备投资，元/kvar；ΔP_C 为单位补偿容量本身的有功损耗，kW/kvar；Q_{ci} 为节点的无功容量；T 为年运行小时数；m 为无功补偿点数。式中第一项、第二项即分别设置补偿设备节约的费用和投资费用。

（2）功率约束方程：无功优化中的功率分布受潮流方程约束。

（3）变量约束方程：控制变量满足节点无功补偿电容量和电压允许偏差的限值约束。

（4）无功补偿总容量的确定：①按无功负荷估算；②按功率因数估算；③按经典法计算。

（5）算法库：有以下五种方法：①经典的优化方法；②动态规划法；③非线性规划法；④单纯形法；⑤基于改进遗传算法的配电网无功优化。

二、求解步骤及流程

（一）无功最优补偿配置的求解步骤

（1）建立无功优化方程组：按不同目标函数分别建立。

（2）网损微增率的计算。

（3）优化方程求解：得到各点的无功补偿容量。

（二）无功优化计算流程及运行实例

经典及改进遗传算法计算流程图如图 11-5 和图 11-6 所示。

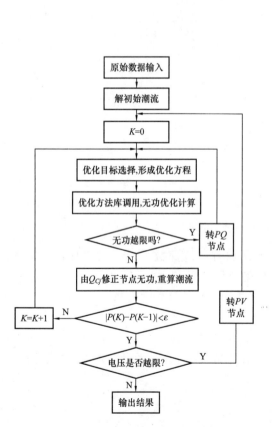

图 11-5　无功优化经典算法流程图

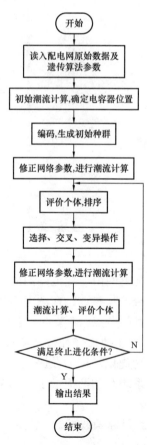

图 11-6　无功优化改进遗传算法流程图

运行实例：对前述 14 节点辐射状配电网，现按补偿后网损最小、综合经济效益最大原则，分别在 2～14 节点安装电容器来进行无功补偿。取 $\alpha=0.1$，$\gamma=0.12$，$K_C=32$ 元/kvar，$\Delta P_C=0.003\text{kW/kvar}$，$T=6000\text{h}$，$\tau_{\max}=3500$，$\beta=0.4$ 元/kWh。

按功率因数提高到 0.95 以上，因此给定总的无功补偿容量为 2500kvar。用本文方法可解算得各节点无功补偿容量、无功补偿前后各支路有功损耗及补偿前后结果对比见表 11-1～表 11-3。

表 11-1　　　　　　　　　　各节点无功补偿容量

节点	无功补偿容量（kvar）	节点	无功补偿容量（kvar）
2	60.1474	9	364.4647
3	3.5171	10	4.035
4	201.6416	11	382.2677
5	274.3126	12	5.1817
6	12.1842	13	415.6371
7	0.3445	14	473.7595
8	302.4962		

表 11-2　　　　　　　　　　无功补偿前后各支路有功损耗表

首节点	末节点	补偿前有功损耗（kW）	补偿后有功损耗（kW）
1	2	63.6263	43.1102
2	3	4.874	2.9326
2	6	6.483	3.9733
2	10	5.6119	4.005
2	12	7.2065	5.253
2	14	25.8635	17.3108
3	4	0.0473	0.0304
3	5	15.324	8.7307
6	7	5.8858	3.6073
7	8	0.1092	0.0689
7	9	2.7963	1.67
10	11	8.5028	6.0682
12	13	10.9189	7.9591

表 11-3　　　　　　　　　　无功优化补偿前后结果对比

比较项	无功补偿前	无功补偿后
网损（kW）	157.25	104.72
网损年电能费用（万元）	37.74	25.1328
每年无功补偿投资（万元）	—	1.76
每年总节约费用（万元）	—	10.852

由表 11-1～表 11-3 知，系统经过无功补偿后，节点电压提高，有功损耗减少，每年总节约 10.852 万元。

11.2　构建基于 Visio 与 VBA 的图形化支撑平台

Visio2003 是当今优秀的绘图软件之一。图形化电气工程应用软件需要建立用于绘制电气接线图的图元符号库和图形库，利用 Visio 实现图形处理，基于 Visio 进行图形化应用软件的二次开发有较大实用意义。在 Visio 中，绘图元件放在绘图工具箱中，绘图时，用鼠标把图元逐一拖拽到绘图区，通过准确的连接构造电气接线图。其中用于绘图的图元称为图件，放置图件的绘图工具箱称为模具，要完成规则而高效的绘图，重点是设计好图件和模具。图件是含有属性的电气元件或设备，其属性存放在电子表格中。

一、图形平台构建

（一）设计电气工程图件和模具

图件和模具的设计十分简单。首先，在绘图区内绘制出所需的绘图元件符号，并对其连接端子增加端点，以便连接和拓扑结构自动识别时使用。然后，利用 ShapeSheet 电子表格为图元设置属性，即附加到该元件设备上的参数，例如，为变压器图元加设名称、容量、型号、变比、短路损耗、空载损耗等。为了使双击图元时能够弹出相应的对话窗体（如用于参数的输入、设置、修改和查询），还需要对图元赋以双击事件。最后，将完成的图件用鼠标拖拽到一个新的模具中，为新模具命名后保存即可。

（二）设置 ShapeSheet 电子表格

在 Visio 中有一个与图形对应的 ShapeSheet 电子表格，图形的编辑和改变（例如位置、大小、高度、宽度、角度和颜色等的改变），可以在 ShapeSheet 立即看到数值的变化。在 ShapeSheet 中改变数值和有关公式会引起相应图形的改变，可以通过公式的方式精确地描述和控制图形。ShapeSheet 内容很丰富，这里仅介绍元件属性的设置和事件。

1. 属性（CustomProperties）的设置

在配电网绘图中，需要把图元和表示其电气性能的数据相关联。可以把图件和数据分离，数据存放在数据库中，通过图件的唯一 ID 号与数据库中的相应记录关联起来，从而实现数据的图形化查询、检索、输入和修改。也可以把数据与图件绑定在一起，在制作图件时，对其 ShapeSheet 表中的用户属性 CustomProperties 区进行增加和定义，用户属性如配电柜图件的数据属性有编号、名称、进线回路数、出线回路数、开关配置、生产厂家信息等，线路图件的数据属性有端点编号、导线型号、导线长度、单位长度电阻和电抗等。图件从模具拖拽到绘图区绘制的图形都继承了相应属性，其数据或参数就存放在用户属性 CustomProperties 区的电子表格中。数据的输入、查询通过窗体操作实现，窗体是在 VBA 编辑环境下设计制作的。

2. 事件（Events）的定义

为了输入、修改、查询所绘图形设备的数据，需要在鼠标双击图形设备元件时弹出相应的窗体。这一功能通过在设计制作图件时对其 ShapeSheet 表中的事件 Events 区的双击事件 EventsDblClick 定义实现，其格式为：

```
=RUNADDON("ThisDocument.过程名称 Name")
```

然后通过 VBA 编辑器，在 ThisDocument 类模块下写一段过程名为 Name 的打开相应窗体的程序。这样这个图件就具有响应鼠标双击事件的能力了。图 11-7 所示为双绕组变压器图元的双击事件定义，用鼠标双击该图形符号将弹出对话窗体，供参数输入与修改。

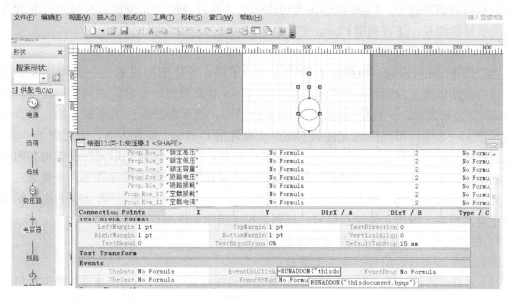

图 11-7　双绕组变压器图元的双击事件定义

（三）窗体的设计

窗体的主要功能是提供交互式的界面，通过界面可以进行数据输入、修改、设置、查询和显示等。图 11-8 所示是一个元件参数输入修改界面，可以在界面中增加或减少控件，并且可以设置界面和控件的属性，这和一般的 VB 编程中界面的设计是一样的。图形化无功优化软件，通过界面实现对 ShapeSheet 电子表格中用户属性 CustomProperties 区的数据的存取和修改。

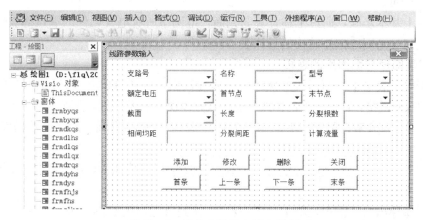

图 11-8　元件参数输入修改界面

（四）电网拓扑结构的自动识别

1. 识别原理

电力系统无功优化等计算是以电网数学模型或网络方程为基础的，而网络方程的建立需要反映电网元件连接关系的拓扑结构数据和元件参数。图形化电力计算软件开发技术产生之前，电网拓扑数据和元件参数是通过数据文件、表格、数据库等方式输入的，缺乏直观性。图形化电力计算软件应具备从所绘制的电气接线图中提取电网拓扑结构的数据，实现电网的拓扑结构自动识别能力。Visio 图形化无功优化软件除可通过图元连接点坐标进行元件连接关系的直接识别外，还可利用 Connect 对象来识别元件连接关系。

2. Connect 对象的应用

在设计 Visio 图形时，根据设置图形行为的不同，可将图形设置为一维图形和二维图形。当一个图形被连接到另一个图形上时，在 Visio 对象模型中，它们之间的连接关系通过Connect 对象来表示，一旦获得 Connect 对象的引用，就可查看哪些图形被连接，以及连接方式。图 11 - 2 中，母线图形元件的 Connect 属性的 Connect 集合为空，但它的 FromConnect 属性的 Connect 集合包含了若干个 Connect 对象，这表示母线图形元件没有被黏附到任何图形上，接于母线的负荷图形元件和动态连接线被黏附到母线图形元件上。于是通过母线图形元件的 FromConnect 属性和动态连接线的 Connect 属性可判断出该母线上连接的负荷和其他电气设备。图形元件端点编号的规则是相连图形元件端点编号相同。

3. 图形元件端点自动编号的基本步骤

图形元件端点自动编号的基本步骤是：

（1）对母线进行编号，并且把与母线相连的元件端点编号设置为与所连母线的编号相同。

（2）对 T 形节点进行编号，同时把与 T 形节点相连的元件端点编号设置为与所连 T 形节点的编号相同。

（3）对输电线路没有被编号的端点进行编号，并把与其相连的元件的端点编号设置成与该端点的编号相同。

（4）对变压器的两端进行编号，并把与其相连的元件的端点编号设置成与所连变压器端点的编号相同。

（5）对断路器没有被编号的端点进行编号，并把与其相连的元件的端点编号设置成与该端点的编号相同。

概括以上基本步骤，通过上述计算与判断，电网中所有电气元件的端点都被赋予了唯一的编号，此编号是网络拓扑结构的具体表示。

二、实现图形与数据库的连接

存放于电子表格中的图形数据含结构与属性数据，可通过建立 Visio 图形与数据库表中记录之间的双向链接，任何一方的修改都会在双方体现，实现绘图与数据表的一致性。利用数据库导出向导可创建数据链接（见图 11 - 9），将 Visio 数据导出到开放式的数据库如 Access、SQL Server 中。

步骤如下：打开图形文件，单击"工具"/"加载项"/"其他 Visio 方案"/"数据库导出向导"，如图 11 - 9。

在数据库导出对话框中，单击"下一步"，找到要导出的绘图页或"浏览"查找，单击"下一步"。在图 11 - 10 所示选择导出到数据库的数据项页面左侧列表中逐一选择要输出的图形数据项，单击"添加"至右列表框中。

单击"下一步"，在图 11 - 11 所示的选择目标数据源对话框中选择输出的 ODBC 数据源，此处选 MS Access Database 项，单击"创建数据源"按钮，对话框中选"文件数据源单选项"，创建基于文件的数据源，供用户共享。单击"下一步"，按提示操作选数据源驱动程序（见

图 11 - 12），例如选 Driver do Microsoft Access（*.mdb），单击"下一步"。

单击"确定"，在出现的如图 11 - 13 所示界面中输入数据库名称及存放位置窗口中输入数据库名称及存放目录后按"确定"。

在出现的数据库导出窗口输入表名称，如图 11 - 14 所示。

单击"下一步"，设置数据表各字段属性，如图 11 - 15 所示。

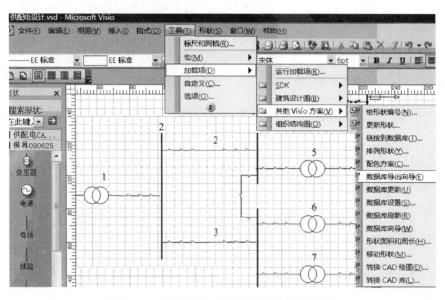

图 11 - 9　利用数据库导出向导创建数据链接

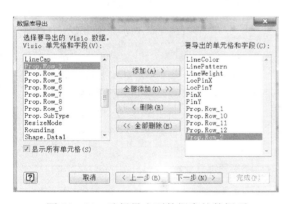

图 11 - 10　选择导出到数据库的数据项

图 11 - 11　选择目标数据源

图 11 - 12　选数据源驱动程序对话框

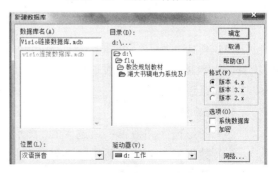

图 11 - 13　输入数据库名称及存放位置

图 11-14　输入数据库中的表名称　　　　图 11-15　设置数据表各字段属性

单击"下一步",单击"完成",创建数据库成功,如图 11-16 与图 11-17 所示。

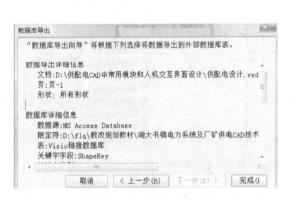

图 11-16　数据导出信息　　　　　　　图 11-17　数据库创建成功

打开数据表,可见图形数据已在表中,如图 11-18 所示。

Prop_Row_1	Prop_Row_2	Prop_Row_3	Prop_Row_4	Prop_Row_5	Prop_Row_6	Prop_Row_7	Prop_Row_8	Prop_Row_9	Prop_Row_
102	0.0000	1.0000	2	35	10	6300	.07	52	

图 11-18　数据表中的双卷变压器部分数据

11.3　基于 VB 的供配电网无功优化补偿系统实现

该供配电网无功优化系统是在 Windows 操作平台下,用面向对象的 VB 可视化语言为工具,以数据库为核心开发的以 Visio 图形界面为基础的应用软件。

一、系统功能特点

（一）系统主要功能

(1) 图形输入和编辑:通过 Visio 图形界面绘制电网电气接线图。

(2) 数据输入功能:通过输入界面可将变压器、线路等电气元件参数输入数据库。

(3) 开式网潮流计算。

（4）无功优化分析计算。

（5）节点电压、功率、支路潮流、网损和无功补偿等结果查询功能。

（二）系统特点

（1）网络采用节点支路法自动识别拓扑结构，数据处理及参数计算自动进行。

（2）实现图形和数据库 Access 有机连接，集分析计算和数据管理于一体。

（3）潮流计算的收敛性较强，实现了对系统的无功优化配置计算。

（4）模块设计简单、菜单设计清晰、系统操作简单。

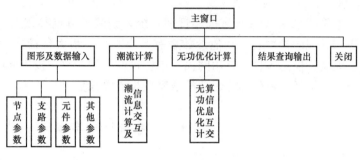

图 11 - 19　菜单结构图

二、系统设计

（一）主菜单设计说明

系统主要含有图形及数据输入、潮流计算、无功优化计算等主菜单，菜单结构图如图 11 - 19 所示。

（二）系统主要模块设计

1. 图形及数据输入模块

该输入模块通过界面接收用户输入的图形与节点参数如支路参数、元件参数和其他参数及对参数进行规范化处理。数据的输入方式为文本输入，通过文本框控件 Textbox 与数据库控件 Data 绑定，实现将界面数据输入至数据库。

2. 分析计算模块

该模块包括潮流计算模块、无功优化计算模块。潮流及优化算法从算法库调取，所需要的最初参数通过访问数据库获得，潮流计算结果作为无功优化计算条件数据。复数模块和高斯消去法求解方程模块作为可调用模块单独编写。

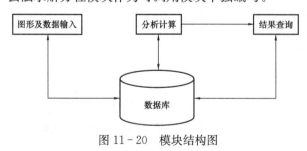

图 11 - 20　模块结构图

3. 结果查询模块

节点电压、支路功率潮流和功率损耗及优化结果用界面显示。采用数据网格控件 DataGrid 与数据库控件绑定显示数据库中的数据输出表并设置一个删除按钮，可删除数据输出表。模块结构图如图 11 - 20 所示。

（三）数据库设计

1. 文本框与数据库的链接

本节采用 Visual Basic 提供的 Data 数据控件，该控件无需编写代码就可以十分方便地访问 VB 中所支持的各种类型数据库中的数据。通过在程序中对该控件属性的修改，可以方便地建立数据链接，实现对数据表中数据的存取和修改操作。Data 控件的初始化代码如下：

```
If Right(App.Path,1)<>"\"Then Data1.DatabaseName=App.Path+"\"+"DataBase\工程数据库.
mdb"
```

```
Dtat1.Connect="Access"
Dtat1.RecordsetType=vbRSTypeDynaset
Dtat1.RecordSource="数据库中的一个表"
Dtat1.Refresh
```

还须将窗体中的 TextBox 控件的 Data Source 属性改为 Data 控件的名称、Data Field 属性改为相应的字段名，就可以建立文本框与表中的字段的一一对应关系。

2. 数据库结构设计

本系统采用 Access 数据库管理系统，创建了节点参数表、支路参数表、各电气元件参数表和其他的参数表。其他参数表有节点总数、最大负荷损耗时间、节点补偿容量的最大值、无功补偿总容量、有功网损、单位补偿维护费率、投资回收费、年运行时间、单位补偿电容有功损耗、单位容性无功补偿容量投资等参数。

11.4　系统运行步骤与实例

以图 11-4 所示 14 节点配电网作为例，介绍软件的使用步骤。

（1）打开系统主窗口界面（见图 11-21），启动图形与参数输入界面，将模具库中图件逐一拖到绘图页连成接线图。

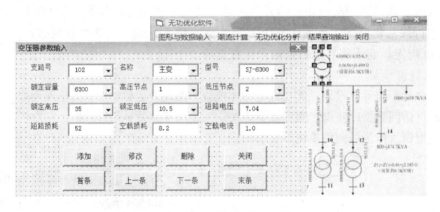

图 11-21　系统主窗口界面

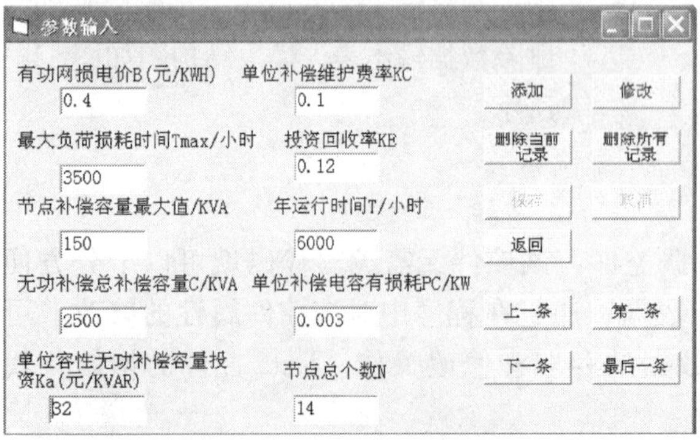

图 11-22　其他参数输入窗口

（2）图形与参数输入：调入图形或新建图形，双击图元从弹出的窗口界面输入数据。

（3）其他参数输入窗口如图 11-22 所示。各参数输入窗口由 Data 控件连接到数据库中的相应参数表，便于计算时的数据调用。

（4）潮流及无功优化计算。在图 11-21 中，单击主菜单中的"潮流计算"和"无功优化分析"，分别进行初始潮流和无功优化分析计算。潮流计算结果分别存入"潮流计算节点电压结果表"、"潮流计算传输功率结果表"和"潮流计算功率损耗结果表"中。写入数据库的代码为：

```
Data1.Recordset.AddNew
    Data1.Recordset.Fields("字段名")=结果值
    Data1.Recordset.Update
```

无功优化计算结果存入"无功优化计算节点电压表"、"无功优化计算功率分布"及"无功补偿容量配置"中。

（5）结果查询输出。查看窗口中包括一个与数据库连接的 Flex Grid 控件，用于输出，实现连接须将 Flex Grid 控件的 Data Source 属性改为 Data 控件的名称。可通过图 11-23 所示的潮流与无功优化计算窗口查询。

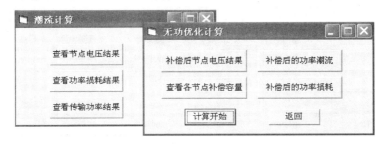

图 11-23　潮流与无功优化计算窗口

计算实例潮流计算传输功率结果如图 11-24 所示。

送代次数	首端传输有功功率	首端传输无功功率	末端传输有功功率	末端传输无功功率	首节点	末节点
7	5057.25	3578.158	4993.6237	3095.6421	1	2
7	670.2454	480.0425	665.3714	479.4714	2	3
7	965.2745	686.2086	958.7914	679.4898	2	6
7	714.1147	387.1808	708.5028	386.3028	2	10
7	818.1254	421.9464	810.9189	420.8189	2	12
7	825.8635	500.5635	800	473.7595	2	14
7	300.0473	201.6473	300	201.6417	3	4
7	365.324	277.824	350	274.3126	3	5
7	958.7914	679.4898	952.9056	667.3056	6	7
7	450.1092	302.5092	450	302.4963	7	8
7	502.7963	364.7963	500	364.4647	7	9
7	708.5028	386.3028	700	382.2677	10	11
7	810.9189	420.8189	800	415.6371	12	13

删除当前列表　　　　　返回

图 11-24　潮流计算传输功率结果

潮流计算功率损耗结果见表 11-4。

"无功优化补偿容量表"和"无功优化计算功率损耗结果表"和"无功优化节点电压结果"如图 11-25。

（6）计算结束后，单击主窗口的"关闭"，关闭系统。

本文介绍的无功优化分析系统是在确保电压质量的前提下，全面考虑配电网无功补偿综合经济效益，建立了符合配电网实际的无功补偿数学模型，运用可行的算法进行分析计算，给出无功优化配置方案供电力工程设计和运行管理参考。

表 11-4 潮流计算第 1，3，7 次迭代的功率损耗结果

迭代次数		1		3		7	
首节点	末节点	有功损耗/kW	无功损耗/kvar	有功损耗/kW	无功损耗/kvar	有功损耗/kW	无功损耗/kvar
1	2	54.8311	415.8171	63.4916	481.4945	63.6263	482.5159
2	3	4.5046	0.5278	4.8694	0.5706	4.874	0.5711
2	6	6.1169	6.3393	6.4806	6.7162	6.483	6.7188
2	10	5.299	0.829	5.6097	0.8776	5.6119	0.878
2	12	6.7669	1.0587	7.2034	1.127	7.2065	1.1274
2	14	23.6316	24.4909	25.8415	26.7812	25.8635	26.804
3	4	0.0465	0.0055	0.0473	0.0056	0.0473	0.0056
3	5	13.7053	3.1404	15.3032	3.5066	15.324	3.5114
6	7	5.6371	11.6694	5.8839	12.1802	5.8858	12.1842
7	8	0.1074	0.0127	0.1092	0.0127	0.1092	0.0129
7	9	2.7157	0.322	2.7955	0.3315	2.7963	0.3316
10	11	8.1318	3.859	8.5	4.0338	8.5028	4.0351
12	13	10.4029	4.9368	10.915	5.1798	10.9189	5.1817

无功优化补偿容...

节点	无功补偿容量	迭代次数
1	0	1
2	60.1474	1
3	3.5171	1
4	201.6416	1
5	274.3126	1
6	12.1842	1
7	.3445	1
8	302.4962	1
9	364.4647	1
10	4.035	1
11	382.2677	1
12	5.1817	1
13	415.6371	1
14	473.7595	1

删除当前列表　　返回

无功优化计算功率损耗结...

首节点	末节点	有功损耗	无功损耗
1	2	43.1102	326.9304
2	3	2.9326	.3436
2	6	3.9733	4.1178
2	10	4.005	.6266
2	12	5.253	.8218
2	14	17.3108	17.9403
3	4	.0304	.0036
3	5	8.7307	2.0005
6	7	3.6073	7.4675
7	8	.0689	.0081
7	9	1.67	.198
10	11	6.0682	2.8797
12	13	7.9591	3.7771

删除当前列表　　返回

无功优化节点电压结果

节点号	V实部	V虚部
1	6.3	0
2	6.170251	-.3861892
3	6.142711	-.3877967
4	6.142084	-.3878314
5	5.991271	-.4139169
6	6.142762	-.410767
7	6.116034	-.4570456
8	6.115089	-.457087
9	6.095495	-.4579712
10	6.135098	-.3893457
11	6.080734	-.410899
12	6.12999	-.3897798
13	6.067714	-.4144261
14	6.028315	-.510281

删除当前列表　　返回

图 11-25 无功优化补偿容量、功率损耗及节点电压结果

第12章 工业动力电气控制系统 CAD

工业动力电气控制系统是电气工程的重要组成部分,涉及各工业领域,范围很广。本章介绍实现工业动力电气控制 CAD 系统的基本原理和系统结构,并以一个电气控制工程的 CAD 设计为例,详细介绍了上海利驰电气设计软件 SuperWORKS 的使用方法、设计过程和操作步骤。

12.1 概　　述

工业动力电气控制系统包括企业电力拖动中的机床电气,矿山运输机、提升机、通风机、水泵电控,建筑工程中直流、交流电梯、空调、供水、通风、压风动力控制等。

电气控制系统设计是一个包含了企业用电负荷统计,短路故障分析,母线电压水平计算,供电变压器、开关及保护设备、电动机等参数的匹配与选择等内容的复杂工作,其中涉及大量参数以及与设计或运行有关的要求。使用计算机辅助设计技术的帮助,能大大提高这项工作的效率和精度。

电气控制系统 CAD 由三个部分组成:设计程序、电动机控制系统数据库和绘图程序。设计成果包括技术文档及各类图形。

12.2 动力电气控制系统 CAD 主要结构及功能模块

本节介绍电气控制系统主要模块和数据库组成,对绘图系统的功能要求也将作简要说明。有关电气控制 CAD 建模内容请参见 8.4 节。

一、电气控制 CAD 系统主要结构和功能模块

动力电气控制系统设计一般可按一次主电路、二次电控原理图、设备平面布置、端子排及线缆、电控柜等设计及生成设备材料表的步骤进行,电气控制 CAD 系统工作流程图如图 12-1 所示。

CAD 系统主要包含以下功能模块:①建立智能电气原理图的工作环境,建立典型元件的符号库,提供查询及管理的工具;②提供电气器件属性数据的定义及编辑接口,并将数据与外部数据库相关联;③自动生成电控柜、电气设计用的元件明细表、接线图明细表、可供资源采购的明细表、电线电缆明细表和接线端子种类表;④自动生成接线图。电气控制 CAD 系统功能结构图如图 12-2 所示。

二、电气控制 CAD 基本原理

电控 CAD 系统采用基本原理有以下几方面:

(1) 基本方法:采用面向对象的方法,并使用 ODBC(OpenDatabase Connectivity)实现原理图环境与外部数据库的连接,以及嵌入 ActiveX 控件实现数据库报表功能等。

(2) 属性数据的编辑处理:原理图中的电气元件、导线和标注文字都具有独立的属性信

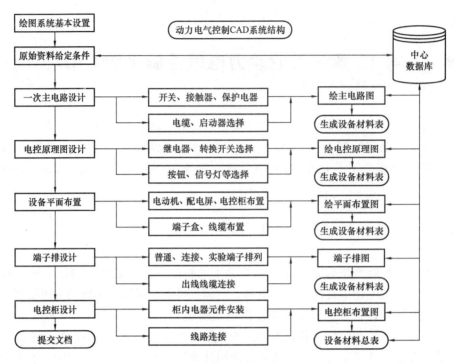

图 12-1 电气控制 CAD 系统工作流程图

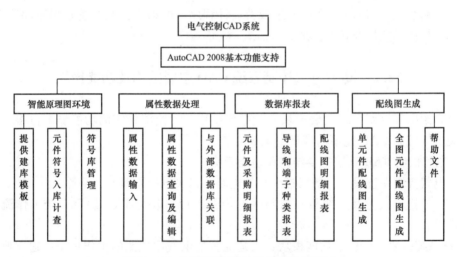

图 12-2 电气控制 CAD 系统功能结构图

息，如元件代号、名称、型号、线号、线规、线长、两端端子、生产厂家、图中位置、柜中位置和数量等，这些信息是系统智能化功能得以实现的资料来源。系统利用 MFC（微软基础类）编辑对话框资源及相应程序代码，为用户提供属性编辑接口，可以方便地定义、修改或删除属性信息，并为后续数据库处理提供属性信息载体。

（3）原理图环境与外部数据库的连接：利用外部数据库，将数据与程序和图形相对独立，可以提高数据处理能力和数据管理效率。开放式数据库连接 ODBC，是一种使用 SQL 用来在相关或不相关的数据库管理系统 DBMS 中存取数据的标准应用程序接口 API。使用 ODBC 避免了与数据源相连的复杂性，根据用户需要可以方便地更改使用其他的数据库管理系统。系统采用 ODBC 编写原理图环境与外部数据库的接口，DBMS 选用 Microsoft Access，通过 Access 建立数据库，在数据库中建立了多个表，例如元件信息表，见表 12 - 1。

表 12 - 1　　　　　　　　　　　　元 件 信 息 表

图名	图纸序号	代号	型号	名称	图中位置	厂家	数量	参数
T1	1	X10	XL—115	接线柱	A1	dlloco	2	…
T2	1	1RV	RV—105	电阻	B2	dlloco	1	…
…	…	…	…	…	…	…	…	…

（4）数据库报表的生成：智能查询数据库并生成电子报表，交互填写各种图纸报表。

（5）电气元件配线图的生成：电气元件配线图是用来表示元件接线信息的专用图种，它显示了与元件相连的导线和导线另一端元件的实体及文字标识信息，是进行安装接线、线路检查、维修和故障分析处理的主要依据。生成配线图的难点在于如何让程序识别分析 AutoCAD 内部图形库中各实体的相互关系，本系统实施的技术路线成功地解决了这一问题。模块程序遍历当前图形中的元件，逐一识别每一元件的代号属性，并且对图中所有具有相同代号属性的元件（实际即为同一元件）进行同一处理。根据元件位置坐标信息和导线相连元件属性信息识别与该元件相连的导线以及导线另一端相连的元件，记录它们的 ID 号。获取导线另端元件的句柄和图中标注文字的归属属性信息并加以比较，如果相同则记录标注文字的 ID，所有需记录的 ID 号都存储在一个 AcDbObjectI2dArray 对象中。构造一个图形数据库对象指针，如 AcDb2DatabasepDb ＝ newAcDbDatabase，将 AcDbObjectI2dArray 对象添加到 pDb，按照由图名和元件代号构造的唯一标识该元件的配线图图名存储新的图形数据库对象，即得到所需的配线图。程序循环处理所有元件，并且不再分析与已处理过元件同代号的元件，程序执行结束后，得以实现当前图纸中所有元件配线图的一次性无重复全部生成。

三、电动机控制一次系统设计程序简介

程序的任务是完成电动机控制系统电气一次的主要计算工作，并针对用户输入的负荷清单，确定电气接线方案。以火电厂动力电动机为例，通过厂用变压器阻抗电压优化选择，确定技术上可行的设计方案，并将其结果传输给数据库及绘图系统。该程序包可分为动力电动机设计、负荷统计分析、短路电流计算、母线电压水平计算、厂用变压器阻抗电压优化选择和主要电气设备选择等六个模块，在此基础上确定技术上可行的设计方案。

（一）主要设计模块

1. 动力电动机设计模块

这一模块将用户给定的容量、电压、功率因数、频率、短路比等数据及选定的冷却方式作为初始输入数据，自动对各种常用线规与组合按性能参数要求控制限值，搜索计算出合格的电磁设计方案，然后对各个合格方案进行经济比较，并按效率大小排序输出。对于设计中常用到的各种线规、工艺规程、性能参数限值、绝缘规范的查询以及磁化曲线的处理等环节均可编制子模块，以便于数据的修改和扩充。

2. 负荷统计分析模块

负荷统计分析模块又可分为低压负荷统计分析和高压负荷统计分析两部分。前者的主要任务是：统计计算出低压各段的总负荷、可能出现的最大负荷，选择低压变压器的容量。求出低压各段最大一台电动机的容量、Ⅰ类电动机的总容量，确定电压水平计算程序、短路电流计算程序和设备选择程序所需的数据。后者的主要任务是：统计计算出高压各段的总负荷、实际工作时的总负荷、可能出现的最大负荷、高压变压器可能出现的最大负荷。选择高压变压器的容量，求出高压各段最大一台电动机的容量、Ⅰ类电动机的总容量，确定电压水平计算程序、短路电流计算程序和绘图程序所需的数据。

3. 短路电流计算模块

在电气工程设计中，短路电流计算是正确选择导体及主要电气设备的依据。由于短路电流的计算较为复杂，为了便于程序实现，在满足工程设计要求的基础上可作如下假设：①所有发电动机及系统电动势相角均相同；②各元件磁路不饱和，可使用叠加定理；③在发电动机额定运行状态下发生三相金属性短路。按上述假设计算出来的短路电流与实际短路电流相比偏大，因此计算是偏于安全的。

该程序模块完成以下的功能：运算阻抗计算，T 秒短路电流周期分量计算，T 秒短路电流非周期分量计算，T 秒短路电流全电流有效值计算，最大冲击电流峰值计算，短路容量计算，T_k 秒内周期分量短路电流热效应计算和 T_k 秒内非周期分量短路电流热效应计算。

4. 母线电压水平计算模块

该模块主要完成三个任务：①变电站系统各级母线电压计算；②最大一台电动机正常启动时母线电压水平；③重要电动机组成自启动时的母线电压水平。

程序具体的计算步骤为：①计算高、低压母线电压调整范围；②计算高、低压母线最大一台电动机正常启动时的电压；③计算失压时高低压母线电压；④计算工作段投到备用段失压时，厂用高低压母线电压；⑤计算备用段带公共负荷自启动工作段时的高低压母线电压；⑥计算高压工作变压器允许自启动电动机的最大功率；⑦计算高压备用变压器允许自启动电动机的最大功率；⑧计算各段低压母线电压调整范围及最大电动机启动时的电压；⑨计算各段低压母线在各种工况下允许自启动电压及允许自启动电动机的最大功率。

电压水平计算模块运行所需变压器容量、各段母线最大负荷、最大电动机功率、Ⅰ类电动机总功率等数据可由负荷统计分析模块获得，也可按照用户要求的工况条件计算。

5. 厂用变压器阻抗电压优化选择模块

国内发电厂厂用变压器阻抗电压的选择传统上是先根据负荷计算厂用变压器容量，再根据变压器高压侧连接处的电压调整计算，初步确定变压器的调压方式和分接头位置，然后对断路器参数、单台电动机正常启动、成组自启动等要求进行综合考虑，最后根据我国制造厂家提供的变压器阻抗电压标准系列值确定变压器阻抗。

考虑到我国生产的断路器开断能力小，不能根据断路器开断容量优化确定变压器的阻抗电压，因此本程序在满足电动机正常启动和成组自启动母线电压要求的前提下，尽可能采用轻型的开关设备，也就是从最小断流容量开关设备开始，对变压器阻抗电压按标准系列从小到大逐一进行校验。若满足短路要求，再对电动机启动时母线电压进行校验计算；若不满足要求，则需选择大一级断流能力的断路器。重复上述校验计算直到满足要求。程序还应考虑变压器阻抗电压的允许误差以及变压器的调压方式。

6. 主要电气设备选择模块

电动机控制系统设计的一项主要工作就是对系统中的主要电气设备进行选型。设备选型即按照相关工程规范选择出在技术上可行、能满足系统运行要求的设备。技术上可行的设备可能有多种型号，最后确定的设备是通过数据库进行处理，即将最新型号、最优产品列在同一型号规格设备的前面，这样在检索时自动地把最新型号及最优产品选择出来，具体方法如下：

（1）断路器的选择：按额定电压、额定电流、开断电流选择，按动稳定、热稳定校验合格。

（2）隔离开关的选择：隔离开关的选择除不作开断电流判定条件外，其他的与断路器的选择相同，不再赘述。

（3）电流互感器的选择：按额定电压、额定电流选择，按动稳定、热稳定校验合格。

（4）母线的选择：母线的选择主要包括材料、截面、热稳定、动稳定等几方面。在电动机控制系统中，矩形母线基本上能满足要求，但当装机容量较大时，由于工作电流和短路电流都将很大，而矩形母线每相不宜超过四条，这时宜改用双槽形母线。双槽形母线安装较为简单，且机械强度较大，能够满足厂用电系统的要求。

（5）电缆的选择。电缆型号的选择是在考虑电缆用途、电缆敷设方法和场所的基础上，先确定电缆的材料、芯数、绝缘种类和保护层的结构等性质再行确定的。电缆耐压等级的选择是基于不提高电缆绝缘水平的原则，满足电缆的额定工作电压小于电气装置的最大工作电压即可。电缆的截面大小一般是根据最大长期工作电流来选择。对于电动机回路应验算电压降。按照以上程序确定的电缆截面如果小于 $6mm^2$，则应自动改用强度较高的铜芯电缆并进行重新校验。

（二）电动机控制系统数据库

电动机控制系统数据库存储设计时所需电气设备的型号、规格及技术参数，以满足设计程序对设备选型的要求。按设计计算确定的参数，由检索程序选定设备型号及技术参数，并将所确定的设备型号及技术参数传送给绘图程序。为了满足设计程序对设计曲线及其他设计资料的要求，数据库还应存储这方面的有关资料。因此数据库具有以下几个主要功能：①数据管理维护，为设计人员和采购人员提供咨询服务；②支持设计程序，完成电动机控制系统的设计计算和方案设计；③支持绘图程序和电气设备选型，完成符合国家标准或 IEC 标准要求的各种图表的绘制。

数据库的开发采用模块化设计，包括数据库维护、数据采集、数据检索等模块。电动机控制系统框数据库框图如图 12-3 所示。完整的电动机控制系统数据库，应包括控制系统设计所需的主要设备数据和相应的电压等级，并根据不同电气设备具有不同设计参数的特点，采用相应的数据结构来存储设备信息。

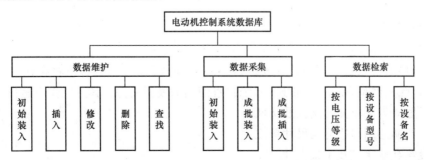

图 12-3　电动机控制系统数据库框图

四、绘图程序

根据设计程序所确定的设计方案以及通过电动机控制系统数据库选出的有关设备型号与技术参数，绘图程序能够绘制满足工程设计要求的图表。下面介绍绘图程序的主要部件。

（一）专用图形符号库

电动机控制系统中的图形多为规则的平面图，且均由若干基本元件构成，通过对这些基本元件构建子图，则可由若干个子图创建整图。因此绘制系统图首先要对图纸进行有效合理的分解归纳，确定组成全系统图的所有基本图形符号，并按国家标准建成图形符号库。通过对电动机控制系统电气接线图的分析，可确定建立主回路一次设备图元，二次控制开关、保护、测量、信号器件图元，安装布置接线及端子图元与各类二次回路图元的图形符号。在建立图形符号库时，可根据不同的用户要求和标准，为每一类图形符号设立几种不同的形式，在绘图时灵活选用，增强图库的适用性。

（二）绘图模块

该模块与设计程序连接交互或自动地绘制用户要求的图表。为了增强绘图模块的灵活性，可以增加独立绘图功能，按照用户提供的数据进行绘图。

（三）专业绘图软件

专业绘图软件能自动或半自动协助完成电气控制系统的设计任务，是设计人员的好助手。专业绘图软件的详细介绍参见第3章相关内容。

12.3　电气控制CAD实践——利驰软件SuperWORKS设计实例

本节将以目前广泛应用的SuperWORKS软件为工具进行一个实际控制系统的完整设计，完成以下设计任务：

（1）电动机一次主回路设计。

（2）设计二次原理图，含绘图、电路检查。

（3）绘制二次控制电路图。

（4）生成材料明细表、元件分板、生成端子表。

（5）元件布置及接线图生成。

实例项目：设计一台30kW排水泵的电气控制系统步骤过程，包括电动机主回路、控制原理图、设备材料表、端子排、施工接线图、接线图、电缆连线及电缆统计清册的生成等设计。

一、设计前准备

1. 绘图环境设置

SuperWORKS安装完毕后，在安装目录Support\TEMPLATE下将存在一个图形文件Acad.dwt，此文件是SuperWORKS系统缺省使用的模板文件。其主要作用是：

（1）设置缺省菜单文件路径及文件名。

（2）设置初始图幅边界及尺寸单位。

（3）设置默认字型及字型文件。

（4）设置绘图所用图层。

（5）设置缺省尺寸标注系统变量。

（6）设置其他系统变量。

Acad. dwt 中定义 SuperWORKS 正常运行所需的基本环境及参数，用户亦可修改模板文件 Acad. dwt 中的以上设置。方法：打开 Acad. dwt［注意文件类型 . dwt］后，可用 AutoCAD 相应命令重新设置各参数，然后保存退出。这样在每次新建一幅图时，选用新的模板 Acad. dwt，设置的参数都将对新图有效。为保证 SuperWORKS 的正常运行，推荐使用系统提供的 Acad. dwt 为模板文件。

2. 系统设置

调用菜单［SuperWORKS］/［环境设置］/［系统设置］，系统弹出如图 12 - 4 所示的系统设置界面，对各项参数进行设置，也可保留其缺省值。

（1）电路图设置：完成原理图绘制中各类标注文字的大小、位置设置。其中编辑框中的数字代表交叉连接点半径（单位：mm）的十倍数（缺省值为 15）。

（2）原理图端子表设置：原理图端子表类型、元器件对齐方式以及详细参数的设置。

（3）接线图设置：接线图中端子表、元器件序号格式及元器件接线标注方式设置见图 12 - 5 所示的系统设置页面。

（4）标题栏设置：完成对图纸标题栏的设定。

（5）端子表电缆头设置：完成对端子表及电缆具体参数的设定。

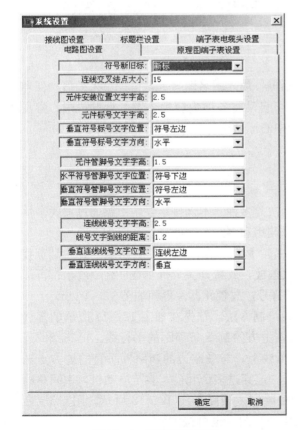

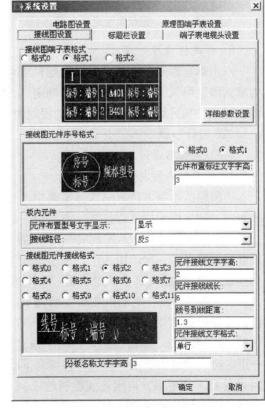

图 12 - 4　系统设置界面　　　　　　　　图 12 - 5　系统设置

3. 图纸属性定义

调用菜单［二次设计］/［图纸属性定义］，系统弹出图纸属性定义界面（如图 12 - 6 所示），输入当前图纸的安装位置，即本图中大部分元器件所属的设备（屏、柜）名称。

4. 设置图幅

根据设计要求，设置标准图幅。调用菜单［SuperWORKS］/［环境设置］/［设置图幅］，系统弹出图幅设置界面（如图 12 - 7 所示）。此处选用 A3 横幅，不分区，则系统自动绘出图幅边框及标题栏。

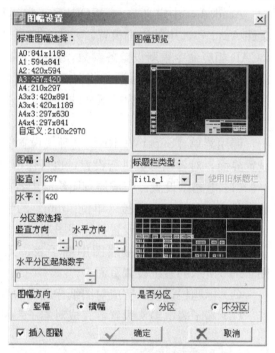

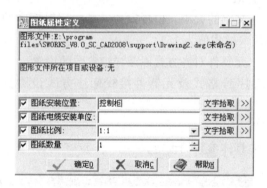

图 12 - 6　图纸属性定义界面　　　　　　图 12 - 7　图幅设置界面

5. 标题栏填写

双击标题栏图形，系统弹出标题栏填写对话框，填入图名图号等，可把填入的值"保存为默认值"可供下次调用。单击"确定"，系统可自动将各项内容填入图纸标题栏中，参见图 12 - 44 中的标题栏。系统会自动提取每张图中的标题栏信息生成项目图纸目录。

二、设计步骤

（一）主回路设计

1. 主回路的绘制

主回路的绘制方法有一次方案调用、点式画法等多种。本例排水泵主回路通过点式画法来绘制，即先摆元器件后连线。方法分一次符号调用和多线绘制两步，步骤如下：

（1）一次符号调用。先调取一次元器件符号库，调用界面如图 12 - 8 所示。首先翻页找到断路器符号，一次调用 3 个，在绘图区中依次摆放，放置开关界面如图 12 - 9 所示；再依次摆放 3 个接触器、3 个热继电器、一个电动机符号，放置元器件界面如图 12 - 10 所示。

（2）多线绘制：电动机三相主回路采用多线绘制方法。首先在如图 12 - 11 所示的多线绘制界面中选择"空白区域（水平线）"在断路器上方绘制 5 条等距的平行线，再选择"连线"，导线数为 3，单击绘制，在位于最上方的母线上，与最左边的断路器垂直的地方点选一下，会自动绘出 3 根阶梯线，连续向下绘制，一笔穿过多个元件，直至电动机，主回路绘制如图 12 - 12 所示。再用连线绘制地线，三线法绘制主回路如图 12 - 13 所示。用 CAD 命令修改中心线与地线的线型，完成电动机主回路的绘制。也可按图 12 - 13 先绘制连线，再插入元器件符号。

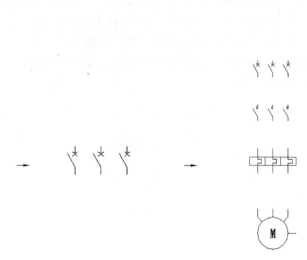

图 12-8　一次元器件符号调用界面　　　　图 12-9　放置开关　　　图 12-10　放置元器件

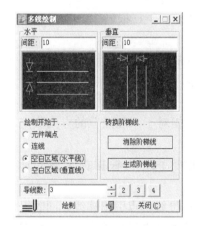

图 12-11　多线绘制界面

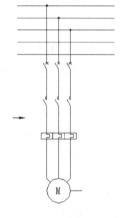

图 12-12　主回路绘制

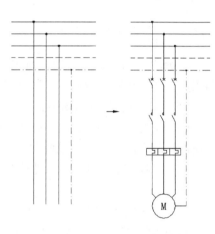

图 12-13　三线法绘制主回路

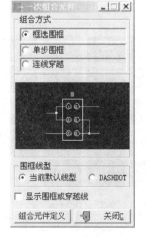

图 12-14　元件定义界面

2. 主回路标注

（1）元件定义：调用一次组合元件菜单，弹出如图 12-14 所示的元件定义界面，单击"组合元件定义"，框选 3 个断路器符号，在依次弹出的元件属性编辑框中输入元件标号、明细信息。一次元件选型界面如图 12-15 所示。

图 12-15　一次元件选型界面

（2）线路定义。直接双击连线，在编辑框中输入线号 L1，线号标注界面如图 12-16 所示，单击"确定"定义线号。用鼠标指定线号的标注位置，完成标注及属性定义。其他元件、连线的标注方法相似。编辑修改后的排水泵主回路图如图 12-17 所示。

图 12-16　线号标注

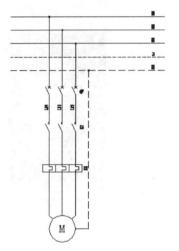

图 12-17　排水泵主回路图

（二）电气控制原理图设计

1. 控制回路绘制

SuperWORKS 提供了链式画法、模板画法、点式画法、回路调用、多线绘制等便捷画图工具。现采用链式画法，即边选择符号，边连线、定义元件标号和线号。步骤如下：

（1）用鼠标在绘图区域内点取一点作为绘制起点。

（2）根据命令行提示，再选择合适一点作为末点。"末点"相对于"起点"的方向决定电路的绘制方向。单端符号调用界面如图 12-18 所示。

（3）选择起始元件小母线符号，所选小母线出现在绘图区内，再根据提示输入标号 L01。

（4）根据提示"回退 <Undo>/<末点>:"，系统自动从小母线端点引出连线，同时提示"请输入线号"，输入线号 L01 后，在弹出的如图 12-19 所示的多端二次符号调用界面中选择熔断器符号，按"插入元件"，符号进入绘图区，输入标号 FU。

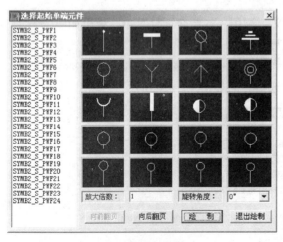

图 12-18　单端符号调用界面

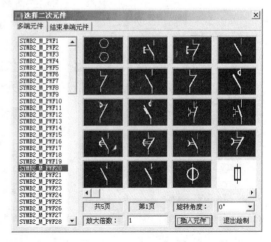

图 12-19　多端二次符号调用界面

（5）重复上述操作，连线，输入线号 1；选择二次元件信号灯，输入标号 HW；直至终点单端小母线 N。至此，一条相对完整的支路绘制完毕，链式画法绘制成的回路如图 12－20 所示。

（6）继续绘制，将起点落在 FU 和 HW 之间的直角点处，系统自动打上节点表示电路交汇，再重复上述步骤将第二条支路绘制完成。并联停泵指示回路如图 12－21 所示。此后再完成其余支路绘制。

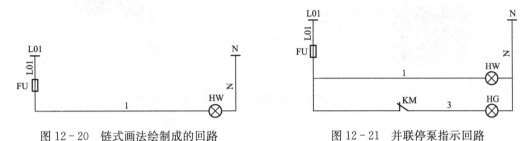

图 12－20　链式画法绘制成的回路　　　　图 12－21　并联停泵指示回路

2. 转换开关设计

（1）在如图 12－22 所示的转换开关设计界面中设置档位数、分档间距、分档线长度，设置完成后单击"绘制转换开关"按钮，根据命令行提示指定绘制起点。绘制完成后的转换开关电路如图 12－23 所示。

（2）通过打点、端点号批标注、组合元件功能，完成转换开关 SAC 的端点号标注、型号属性的赋予。设计完成后的标注端号与属性赋值如图 12－24 所示。

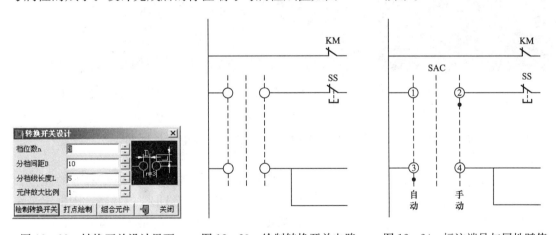

图 12－22　转换开关设计界面　　　图 12－23　绘制转换开关电路　　　图 12－24　标注端号与属性赋值

3. 设备及回路标注

（1）属性编辑：在图中鼠标直接双击元件，弹出如图 12－25 所示的元件属性编辑界面。直接双击熔断器（FU），弹出属性编辑界面，手动输入标号、型号与名称或通过点击"二次元件库"，打开二次元件数据库，选择型号 RL1－15/6A。二次元件选型界面如图 12－26 所示。对同一元件只需定义一次，且可动态提示块属性，如图 12－27 所示。

（2）批标注：对有规律的标号、线号以及元件端号的标注，采取批编辑的方法。对电器元件批标注界面如图 12－28 所示，对报警回路进行线号批标注界面如图 12－29 所示。

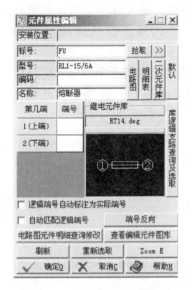

图 12-25 元件属性编辑界面

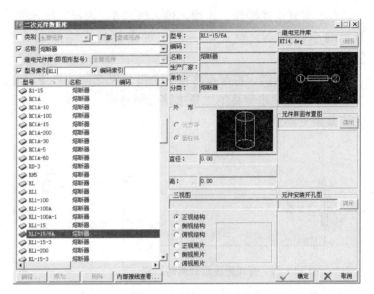

图 12-26 二次元件选型界面

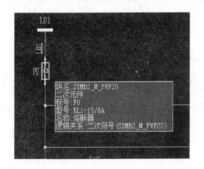

图 12-27 元件属性动态显示界面

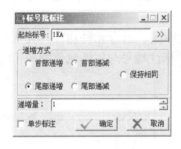

图 12-28 1~3kA
批标注界面

图 12-29 线号批标注界面

（3）扫描标注：对于无规律的标号、线号、元件端号选择单步批标注。

4. 外部设备的补充设计

利用围框来标注外接元件的安装位置（所属设备），围框定义水位控制器下的元件如图 12-30 所示，以围框形式显示外接设备水位控制器、BA 系统 DDC 控制器，围框定义完成的图形如图 12-31 所示。至此，原理图全部绘制完毕。

5. 电路图检查

检查原理图中有无逻辑性的错误或遗漏的地方。步骤为单击菜单［二次设计］/［电路图检查］。

（三）设备材料表生成

对已绘制的原理图（可多张），系统自动搜索提取其中元件信息，生成材料表。

操作步骤：单击菜单［二次设计］/［二次接线］/［明细表生成］或工具条上的按钮 ，系统弹出对话框，在安装位置列表中，选择"控制柜"。

经补充定义未选型的元件，这里将型号相同的元件 1kA、2kA 一次性添加至元件明细列表中。"调整"排序，最终调序后的明细表编辑完成界面如图 12-32 所示。

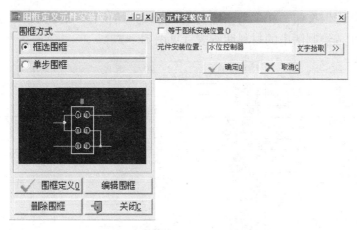

图 12 - 30　围框定义水位控制器下的元件

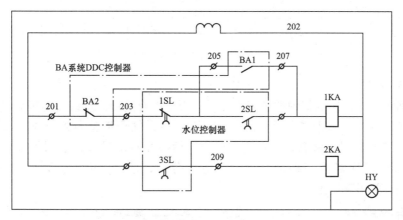

图 12 - 31　围框定义完成的图形

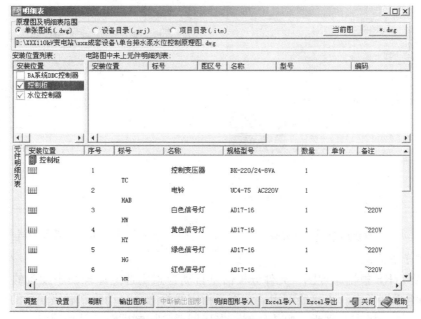

图 12 - 32　明细表编辑完成界面

单击"输出图形"按钮，在"请指定明细表分段开始位置"的提示下，选择明细表的起始点、结束点，生成绘制图中的材料明细表（见图12-33）。

序号	标号	名 称	型号规格	数量	备注
1	1SL~3SL	液位控制接点	KeY-om	3	
		水位控制器			
16	KM	交流接触器	LC1	1	
15	KH	热继电器	LR2	1	
14	FU	熔断器	RL1-15/6A	1	
13	1KA~2KA	中间继电器	JZ11-44	2	~24V
12	3KA	中间继电器	JZ11-44	1	~220V
11	SAC	转换开关	LW5-15D0081	1	
10	SS	停止按钮	LA42P	1	~220V
9	SF	启动按钮	LA42P	1	~220V
8	SBR	解除按钮	LA42P	1	~220V
7	SBT	试验按钮	LA42P	1	~220V
6	HR	红色信号灯	AD17-16	1	~220V
5	HG	绿色信号灯	AD17-16	1	~220V
4	HY	黄色信号灯	AD17-16	1	~220V
3	HW	白色信号灯	AD17-16	1	~220V
2	HAB	电铃	UC4-75 AC220V	1	
1	TC	控制变压器	BK-220/24-8VA	1	
		控制柜			
序号	标号	名 称	型号规格	数量	备注

图12-33 绘制图中的材料明细

（四）元件分板

功能：确定元件在接线图中的位置、序号、板号以及是板前接线还是板后接线等信息。

操作步骤：单击菜单［二次设计］/［二次接线］/［元件分板及布置］或工具条上的按钮，经调序，选择板号、板名，并单击"确定"后，即对1号板仪表门元件分板完成，如图12-34所示。同样对控制柜的其他元件进行分板、排序。元件分板结果如图12-35所示。单击"保存关闭"退出。

图12-34 1号板仪表门元件分板　　　　图12-35 元件分板结果

（五）端子表生成

SuperWORKS根据原理图、元件分板信息自动检索出选定原理图中设备的所有上端子信息，自动生成端子表。直接绘制出电流端子粗实线标志，自动绘制联络端子的标志，元件自动上端子。端子排序原则为：电流回路、电压回路、控制回路、其他回路。

控制回路端子表生成具体操作：单击菜单［二次设计］/［二次接线］/［端子表生成］或工具条上的按钮 🖉，系统弹出端子表生成界面（见图 12-36），其中：①安装位置列表：选择控制柜，列出端子表生成范围内的所有安装位置信息；②回路号列表：列出原理图中所有线号信息；③端子表详细信息列表：显示当前所选端子表的信息；④生成端子表：在端子表列表下点击"新建"按钮，弹出对话框，输入端子表名Ⅰ点确定，生成空端子表Ⅰ。单击"全部自动上端子"，或选中回路单击"自动上端子"按钮，便可自动生成该端子表，如图 12-36 所示；⑤端子表的编辑修改；⑥绘制端子表图形：单击"端子表绘制"，对新建的端子表Ⅰ进行绘制，绘制完成后的端子表如图 12-42 中的端子表部分。

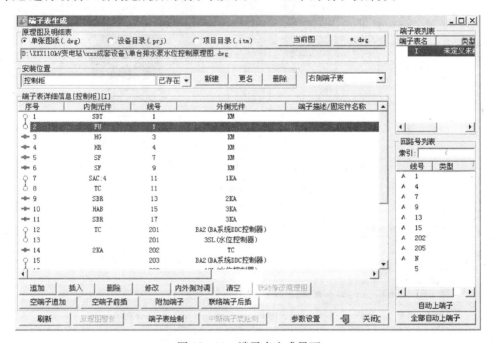

图 12-36　端子表生成界面

（六）元件布置

操作步骤：单击菜单［二次设计］/［二次接线］/［元件分板及布置］或工具条上的按钮 🎛，选择原理图，弹出元件分板后的界面，通过按钮对布置信息进行编辑。

（1）板前板后：默认为板前。根据元件布置图信息，仪表门上的元件设置为板后接线。板前设置时元件布置图为正视图，板后设置时元件布置图为背视图。

（2）分行：系统默认不同板之间的元件自动分行。

（3）布置参数设置：对元件之间的布局（水平间距、垂直间距）进行设置，设置完毕单击"布置"按钮。

（4）布置：直接双击元件单个"布置"，也可一次选中多个元件布置。布置完成后的元件位置已表示在图 12-45 所示的接线图中，已正确布置的元件前打上勾 ✅，元件布置结果图如图 12-37 所示。

（七）接线生成

调用菜单［二次设计］/［二次接线］/［接线生成］或点击工具条上的按钮 🔲，系统弹出接线生成设置界面，如图 12-38 所示。

图 12-37 元件布置结果图

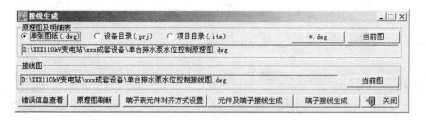

图 12-38 接线生成设置界面

选择对应的原理图，单击"元件及端子接线生成"，就可生成元件接线图，如图 12-45 中的元件布置接线部分。

（八）出接线表

系统可自动根据接线图生成二次接线表。本例中生成的接线表界面和 TXT 格式接线表分别如图 12-39、图 12-40 所示。

（九）电缆生成与统计

电缆型号选择时能自动读取电缆起点、电缆终点、推荐选型等信息自动标识信息于图中，电缆选型界面如图 12-41 所示；根据端子表中外接设备信息，自动生成的电缆连线如图 12-42 所示。

根据端子电缆图中的定义信息，自动统计出排水泵控制柜到其他设备的电缆，自动生成电缆统计清册如图 12-43 所示。

设计完成的排水泵水位控制原理图与接线图分别如图 12-44、图 12-45 所示。

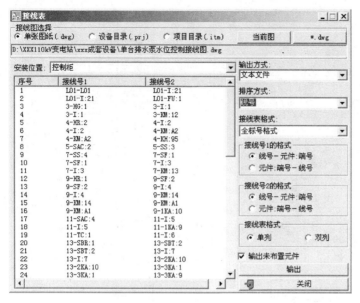

图 12-39　接线表界面

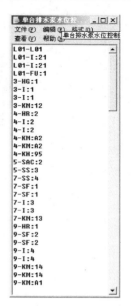

图 12-40　TXT 格式接线表

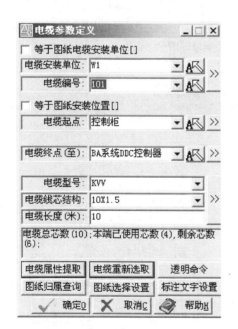

图 12-41　电缆选型界面

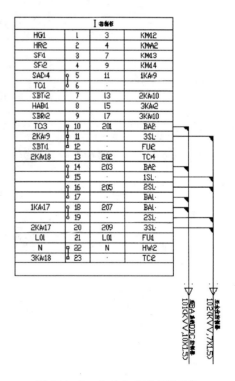

图 12-42　自动生成的电缆连线

序号	安装单位	电缆编号	电缆型号	电缆芯数及截面积（mm²）	使用芯数	备用芯数	电缆起点	电缆终点	长度（m）	电压（kV）	备注
1	W1	101	KW	10×1.5	4	6	控制柜	BA 系统 DDC 控制器	10		
2	W2	102	KW	7×1.5	5	2	控制柜	水位控制器	10		

图 12-43　自动生成的电缆统计清册

222 第 2 篇 应 用 篇

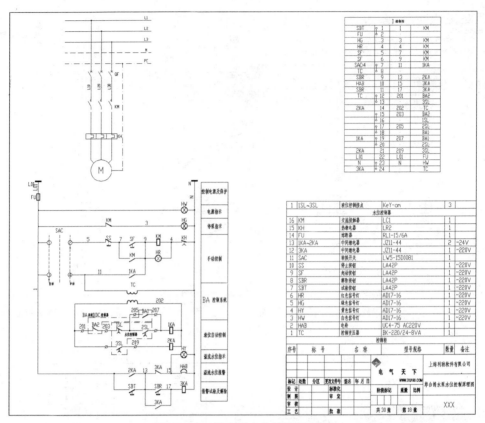

图 12 - 44 排水泵水位控制原理图

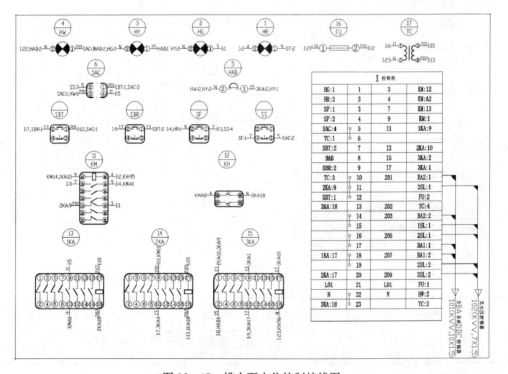

图 12 - 45 排水泵水位控制接线图

第13章　建筑电气CAD技术

由于CAD技术能极大地提高工作效率，建筑工程领域使用CAD技术较早，已经成为建筑工程不可缺少的部分。因此，在传统建筑电气教学科目中引入CAD技术，实现CAD与其他相关课程融合式的教学体系是建筑电气专业教学的发展方向。

目前开设的"建筑电气CAD"课程主要讲解AutoCAD在建筑电气设计中的图形绘制方法，通过介绍AutoCAD的命令，绘制建筑动力、照明、配电、设备控制及弱电等图形的方法进行课程教学，最后让学生绘制一系列图形作业。该方法缺乏对具体工程的计算机描述模型和实现方法，尤其是对于辅助设计的核心——方案决策与数据信息的交换处理技术缺少介绍，使学生缺少CAD的整体概念。本书前面已介绍了建模和数据处理技术，本章将在介绍建筑电气CAD概念的基础上，结合浩辰电气设计软件的应用，详细介绍设计过程中电气工程图绘制及文档的生成方法。

13.1　建筑电气CAD技术基本知识

一、建筑电气工程设计

随着科技的发展和人民生活水平的提高，民用建筑向大面积、高层、超高层、多功能、综合性用途发展，对建筑电气提出了更高的要求。现代建筑电气工程的特点是：

（1）消防要求高。

（2）用电设备种类多，用电负荷大，耗电量大，供电可靠性要求高。

（3）电气设施功能复杂。

（一）建筑电气设计的概念

建筑分为工业建筑、居民小区和高层建筑等类。就电气设计而言，这三类建筑有相同之处。建筑电气设计主要内容是由已知的原始条件——建筑物的类型、位置、电源与弱电连接点的位置、电压、建筑物负荷分布及网络结构，用计算机辅助完成高低压动力照明配电方案设计及通信、电视、计算机、消防安全等设施的弱电系统设计，并选择相应的设备和保护配置。

1. 工业建筑

工业建筑的电气设计与民用建筑不同，工业建筑一般单层层高较高，单间面积大，动力负荷多，会接触到高压气体放电灯照明、明敷设线路、动力设备配电、电动机控制等方面的设计。

2. 居民小区

居民小区电气设计主要是居民宿舍楼及其配套设施的电气设计。宿舍楼主要有暖通、电梯、室内外照明及家用电器低压配电，配套设施有通信、电视、计算机、消防安全等弱电网络系统。

3. 高层建筑

高层建筑电气设计兼有前两者的特点。

　　（二）建筑电气系统基本功能及其设计范围

　　建筑电气系统包括用途复杂的供配电系统、防雷接地系统、照明系统及运输、水泵、空调、排烟系统中的动力控制及网络通信、消防、楼宇自动化等弱电系统。可将建筑电气设计主要内容归纳为四方面：①建筑供配电；②建筑动力控制和照明；③建筑防雷与接地；④建筑弱电系统设计。

　　（1）建筑供配电设计。建筑供配电系统设计内容通常包括以下几个方面：①负荷统计及无功补偿；②变配电所位置及变压器台数、容量、型号选择；③高、低压供配电系统设计；④导线、电缆及高低压电气设备的选择；⑤防雷及接地设计；⑥动力配电设计。

　　（2）电气照明系统。其包含照度计算、灯具选择布置与平面布线。

　　（3）防雷接地系统。其包含防直击雷、侧击雷、感应雷的措施，有接零、接地保护、等电位连接等。

　　（4）弱电系统。其包括以下几方面：①共用天线电视系统；②自动化系统，包括通信自动化系统（CAS）、楼宇自动化系统（BAS）、办公自动化系统（OAS）、保安自动化系统（SAS）、管理自动化系统（MAS）、综合布线系统（PDS）、结构化布线系统（SCS）、智能建筑、火灾自动报警与自动消防系统；③电话通信系统；④电声广播系统；⑤信号及自动控制系统，包括就地控制、远地集控、BA系统自动控制、火警信号控制及联动控制等多种控制；⑥计算机管理系统。

　　（三）建筑电气设计常用规范

　　（1）《民用建筑电气设计规范》（JGJ 16—2008）。

　　（2）《建筑照明设计标准》（GB 50034—2004）。

　　（3）《供配电系统设计规范》（GB 50052—1995）、《低压配电设计规范》（GB 50054—1995）。

　　（4）《高层民用建筑设计防火规范》（GB 50045—2005）、《火灾自动报警系统设计规范》（GB 50116—1998）。

　　（5）《民用闭路监视电视系统工程技术规范》（GB 50198—1994）。

　　（6）《建筑物防雷设计规范》（GB 50057—1994）。

　　（7）《智能建筑设计标准》（GB/T 50314—2006）。

　　（8）《建筑与建筑群综合布线系统工程设计规范》（GB/T 50311—2000）。

　　（四）建筑电气设计文件与图纸

　　（1）设计说明书。

　　（2）设备材料表。

　　（3）配电系统图（高、低压系统图，干线系统图）以及弱电系统图。

　　（4）设备层电气平面图及各楼层电气平面图。

　　二、建筑电气 CAD 的概念

　　（一）建筑电气 CAD 应用现状

　　CAD 可辅助人们完成建筑设计中各项设计任务。我国建筑设计应用 CAD 技术较早，已有一些较成熟的软件系统，例如天正建筑、ABD、PKPM 等系列软件，以及建筑软件 APM 和结构计算软件、结构绘图软件 PMCAD。这些专用电气设计软件能完成建筑电气强弱电的各项设计，如浩辰、博超软件等专用电气设计软件是进行建筑电气设计绘图及相关计算的主要工具。这些软件多为 AutoCAD 二次开发形成。浩辰电气设计软件提供了最新的灯具库与光源库，并内嵌最新的照明设计规范，将计算照度、节能校验、布置灯具、生成计算书等整个过程一气呵成。软件涵盖了高、低压短路电流计算，配电系统负荷计算，照度计算，防雷接地计算，电动机启动，继电保护，降压损失，无功功率补偿计算等，适合多种工程需要。

（二）建筑电气 CAD 发展趋势

目前，建筑电气 CAD 正向高层次发展，对电气设计软件功能也有进一步提高和完善的要求，主要目标为：

（1）软件的标准化、规范化。

（2）集成化：电气设计与土木工程一体化，方案设计与图形、数据处理一体化，工程计算、设备选型、施工图表达及概预算集成化。

（3）协同设计与网络化。

（4）虚拟设计与智能化，流程自动化。

13.2 建筑电气 CAD 系统的描述及建模要求

建筑电气 CAD 系统包括建立辅助设计数学模型，即使用算法、设计原理、公式、输入数据、输出结果的数学描述，以及软硬件环境、程序结构组成与模块、界面、菜单、流程、程序框图的形式描述。

一、建筑强电 CAD 系统描述模型及建模要求

（一）建筑供配电 CAD 系统建模及设备选择原则

变配电所设计是供配电的主要部分，要求人工或自动布置高低压配电柜、变压器及其他相关设备，沿任意方向生成变配电所剖面图，自动统计材料表。模型描述的原理方法详见第 8 章，此外变配电所位置和类型的选择、变电站主变压器台数、容量的选择及其他电气设备选择原则参见专业书籍。本书采用国际通用的 R10 容量系列，一般原则为：

（1）一般情况选择双绕组三相变压器，并选用 SL7、S7、S9 型等低损耗电力变压器。

（2）多尘或腐蚀场所选择防尘防腐型变压器如 SL14 等系列全密封式变压器。

（3）高层建筑选用不燃或难燃型变压器如 SCL 系列环氧树脂浇注干式变压器或 SF_6 型变压器。

（4）多雷地区宜选用防雷型变压器如 SZ 系列变压器。

（5）电压偏移大、电压质量要求高的场所选用有载调压型变压器如 SZL7、SZ9 型变压器。

（6）二层楼以上建筑选用的干式变压器容量不宜大于 630kVA、居民小区变电站的配电变压器单台不宜超过 630kVA。尽量采用成套变电站或箱式变电站。

供配电方案技术经济比较主要包括技术指标、经济计算和有色金属消耗量三个方面。

（二）高、低压供配电系统图（一次）模型

该模型提供待选的高低压开关柜标准出线方案及多种常见的抽屉柜型式，具有图形编辑功能，使设计人员可以任意选择、自由组合开关柜出线方案，快速生成配电系统图或定货图、设备表。

（三）动力、照明系统 CAD 建模

将工程计算、设备选型、施工图表达、报表形成与文档提交有机地结合成一体，在配电

箱、设备布置后自动提取系统图。系统图中所有开关及回路线缆实现自动选型，上下级自动配合。设备选择还应设置人工选择或修改功能，并能自动校验。

模型能根据建筑物及场所要求的照度值及所选择的光源和灯具，用"利用系数法"做照度计算，采用房间均匀、行列、沿线规则等布置合理的照明灯具；自动实现负荷计算、系统图形式选用和自动生成合适的动力照明系统图；配电箱的出线回路作模拟通电检测，修改设计后自动生成任意形式的系统图。

（四）设备元件布置模型要求

（1）室内灯具布置应满足的照度要求是：①工作面上照度均匀；②光线的射向适当，无眩光，无阴影；③灯泡安装容量减至最小；④维护方便；⑤布置整齐美观，并与建筑空间相协调。

（2）室内插座布置：布置插座时，参照建筑专业提供的家具布置图，尽量多安排一些插座，以确保住户所有家用电器都能够用且不需再布线。同时住宅的插座应全部设置为安全型二孔三孔插座，在比较潮湿的地方应加上防潮盖。不同房间插座配备数量见表13-1。

表13-1　　　　　　　　　　　不同房间插座配备数量

房间名称	二、三孔（各一）插座组（10A）	空调器专用插座（16A）	洗衣机专用插座（16A）	电冰箱专用插座（16A）	电热水器插座（16A）	排烟机插座（10A）
起居室	4	1				
主卧室	3~4	1				
次卧室	3	1				
餐　厅	2			1		
厨　房	3				1	1
卫生间	1		1		1	
主阳台	1					
车　库	2					

开关及插座设备的布置方式可选定设备沿墙（圆弧）、插座穿墙、开关自动、网格线上等。自动连接导线时可以根据导线的用途和型号自动选择导线规格及保护管管径。

（3）配电箱布置：箱体在车库内为明装，其他暗装。

（五）建筑用电负荷计算模型

（1）负荷计算：有需要系数法、单位面积法（负荷密度法）和单位指标法。规范中规定在方案设计阶段可采用单位指标法，在初步设计及施工图设计阶段宜采用需要系数法；对于住宅，在设计的各个阶段均可采用单位指标法。

（2）住宅负荷的计算：每套住宅用电负荷，按套型类别进行确定，每套住宅供电容量标准，一般可在4~12kW范围选取。高级公寓的每户建筑面积在100~200m² 时用电标准可为10~15kW。

（3）总负荷计算：配电干线和变电站的计算负荷为各用电设备组的计算负荷之和再乘以同时系数 K_Σ，一般取 K_Σ 为0.8~0.9。

（六）通用电气计算模型

计算模型应包括建筑电气系统高、低压短路电流计算及高压设备选择校验、配电系统负荷计算、照度计算、防雷接地计算、电机启动、继电保护、降压损失、无功功率补偿计算等计算项目，以适合多种工程需要。所有的计算过程和计算结果都可以输出到 Word 文档中，直接作为设计文档存档或提交。

二、电气控制及弱电系统模型要求

（一）电气控制原理图（二次）模型

通过标准图库调用生成图形，宜编辑方便、修改容易；可同时完成一次主回路设计、端子设计、生成端子表及箱盘设计等，并可自动生成设备表。

（二）弱电系统 CAD 建模

模型包括弱电系统设备选择及综合布线方案设计，如 PDS 平面和 PDS 系统设计，提供广播、电视、消防、电话等弱电系统平面和系统设计实现方案。例如有线电视系统要根据使用地点要求完成干线传输电缆（SYKV-75-9/12 型或 SYV-75-9/12 型同轴电缆）、分支干线（SYKV-75-9/12 型或 SYV-75-9/12 型同轴电缆）、用户线（SYV-75-5 型视频线）、分支器、分配器、串接分支器、用户盒、放大器等的选择及布置。为此，使用地点和要求等物化概念要采用地点代号和要求编码的数字量来描述，以便计算机识别。

三、防雷接地设计模型

由基建条件确定保护范围及绘制防雷与接地平面图；依据最新的设计规范，采用滚球法，应用先进的三维曲面设计技术，自动计算多根避雷针联合防护区域，动态显示三维保护范围、自动生成 Word 格式计算书。

13.3　建筑电气 CAD 系统的实现

实现建筑电气 CAD 系统，在构建设计模型的基础上，需要完成电气技术方案确定、图形系统选用、功能模块设计和数据库系统建立等工作。本节将主要介绍建筑电气 CAD 系统的结构组成、主要功能模块及涉及的数据库结构。

一、建筑电气 CAD 系统的总体结构

除包含建筑电气常规的设计内容外，考虑到 CAD 系统的智能化和集成化，系统核心应由融合建筑电气遵循的规程规范条文的知识库和专家系统构成的智能模型及相应的基础数据库、图形数据库等组成。数据处理、图形生成、设计方案决策和计算分析集成于一体。

此外，要考虑到工业建筑的电气 CAD 设计与民用建筑不同，一般单层楼层较高、单间面积大、动力负荷多，会接触到高压气体放电灯照明、明敷设线路、动力设备配电、电动机控制原理等方面的设计。

建筑电气 CAD 系统通常分两阶段：

（1）第一阶段：实现建筑建模、分析计算、方案优化、施工图绘制。

（2）第二阶段：建立微机区域网和工作站，在网络上配置图文档案管理文件、扫描仪、光盘机，以及扫描识别软件 EDIS，从而实现大规模工程图纸的自动输入、真三维模型、方案优化设计、渲染图制作、图文档案的管理，并通过网络管理实现数据和设备的共享。

较完整的建筑 CAD 系统的总体结构框图如图 13-1 所示。

系统通过图形元件与数据库属性定义相关联，实现以中心数据库为核心，将知识规则与逻辑推理模块有机地结合在一起。

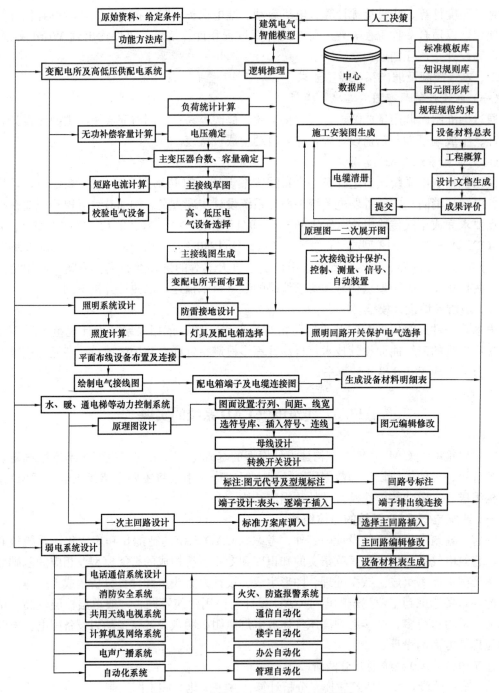

图 13-1 建筑 CAD 系统总体结构框图

二、主要功能模块

（一）建筑供配电方案设计模块与设备选型

（1）负荷计算及变压器、导线截面选择模块。

（2）短路电流计算模块。

（3）低压配电屏选择模块。

（4）应急电源容量选择模块。

（5）低压保护装置的选择模块。

（6）其他电气设备选择，包括低压补偿屏、电流互感器、熔断器、低压氧化锌避雷器等的选择。

（二）动力控制设计模块

（1）控制主回路确定及其设备选择。

（2）控制二次回路接线确定及其设备选择。

（3）设备保护配合及定值计算。

（三）弱电系统设计模块

该模块含通信、电视、消防、监控、网络、微机等常用弱电系统设计。

（四）照明系统设计模块

该模块整个计算过程：选房间→选灯具→计算照度→布置灯具→出计算书。主要为：

（1）照度计算。

（2）灯具选型及布置模块。

三、建筑电气工程数据库

（一）电气常用设备技术参数库

将常用电气设备的技术参数装入库中，供设计时自动或手工选择查询之用。这类数据占用容量大、类型多且必不可少，是最基本的数据库。电缆载流量表变压器参数表分别见表 13 - 2、表 13 - 3。

表 13 - 2　　　　　　　　　　**电 缆 载 流 量 表**

型号	线芯温度（℃）	标准温度（℃）	材料	截面（mm²）	明敷载流量（A）	直理载流量（A）
VLV - 1kV	70	30	铝	3×120+1×70	210	188
VLV - 1kV	70	30	铝	2[3×240+1×120]	680	640

表 13 - 3　　　　　　　　　　**变 压 器 基 本 参 数 表**

系列	型号	电压（kV）	额定容量（kVA）	阻抗 U_k％	空载损耗 ΔP（kW）	短路损耗	空载电流	Yyn0零序电阻	Yyn0零序电抗	长 L（mm）	宽 B（mm）	高 H（mm）	生产厂家
ZSSGB10	ZSSGB10 - 820/6	6/0.4	820	6	1.6			×	×	1690	1240	1635	天威
ZSSGB10	ZSSGB10 - 1250/6	6/0.4	1250	6	2.59			×	×	1950	1260	1850	天威
ZGSBH16	ZGSBH16 - 800/10	10/0.4	800	4.5	0.28			×	×	2040	1745	1965	上海

（二）电气设计知识规则库

知识规则库是对规程规范条文化以后的数学描述，是实现智能化的基础，实现原理参考第 10 章相关内容。

（三）电气设备图元库

按电气设备分类建立数据表，如照明开关、灯具设备图元示例如图 13 - 2 所示。

常用电气构件库及二次元件图库部分元件示例图如图 13 - 3 所示。

（四）电气标准模板图库

将符合规程规范要求的完整电气图形按类编组存入电气标准模块图库中，供设计时调用作为参照修改后使用。

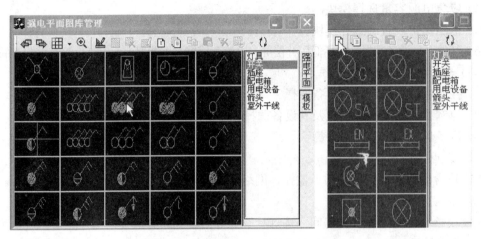

图 13 - 2　照明开关、灯具设备图元示例

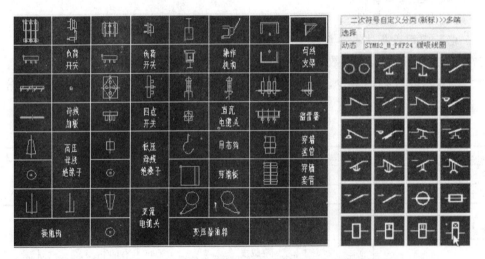

图 13 - 3　常用电气构件及二次元件图库部分元件示例图

（五）照度计算数据库

其中灯具型规数据库如图 13 - 4 所示。

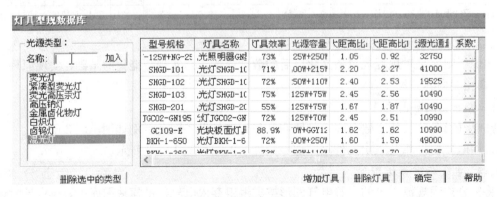

图 13 - 4　灯具型规数据库

13.4　建筑电气 CAD 实践——浩辰 IDq 设计软件应用

以浩辰 ICAD 电气设计软件 IDq2007i 为设计绘图工具，介绍建筑电气工程图的设计绘制实例。软件运行环境如下：

操作系统：Windows9x/2000/WindowsXP。

图形平台：AutoCAD 2000/AutoCAD 2002/AutoCAD 2004/AutoCAD 2005/AutoCAD 2006/AutoCAD 2007/AutoCAD 2008。

一、基本设置

系统基本设置有：电气设定（config）、屏幕菜单、快捷菜单、命令行快捷工具条、插入图框（CRTK）及基本属性选择等。

图层及定制工具条：按需要关闭、打开、锁定、删除图层，支持用户自定义图层。

图层属性及工具条示例如图 13 - 5 所示。

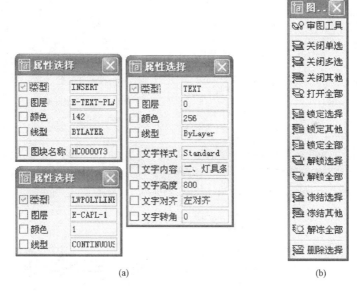

(a)　　　　　　　　　　　　　　(b)

图 13 - 5　图层属性及工具条

(a) 选择设备、选择线缆和选择文字；(b) 图层工具

二、照明电气工程图的设计绘制

照明系统设计是在照度计算基础上作灯具选择、布置、绘图和给出计算书。现以某一建筑厅室的照度计算为例说明设计步骤。

（1）先输入房间条件、现装灯具类型等基本数据，得到照度需求值，照度计算界面如图 13 - 6 所示。

（2）灯具选择：选择灯具类"荧光灯"、灯具规格"简式荧光灯"，选择灯具数据库如图 13 - 7 所示。

（3）绘灯具布置图：按 5 行 6 列布置，单击"行列布置灯具"按钮布灯，灯具布置图绘制如图 13 - 8 所示。

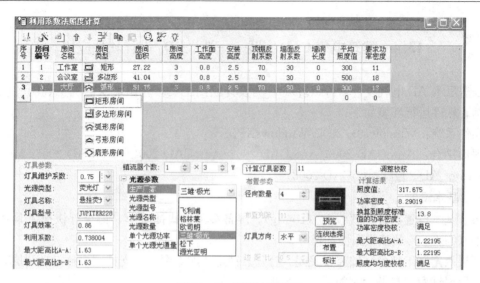

图 13-6 照度计算界面

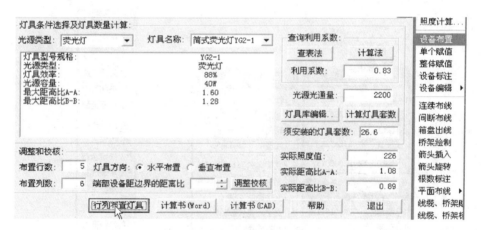

图 13-7 选择灯具数据库

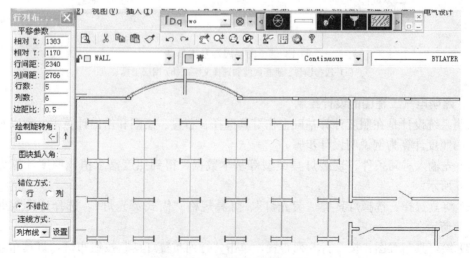

图 13-8 灯具布置图绘制

打开右侧"设备标注",设置字高、角度及标注方式(引线式),标注灯具型号规格、安装高度、功率等数据,灯具设备标注如图13-9所示。

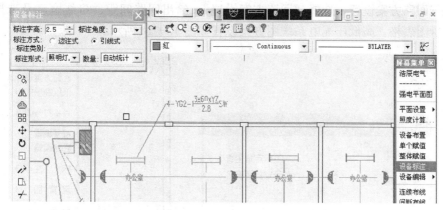

图13-9 灯具设备标注

(4)设计结果计算以Word形式输出计算书如下:

计 算 书

计算依据

根据《照明设计手册》第P149页公式5-39。利用系数根据《照明设计手册》、《建筑灯具与装饰照明手册》以及《民用建筑电气设计手册》中的提供的相关资料查找。

一、房间条件:

房间长16.6m,宽11.7m,面积A=194.2mm²

顶棚反射系数70%,墙面反射系数50%

工作面高度0.8m,室空间比RCR=1.6

二、灯具条件:

灯具名称简式荧光灯YG2-1,灯具型号YG2-1

光源类型荧光灯,光源容量40W,利用系数0.83

灯具效率88%,光通量2200LM,最大距高比A-A1.60

最大距高比B-B1.28,灯具安装高度3.0m

三、照度要求:

照度要求Eav=200lx,灯具维护系数K=0.80

四、计算过程:

由Eav=NφUK/A,得

N=(EavA)/(φUK)

=(200×194.2)/(2200×0.83×0.80)=26.6(套)

五、校核:

采用本灯具30套,行数5,列数6,得

实际照度E=(NφUK)/A

=(30×2200×0.83×0.80)/194.2=226lx

∵E>=Eav ∴计算照度达到平均照度要求。

L_{A-A}=La/hj=2.0/2.2=1.08

L_{B-B}=Lb/hj=2.4/2.2=0.89

L_{A-A}≤L_{A-A}max, L_{B-B}≤L_{B-B}max

∴灯具布置合理。

三、变配电电气工程图的绘制

(一)高低压配电系统图

先进行回路方案设置,选择"回路方案设置",给出回路间距、母线宽度及选择带(或不带)订货图表格。高低压配电系统图方案设置如图 13-10 所示。

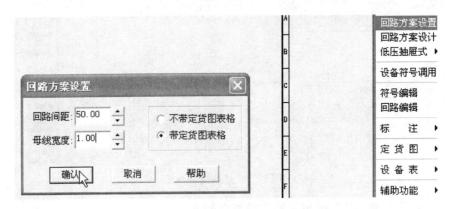

图 13-10 高低压配电系统图方案设置

设计时先选定插入点、从开关柜图元表中选方案逐间隔插入构成系统图。插入选择方案绘制高压配电回路如图 13-11 所示。

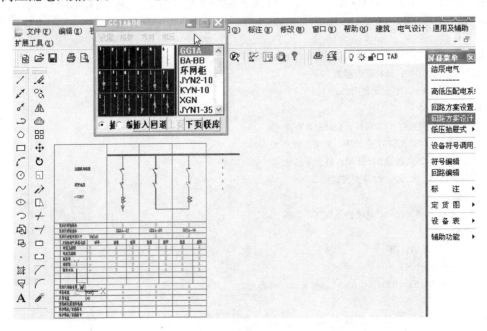

图 13-11 插入选择方案绘制高压配电回路

当选不带订货图设计时,图形将不带下方订货表格,此时也可通过选择"订货图设置"菜单自动生成带下拉表格的订货图。

(二)变配电所的布置图

打开"变电所平剖面图布置"功能菜单,在图 13-12 所示的变配电所布置图设计界面中选"高压柜布置",输入高压柜数、角度,单击"插入基点选择"按钮,选插入点,依次排列开关柜，再选取"低压柜布置"菜单，选插入点，依次布置高、低压柜，如图 13 - 13 所示。变配电所变压器布置如图 13 - 14 所示。

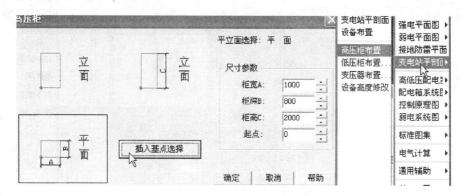

图 13 - 12　变配电所布置图设计

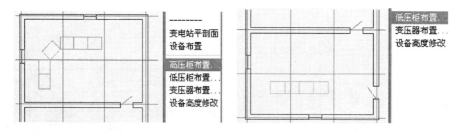

图 13 - 13　变配电所高压柜和低压柜布置图

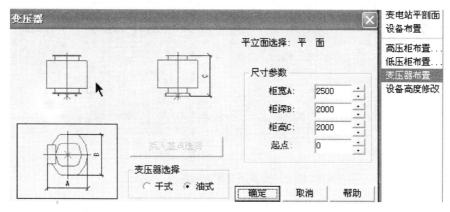

图 13 - 14　变配电所变压器布置

设备布置完成后单击"设备表生成"，选"自动统计"，系统自动统计并生成设备材料表，选插入点，插入图 13 - 15 中，表可以编辑修改。

图 13 - 15 是变配电所设备布置图、断面图及设备材料表的总图。

此外还有电缆沟、架等的绘制，要用到土建构件图元，原理同上，此处从略。

（三）配电电气接线图的绘制

按前述同样方法，逐行插入开关表计图元符号，在其进出线端绘连接线，出线末端绘负荷代号，最后进行规格型号和用途标注即可。多用户配电箱接线方案图如图 13 - 16 所示。

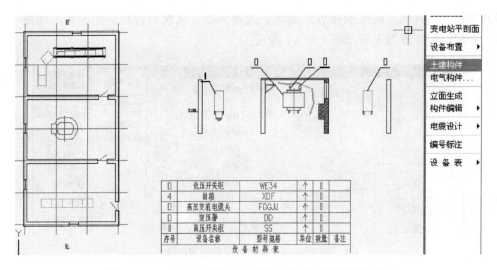

图 13-15　变配电所设备布置图、断面图及设备材料表

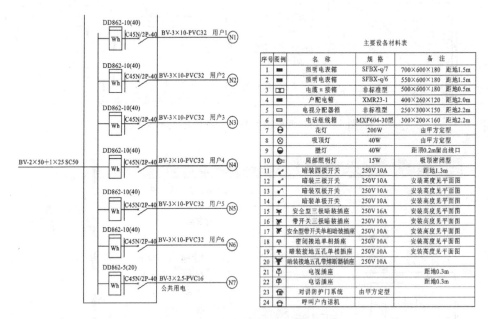

图 13-16　多用户配电箱接线方案图

四、弱电系统图的绘制

(一)弱电平面布置图

以 PDS 平面设计为例说明,对某一建筑楼层进行设备布置,包括单双孔信息插座、配线架及连接线等。

(1)设备布置:首先选设备布置菜单,从下拉菜单中选布置方式,如"插座穿墙"、"多个沿墙"布置等,逐个或成批布置插座等电器元件。弱电系统平面设计设备布置界面如图 13-17 所示。

(2)设备赋值:对布置的设备单独或整体赋值,即从赋值表输入型号规格等数据。对布置设备赋值界面如图 13-18 所示。

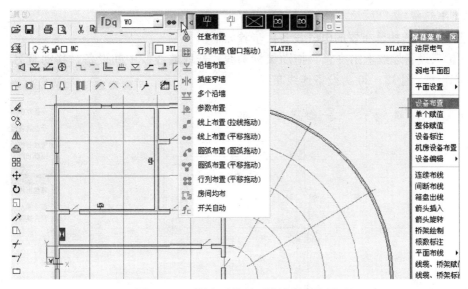

图 13-17　弱电系统平面设计设备布置

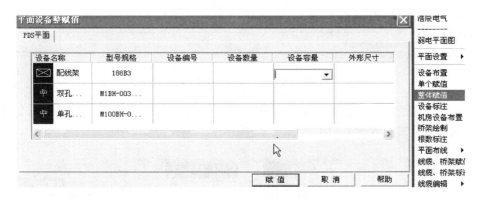

图 13-18　对布置设备赋值

（3）设备标注：按提示先输入标注方式、类别及字高、角度，再在单击位置标注设备代号、名称、尺寸等信息。对设备标注界面如图 13-19 所示。

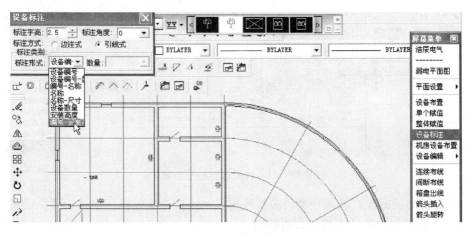

图 13-19　对设备标注

（二）平面布线

布置线缆，连接已布置的电气设备，步骤如下：

（1）输入设备墙线上第一点，拖动鼠标画线，选取墙线或中间设备，移动至另一设备，点击确定连线。图13-20为设备连线布线。

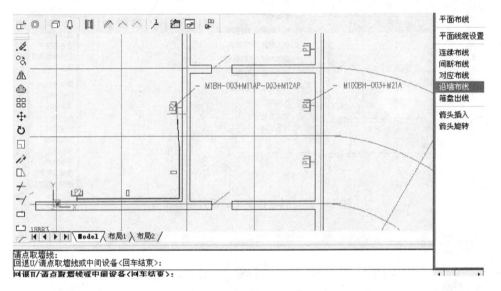

图13-20 设备连接布线

（2）线缆选管径及型规：从提示的型号规格下拉列表中选择确定，如图13-21所示，即为线缆选管径及型规界面。

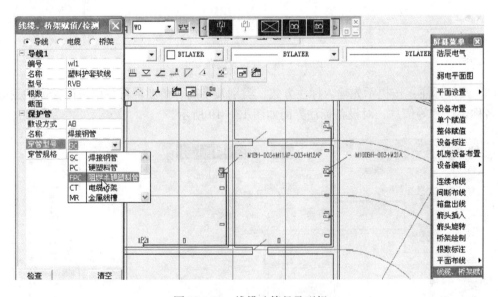

图13-21 线缆选管径及型规

（3）线缆赋值及标注：输入一类设备引线起点、终点，输入标注字符，可在设备、导线标注后自动完成赋值和统计生成设备材料表。

（三）设备表生成

打开图 13-22 所示"设备表生成"对话框，选择自动统计（或生成空表）方式后，可自动生成设备材料表。此实例生成的设备材料表如图 13-23 所示。

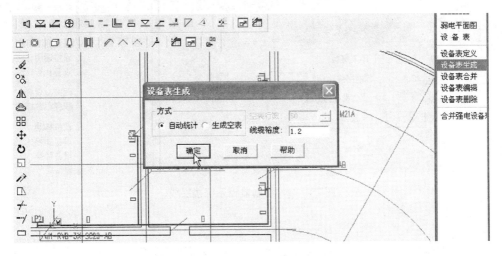

图 13-22　生成设备材料表方式设置

序号	图例	设备名称	型号规格	数量	单位
4	—	焊接钢管	-	8	米
3	—	塑料护套软线	-	8	米
2	LP2	双孔信息插座	M1BH-003+M11AP-003+M12AP	6	个
1	LP1	单孔信息插座	M10CBH-003+M21A	9	个

设 备 材 料 表

图 13-23　生成设备材料表

（四）弱电系统接线图绘制

以某高层建筑消防监控系统为例，打开"楼层线绘制"功能框，首先按图 13-24 所示的绘制监控系统楼层线定义楼层线绘制层数、起始、终止层等参数，按"绘制"，即画出楼层线。

打开图 13-25 所示的选取监控系统标准方案中的"标准方案"功能框，调入标准方案并选一种，如选"消防"中"烟感—温感—手动"，再依次进行层间箱布置、连线、标注及配线架计算。

选取"层间箱布置"，进行连线定义，布置层间箱。层间箱布置如图 13-26 所示。

选取"连线"菜单，绘层间箱与配线架的连接，如图 13-27 所示。此过程自动完成。

依次选取"数量自动标注"、"设备代号标注"及"通用标注"，在图 13-28 所示的图形设备标注界面中标注文字符号。

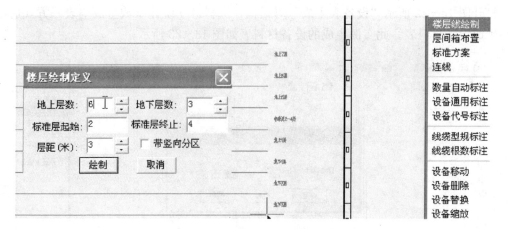

图 13-24　绘制监控系统楼层线

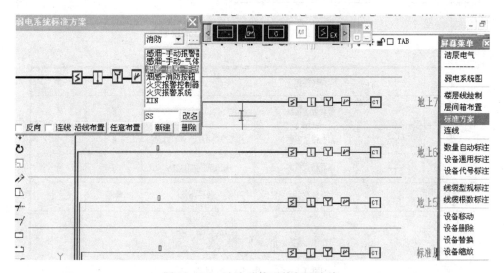

图 13-25　选取监控系统标准方案

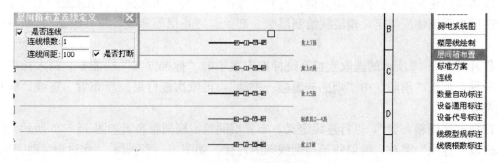

图 13-26　层间箱布置

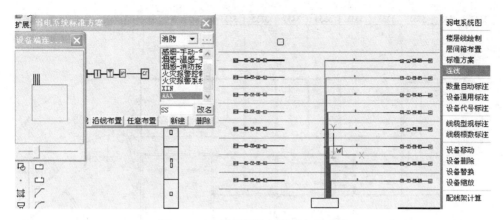

图 13-27 绘层间箱与配线架的连线

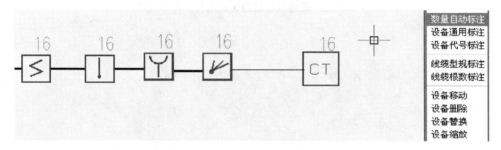

图 13-28 图形设备标注

经配线架计算后完成完整的消防监控系统图如图 13-29 所示。

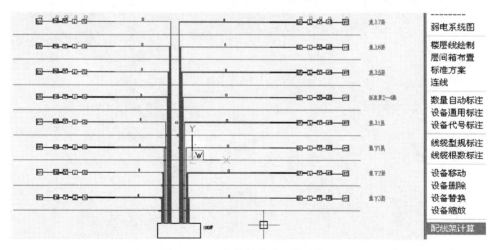

图 13-29 完整的消防监控系统图

（五）建筑电气平面图

完成了配电箱、照明、弱电系统等的设计后就组成如图 13-30 所示的较完整的此建筑楼层的建筑电气平面布置图。

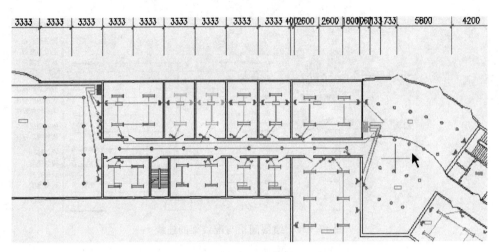

图 13-30 某建筑楼层的建筑电气平面布置图

第14章　电子设计CAD（EDA）软件应用

电子 CAD 是电气 CAD 的组成部分，属弱电 CAD 范围。电子 CAD 包括：①原理图的绘制；②电子电路的性能仿真；③原理图的后处理；④PCB 的设计。CAD 在电子设计中的广泛应用形成了电子领域专用的电子设计自动化（Electronic Design Automation，EDA）软件技术。EDA 是现代电子设计的核心技术，是现代电子工程领域的一门新技术，提供了基于计算机和信息技术的电路系统设计方法，是 CAD 技术在电子领域的应用和发展。利用 EDA 技术，电子设计师可以方便地实现 IC 设计、电子电路设计和 PCB 设计等工作。掌握从原理图的绘制、性能仿真到 PCB 设计的全过程，可提高电子技术课程的学习效果和设计效率。

Cadence 公司的 OrCAD 软件，是世界上应用最广的 EDA 软件之一，是 EDA 软件中一个比较突出的代表。OrCAD 软件功能强大，而且界面友好、直观，在国外使用广泛，欧美地区有相当数量的电子工程师都在使用它，我国高校也较普遍采用此软件。

本章将主要介绍电子设计与仿真软件 OrCAD 应用技术，为学生学习和掌握电子线路设计工具打好基础。

14.1　电路设计分析软件 OrCAD 简介

OrCAD 软件集成了电路原理图绘制、印制电路板设计、数字/模拟电路仿真、可编程逻辑器件设计等功能，它的元器件库也是所有 EDA 软件中最丰富的，一直是 EDA 软件的首选。OrCAD 软件系统主要包括 OrCAD/Capture CIS（电路图设计），OrCAD/PSpiceA/D（数/模混合模拟），OrCAD/Layout Plus（PCB 设计）等，其中的每一个部分可以根据需要单独使用，又可以共同组成完整的 EDA 系统。

OrCAD/Capture CIS 是一个功能强大的电路原理图设计软件。用 Capture 软件绘制的电路图完成后，可直接调用 OrCAD/PSpice A/D 软件进行仿真，也可以进入 OrCAD/Layout Plus 软件进行制板设计。

OrCAD/PSpiceA/D 是一个通用电路模拟软件，除了对数字电路和数/模混合电路模拟外，还具有优化设计的功能。

OrCAD/Layout Plus 是一个印制电路板 PCB 设计软件，可以直接将生成的电路图通过手工或自动布局布线方式转为 PCB 设计，是名副其实的高档、专业 PCB 设计软件。

整个电路设计程序框图如图 14-1 所示。

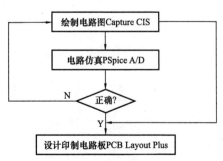

图 14-1　电路设计程序框图

14.2 设计绘制电路图

本节针对 PSpiceA/D 和 Layout Plus 的需要，介绍如何生成电路图，包括项目的建立和管理、电路图的绘制及电路中各元素属性参数的编辑等。

一、启动电路图绘制软件 Capture

（一）新建工程

单击开始/程序/OrCAD Demo/Capture CIS Demo 进入 OrCAD Capture 窗口——启动窗口（见图 14-2）。

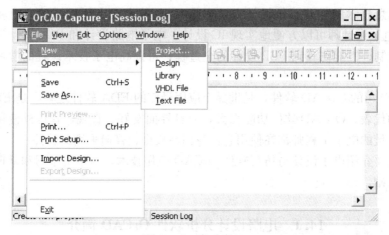

图 14-2　启动窗口

在启动窗口单击 File/New/Project，将出现 New Project 工程设置窗口，如图 14-3 所示，在 Name 下填好工程名称，选中 "Analog or Mixed_Signal Circuit"；按 Browse，确定工程路径，按 OK。

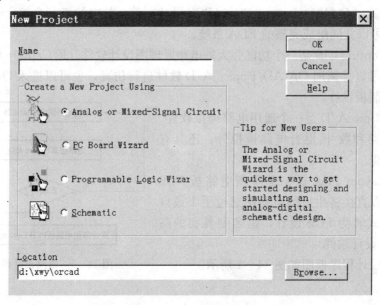

图 14-3　工程设置窗口

　　在元件符号库设置对话框 Analog Mixed _ Mode Project Wizard 中，从左侧库选中新工程需要的库文件，按 Add 添加到右侧库中，按完成，进入 OrCAD Capture -[/-(SCHE-MATIC1：PAGE1)] 编辑电路图窗口，即可开始绘制电路图。

　　（二）打开已有工程

　　可用两种方法打开已有工程：

　　（1）在启动窗口中，单击 File/Open/Project，选择后缀为 opj 的工程文件，双击即可。

　　（2）在启动窗口中，单击 File，在 File 的二级菜单下直接单击欲打开的文件，进入 OrCAD Capture -[工程名] 的工程管理窗口（见图 14 - 4），双击任一 PAGE（如 PAGE1）即可。

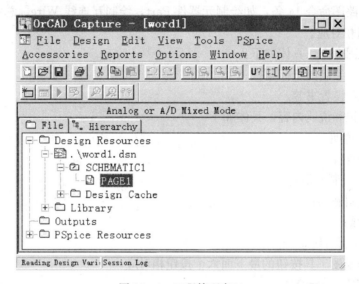

图 14 - 4　工程管理窗口

二、电路图编辑 Page Editor

电路图编辑窗口如图 14 - 5 所示，菜单栏里有十个菜单。

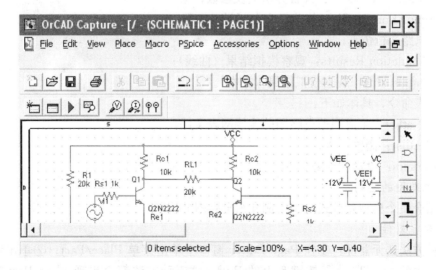

图 14 - 5　电路图编辑窗口

（一）常用命令

File、Edit、Window、Help 等与一般菜单类似，三个特别的菜单作用如下：

1. View 菜单

Tool Palette：绘图工具按钮组；

Toolbar：工具栏；

Status Bar：状态栏。

绘图时三者都应选中。

2. Place 菜单

（1）绘制电路图命令 14 条：如绘制元器件 Part，绘制互连线 Wire、总线 Bus 等，它们和绘图工具按钮相对应。

（2）辅助绘图命令，具体如下：

Title Block：绘制图纸标题栏；

Book Mark：设置书签。

（3）绘制标识和说明内容，具体如下：

Text：添加说明；

Line：绘制直线；

Rectangle：绘制矩形；

Ellipse：绘制椭圆；

Arc：绘制弧；

Polyline：绘制折线。

以上六项和绘图工具按钮的最下面六个按钮相对应。

Picture：调用 . bmp 图片。

3. PSpice 菜单

（1）电路分析命令，具体如下：

New Simulation Profile：设置分析类及参数；

Edit Simulation Profile：修改已有分析类及参数；

Run：电路运行仿真；

View Simulation Results：观察模拟结果（曲线）；

View Output File：观察模拟结果（文本）。

（2）网表命令，具体如下：

Create Netlist：生成当前电路图的连接网表文件；

View Netlist：浏览网表；

（3）Markers：设置数据采集点。

（二）电路图的绘制

本节结合一个典型差分式电路实例介绍电路图的绘制。

1. 绘制元器件

有三种方法选元器件：①在 Page Editor 窗口中单击菜单 Place/Part；②单击编辑窗口右侧工具栏中的 ⊏ 按钮；③按键盘上的 P 键。这三种方法都会出现 Place Part 窗口，如图 14 - 6 所示。

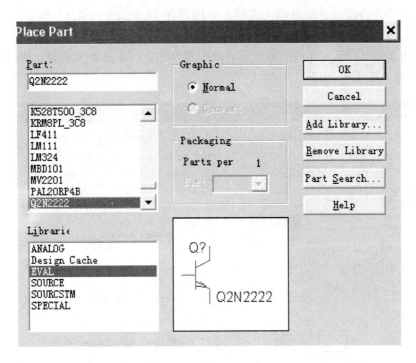

图 14 - 6　Place Part 窗口

如果先要画 BJT，就在元器件库中单击 EVAL，在列表框中拖动滚动条找到 Q2N2222，选中它，按 OK，将 BJT 移至图中合适位置固定。

结束元器件的放置亦有三种方法：①单击鼠标右键弹出快捷菜单（见图 14 - 7），选择 End Mode；②按键盘上的 ESC 键；③单击编辑窗口右侧工具栏中的 ↖ 即 Selection 按钮。

这样依次绘制 Q1～Q4，同样的方法绘制电阻 R1～R8 等元件。绘制的差分电路元件如图 14 - 8 所示。

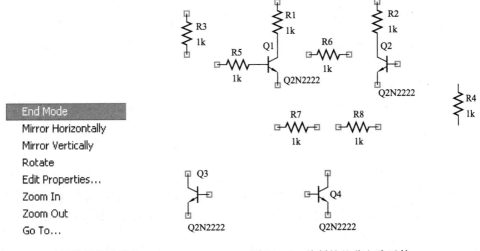

图 14 - 7　元件放置快捷菜单　　　　　图 14 - 8　绘制的差分电路元件

注意，此处元器件编号是自动生成的，原因是在 Page Editor 窗口中选择 Option/Preferences 子命令时，选中了 Miscellaneous 标签中的"Automatically Reference Placed Parts"复选框，如图 14-9 所示 Capture 运行环境的配置界面；若未选此复选框，则元器件编号为"?"，那就需要人工编号处理。

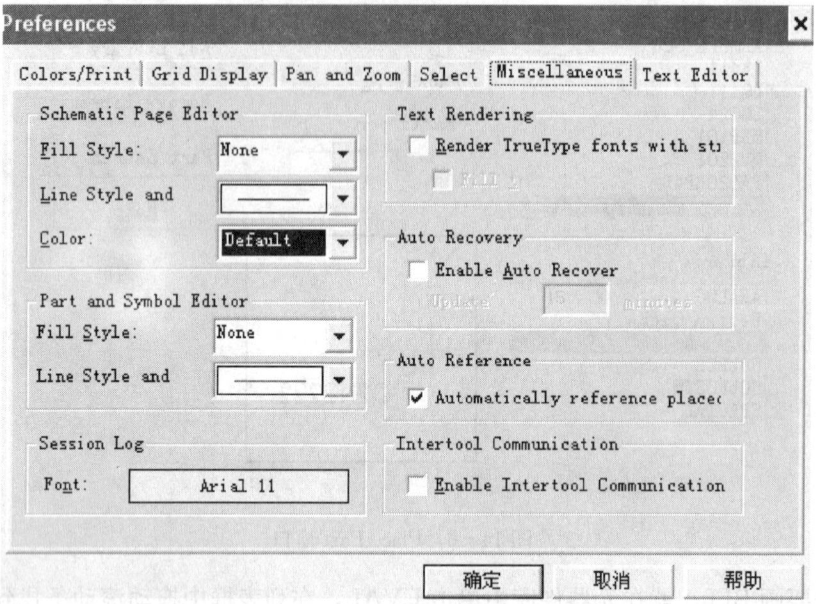

图 14-9　Capture 运行环境的配置

2. 绘制电源（激励源）

用和绘制元器件同样的方法，在元器件库中单击 Source，在列表框中拖动滚动条选择 VDC 绘制直流电源 VCC、VEE，选择 VSIN 绘制正弦电压源 VI。此类符号在 Source 库中。

3. 绘制接地符号

单击菜单 Place/Ground 或单击编辑窗口右侧工具栏中的 按钮，在元器件库中找到 SOURCE，在列表框中拖动滚动条，选电位为"0"的地线。电路图中，一定要有一个参数为 0 的接地符号。

4. 绘制互连线

选择 Place/Wire 或单击编辑窗口右侧工具栏中的 按钮，光标变成十字形，进入绘制互连线状态，可绘制转弯 90°的直线，绘制任意角度直线，可按住键盘上的 Shift 键绘制。

5. 绘制电连接点

选择 Place/Junction 或单击编辑窗口右侧工具栏中的 按钮，光标变成实心圆点，移到需要的地方固定。如果将实心圆点移至某一电连接点，按鼠标左键，将会删除原有的电连接点。

6. 绘制电源标号（不具备电压值，不是激励源）

选择 Place/Power 或单击编辑窗口右侧工具栏中的 按钮，在元器件库中单击

Capsym，在列表框中拖动滚动条找到 VCC _ CIRCLE，画直流电源标号，可在右边填电源名称如 VCC、VEE。此符号在 Capsym 库中。这样设置的电源标号，只要名称相同，即使未用线连接，在电学上也是连通的。

绘制的典型差分式电路图如图 14 - 10 所示。

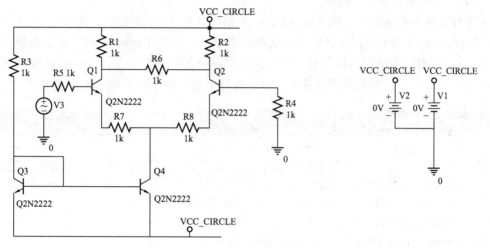

图 14 - 10　典型差分式电路图

除此以外，还有端口标识符绘制 Place/off-page connector/Capsym，节点名绘制 Place/Net alias，总线绘制 Place/bus，总线引入线绘制 Place/Bus entry，书签绘制 Place/Bookmark，标题栏绘制 Place/Title block 等。绘制时除了在主菜单 Place 中找相应的命令外还可在右边的工具按钮中直接找，读者可举一反三。

三、电路各元素属性参数的编辑

在编辑电路各元素属性参数之前，要了解有关规定。

在 PSpice 中，用 E 表示作为底数的 10。如：4.56k、4.56E3、4560 表示同一个数。对于比较大或比较小的数字，还可采用 10 种比例因子，见表 14 - 1。

表 14 - 1　　　　　　　　　　　　PSpice 中的比例因子

符　　号	比例因子	名　　称	符　　号	比例因子	名　　称
F	10^{-15}	飞	M	10^{-3}	毫
p	10^{-12}	皮	k	10^{3}	千
N	10^{-9}	纳	MEG	10^{6}	兆
U	10^{-6}	微	G	10^{9}	吉
MIL	25.4×10^{-6}	密耳	T	10^{12}	太

注意，若指定 100MHz，要用 100MEG，不能用 100M，100M 表示 100MHz。这里的符号不分大小写。

PSpice 中的单位采用实用工程单位制，即时间单位为 s，电流单位为 A，电压单位为 V，频率单位为 Hz，在运行过程中，代表单位的字母可省去。

要编辑元器件或电源等电路元素的属性，首先要选中该元素。有两种方法：一是选中一个元素后，双击它，或单击鼠标右键，从弹出的快捷菜单中选择 edit properties 命令；二是按住鼠标左键用方框选中多个元素后，单击鼠标右键，从弹出的快捷菜单中选择 edit properties 命令。

（一）元器件属性参数的编辑

元器件属性参数编辑器（Property Editor）窗口如图 14-11 所示。图 14-11 中上方的 Filter（过滤器）是为了后面设计制作印制电路板 PCB，应选 Layout，而下方是电路元素类型选择：Parts 表示编辑元器件参数，Schematic Nets 表示编辑节点，Pins 表示编辑元器件引线，Title Block 表示编辑图纸标题栏。每修改好一类属性参数后按 Apply 更新。

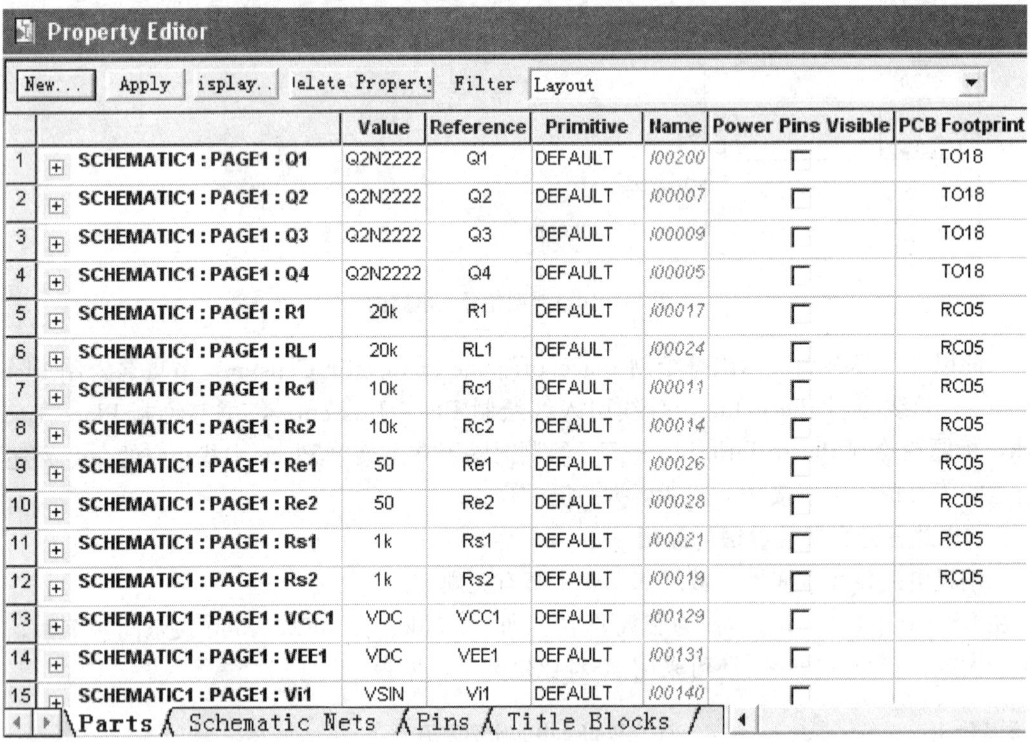

		Value	Reference	Primitive	Name	Power Pins Visible	PCB Footprint
1	SCHEMATIC1 : PAGE1 : Q1	Q2N2222	Q1	DEFAULT	I00200	☐	TO18
2	SCHEMATIC1 : PAGE1 : Q2	Q2N2222	Q2	DEFAULT	I00007	☐	TO18
3	SCHEMATIC1 : PAGE1 : Q3	Q2N2222	Q3	DEFAULT	I00009	☐	TO18
4	SCHEMATIC1 : PAGE1 : Q4	Q2N2222	Q4	DEFAULT	I00005	☐	TO18
5	SCHEMATIC1 : PAGE1 : R1	20k	R1	DEFAULT	I00017	☐	RC05
6	SCHEMATIC1 : PAGE1 : RL1	20k	RL1	DEFAULT	I00024	☐	RC05
7	SCHEMATIC1 : PAGE1 : Rc1	10k	Rc1	DEFAULT	I00011	☐	RC05
8	SCHEMATIC1 : PAGE1 : Rc2	10k	Rc2	DEFAULT	I00014	☐	RC05
9	SCHEMATIC1 : PAGE1 : Re1	50	Re1	DEFAULT	I00026	☐	RC05
10	SCHEMATIC1 : PAGE1 : Re2	50	Re2	DEFAULT	I00028	☐	RC05
11	SCHEMATIC1 : PAGE1 : Rs1	1k	Rs1	DEFAULT	I00021	☐	RC05
12	SCHEMATIC1 : PAGE1 : Rs2	1k	Rs2	DEFAULT	I00019	☐	RC05
13	SCHEMATIC1 : PAGE1 : VCC1	VDC	VCC1	DEFAULT	I00129	☐	
14	SCHEMATIC1 : PAGE1 : VEE1	VDC	VEE1	DEFAULT	I00131	☐	
15	SCHEMATIC1 : PAGE1 : Vi1	VSIN	Vi1	DEFAULT	I00140	☐	

Parts ╱ Schematic Nets ╱ Pins ╱ Title Blocks ╱

图 14-11　属性参数编辑器（Property Editor）

1. 基本无源元件

修改 value 即电阻、电容的值，如 $1k\Omega$、$10k\Omega$、$1\mu\Omega$、$10\mu\Omega$ 等；如果需要，还可修改 Reference，即它们在电路中的编号，如 Rc1、Rc2 等；为制作印制电路板 PCB，须在 PCB 的 Footprint 一栏指定封装形式，比如 R1 的封装形式为 RC05。

2. 商品化的半导体器件

Value：Q2N2222 是软件中该器件的型号，自动填入，不要修改。若要修改 BJT 的参数，须选中 BJT，然后单击主菜单 Edit/PSpice Model，修改参数，如要求 BJT 的 $\beta=80$，则改好后，存盘。此操作只是对工程中选中的器件进行了参数修改，库中器件参数并未变。Q1 的封装形式为 TO18。

3. 数字逻辑器件

Filter：Layout；Value：型号，此项不作修改；Reference：器件的整体编号如 U2，可修改；Designator：第几个门，在下拉列表中选，如 U2 选的是 B 门；Implementation：选择 PSpice Mode，在下拉列表中选。数字器件的属性参数编辑器界面如图 14 - 12 所示。

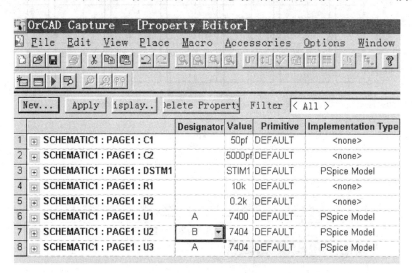

图 14 - 12　数字器件的属性参数编辑器（Property Editor）界面

（二）电源属性参数的编辑

1. 直流电压源

DC：填具体的电压值（注意正负号）；

Reference：填 VCC1。

2. 信号源

（1）正弦信号源 VSIN。Value：VSIN；Reference：Vi1；VOFF：偏置值即时间为 0 时的电压值；VAMPL：振幅值；FREG：频率；PHASE：相位；DF：阻尼因子；TD：延迟时间。后三项可采用内定值 0，前四项需填写。

（2）交流信号源 VAC。须设置振幅 ACMAG 和相位 ACPHASE 两个参数。若在设置正弦信号源 VSIN 的属性参数时，AC 一栏中填写信号源的幅值，则正弦信号源 VSIN 也可用作交流信号源 VAC。

（3）脉冲信号源 Vpulse。有七个参数需设置：V1 是起始电压，V2 是脉冲电压，PER 是脉冲周期，PW 是脉冲宽度，TR、TF、TD 分别表示延迟时间、下降时间和上升时间。脉冲信号源的参数设置如图 14 - 13 所示。脉冲信号的正向幅度为 9V、宽度为 $10\mu s$，负向幅度为 $-1V$、宽度为 $90\mu s$，周期为 $100\mu s$，波形如图 14 - 14 所示。

（4）分段线性信号 PWL 的设置，如图 14 - 15 所示。它的设置只需给出各线段的首末节点的坐标即可。此信号的波形见图 14 - 16。

图 14 - 13　脉冲信号源 VPulse 的参数设置

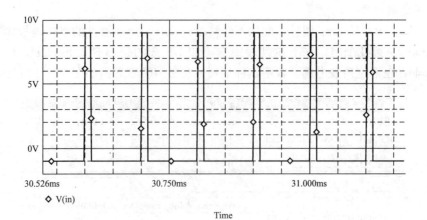

图 14 - 14 脉冲信号波形

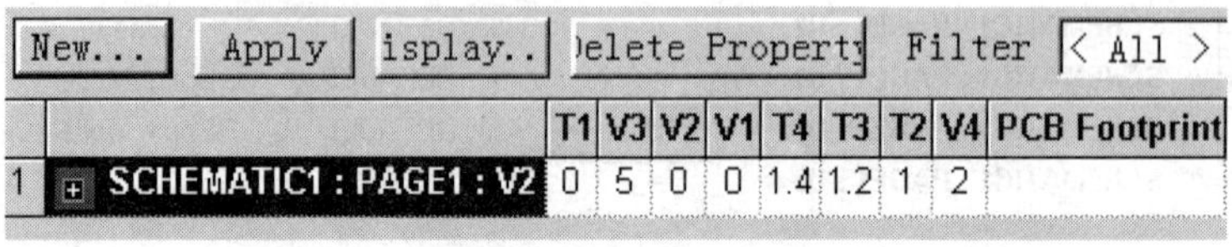

		T1	V3	V2	V1	T4	T3	T2	V4	PCB Footprint
1	⊞ SCHEMATIC1 : PAGE1 : V2	0	5	0	0	1.4	1.2	1	2	

图 14 - 15 分段线性信号 PWL 的设置

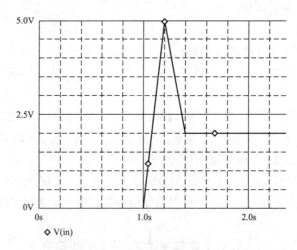

图 14 - 16 分段线性信号 PWL 的波形

当然还有调频信号、指数信号，它们的设置读者可参考有关书籍。

典型差分电路各元素属性参数按照图 14 - 11 编辑完成后的电路如图 14 - 17 所示。

元素属性参数编辑还可以在刚取出元件尚未固定时，按鼠标右键弹出快捷菜单，取 Edit Properties，弹出如图 14 - 18 所示的对话框，按要求填写即可。但此方法毕竟繁琐，还是按图 14 - 11 编辑元素属性参数好些。

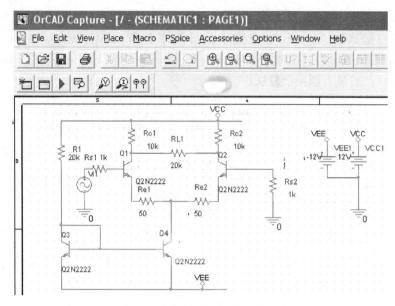

图 14 - 17　编辑完成后的典型差分电路

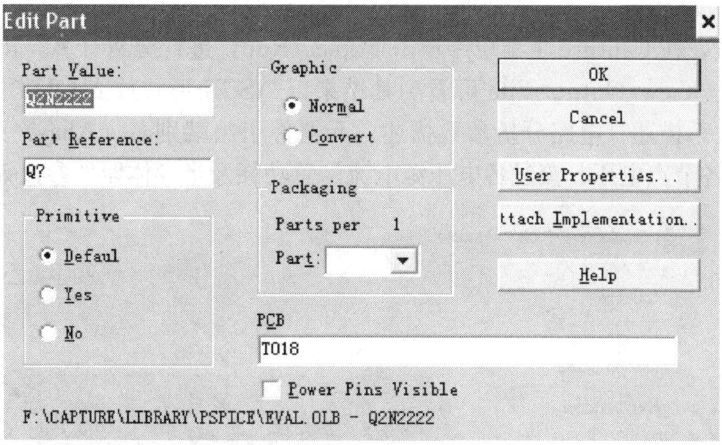

图 14 - 18　单个元件的属性参数编辑

14.3　电路的计算和仿真

　　仿真是检验设计结果正确性的主要手段，电路的基本仿真包括仿真类型确定、参数设置、分析计算、结果分析四个步骤，以图 14 - 17 的差分电路为例来分析。

　　在 Capture 主命令菜单中，选择 PSpice/New simulation profile，在弹出的对话框中输入模拟类型组名称，Inherit From 选 None，按 Create；如果修改设置，只需单击 PSpice/Edit simulation Settings。

一、直流偏置计算 Bias Point

（一）参数设置

直流工作点的参数设置如图 14 - 19 所示。图中 Analysis 标签用于分析类型和参数的设置。Analysis type组合框里列出的是四种基本仿真类型，分别是直流偏置计算（Bias Point）、直流扫描（DC Sweep）、交流小信号频率分析（AC Sweep/Noise）、瞬态分析（Time Domain/Transient）。这里选 Bias Point。Option：默认第一栏。Output File option（输出文件选项）：选最上面一个复选框。

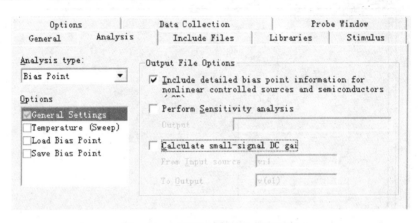

图 14-19 直流工作点的参数设置

（二）结果输出

设置完参数，在 Capture 主菜单中单击 PSpice/Run，进行分析计算，出现图 14-20 所示的界面，单击 View/Output File 可看到其结果以 ASCII 形式放入 OUT 文件中，从中可得到电路拓扑关系描述、电路分析参数描述、元器件引出端别名（Alias）列表（首末节点的对应关系）、各节点电压、流过各电压源电流、总功耗及半导体器件参数等。

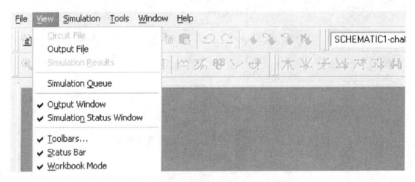

图 14-20 直流偏置的分析计算

二、直流传输特性分析（TF）

首先计算 Q 点，并在 Q 点处对电路元件作线性化处理。经过分析可算出电路的小信号增益、输入电阻、输出电阻。

（一）参数设置

如图 14-19 所示，在 Bias Point 的基础上，选中最下面一个复选框 Calculate Small _ Signal DC gain，在此复选框下面随即会出现 From Input Source 栏和 To Output 栏，分别填入输入信号源名，如本例中的 Vi1 和输出变量名如 V（o1）。V（o1）是从 Q1 集电极输出的信号。

（二）结果输出

在 Capture 主菜单中单击 PSpice/Run，在图 14-20 中选择 View/Output File，从输出文件中看结果，TF 分析结果如图 14-21 所示。

经过直流传输特性分析得出，图 14-10 所示差分电路的单端输出（从 Q1 输出）的差模电压增益为－25.6 倍，差模输入电阻为 31.58kΩ，输出电阻为 7.449kΩ。

三、频率特性分析（AC Sweep）

频率特性分析的功能是计算电路的交流小信号频率响应特性，又称 AC 分析。以图 14-22 所示的固定偏流电路为例进行说明。

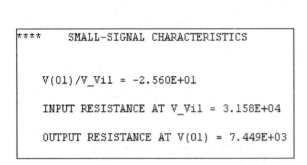

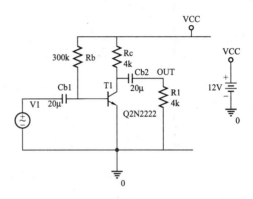

图 14-21 TF 分析结果 　　　　图 14-22 固定偏流电路

AC 分析的输入激励信号 V1 应采用 Place/Part 中的 VAC，并设置其属性（如果是 VSIN，则设置其属性时 VAC 一栏必须填写其幅值）。

（一）参数设置

频率特性分析的参数设置框如图 14-23 所示。Analysis type（仿真类型）：AC Sweep/Noise。

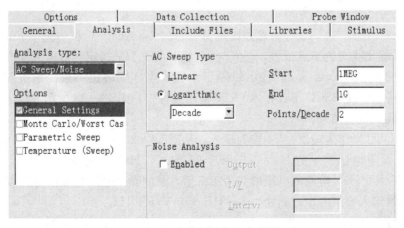

图 14-23 频率特性分析的参数设置框

AC Sweep type 单选 linear 则自变量呈线性变化，单选 Logarithmic 则自变量按对数关系变化；进一步选 Decade 表明频率按十进位变，选 Octave 表明频率按倍频程变；Start、End、Points/Decade 分别表示起始值、终值和每一数量级中频率取点个数，注意起始值一定要大于零。

（二）结果输出

在 Capture 主菜单中单击 PSpice/Run，单击 Trace/Add 或单击第二行工具按钮中左数第 9 个按钮，选择 V（OUT）/V1 作输出变量。频率特性分析结果如图 14 - 24 所示。

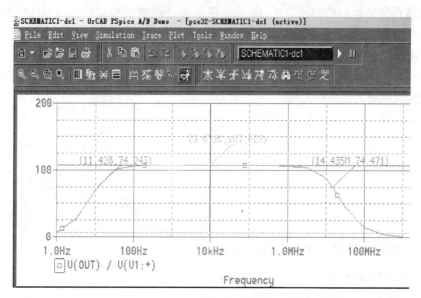

图 14 - 24　频率特性分析结果

可以在图上标注数据：单击 Trace/cursor/display（或按第二行工具按钮右数第 11 个按钮）出现标尺，可拖动或用鼠标左键单击到需标注的地方，然后单击 Plot/Lable/Mark（或按第二行工具按钮右数第一个按钮），所要标注的数据便显示出来。

U（OUT）/U1 是此固定偏流电路的电压增益。由图 14 - 24 可见，电路的中频电压增益为 107 倍，而且此电路下限频率约为 11Hz，上限频率约为 14MHz。

（三）噪声分析

如图 14 - 23 所示，在 AC 分析参数设置窗口的 Noise Analysis 栏内选中 Enable 复选框；Output 栏填入输出噪声的节点位置，设置为 V（OUT）；I/V 指定等效输入噪声源的输入端位置，设置为 V1；interval 为 3，表示每隔三个频率点详细输出结果。单击 View/Output File，可看到其结果以 ASCII 形式存入 OUT 输出文件中。图 14 - 25 所示为输出文件中频率为 1kHz 处的噪声分析结果。

选定 V（OUT）作为输出，V1 作为输入，从图 14 - 25 可看出，BJT 和各电阻在 OUT 处产生的总的噪声电压的平方和为 3.696E－15 SQ V/Hz，而总的噪声电压均方根值为 6.080E－08 V/RT Hz，电路的电压增益为 107 倍，总的噪声电压均方根值除以电压增益即得 V1 处的等效输入噪声电压，此处为 5.681E－10 V/RT Hz。

四、瞬态分析 TRAN

瞬态分析的功能是在给定的输入激励信号作用下，计算输出端的瞬态响应。

瞬态分析的输入激励信号可采用脉冲信号、分段线性信号、正弦调幅信号、调频信号、指数信号。仍以图 14 - 22 的固定偏流电路为例，输入信号 V1 此处改为 Vi，Vi 为正弦调幅信号 VSIN，其属性参数：频率 freg 为 1kHz，振幅 vampl 为 1mV，相位 phase 为 0°，偏置值 Voff 为 0V。

```
****NOISE ANALYSIS         TEMPERATURE =    27.000 DEG C
                    FREQUENCY =   1.000E+03 HZ
**** TRANSISTOR SQUARED NOISE VOLTAGES (SQ V/HZ)
                Q_T1
    RB     1.898E-15   RC      2.090E-23    RE   0.000E+00
   IBSN    2.267E-17   IC      1.744E-15   IBFN  0.000E+00
   TOTAL   3.665E-15
        **** RESISTOR SQUARED NOISE VOLTAGES (SQ V/HZ)
                R_Rl       R_Rb        R_Rc
   TOTAL    1.542E-17   4.007E-20   1.542E-17
   **** TOTAL OUTPUT NOISE VOLTAGE = 3.696E-15 SQ V/HZ
                                   = 6.080E-08 V/RT HZ
           TRANSFER FUNCTION VALUE:
              V(OUT)/V_V1                  =   1.070E+02
   EQUIVALENT INPUT NOISE AT V_V1 = 5.681E-10 V/RT HZ
```

图 14-25　1kHz 处噪声分析结果

图 14-23 中 Analysis type（仿真类型）选 Time Domain（Transient），出现如图 14-26 所示的瞬态参数设置框。

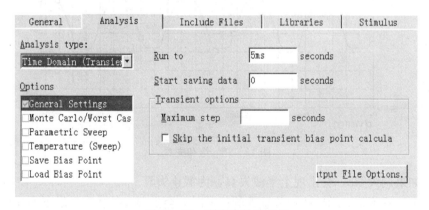

图 14-26　瞬态参数设置框

（一）参数设置

Run to：终止分析时间。因为 VSIN 的频率设定为 1kHz，幅值为 1mV，周期 1ms，想得到 5 个完整波，设 Run to 为 5ms。

Start saving data：起始时间，设为 0s。

Maximum step：时间步长。若嫌精度不够，可取小于终止时间除以 50 的值，比如此处可取小于 100μs 的值。

（二）结果输出

在 Capture 主菜单中点击 PSpice/Run，单击 Trace/Add 或单击第二行工具按钮中左数第 9 个按钮，选择 V（OUT）作输出变量，瞬态响应的输出结果如图 14-27 所示。

由图 14-27 可看出，输出波形不失真，输出电压幅值为 100mV，因为输入电压的幅值原本设为 1mV，显然，电路的电压增益为 100 倍。这和图 14-24 所示 AC SWeep 的输出结果中的中频电压增益是一致的。

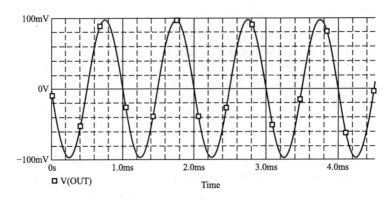

图 14 - 27　瞬态响应的输出结果

图 14 - 28 是图 14 - 22 电路的 Rb 为 135kΩ，Vi 幅值取 10mV 参数时的瞬态响应，显然，此时发生了饱和失真。

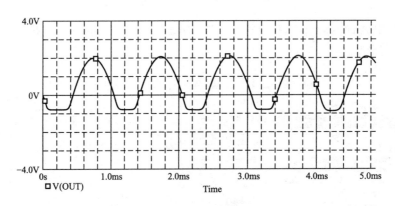

图 14 - 28　饱和失真

当然，如果调大 Rb，会出现上半波失真，为截止失真。

在同一坐标系下要显示数值相差悬殊的信号时，会出现有的波形显示不明显的情况，用多窗口显示或采用两根 Y 轴可解决此问题。

1. 多窗口显示

选择 Plot/Add plot to windows 新增一个波形显示窗口，Sel≫表示活动窗口。多窗口显示波形如图 14 - 29 所示。

由图 14 - 29 可见，上面是输入波形 Vi：＋，下面是输出波形 V（OUT）；上面 Y 轴取值范围是－1～＋1mV，下面 Y 轴取值范围是－100～＋100mV。这样可比较输出电压和输入电压的幅值及相位。单击 Plot/Delete Plot，关闭活动窗口，单击某一窗口内任一位置可使该窗口成为活动窗口。

2. 两根 Y 轴的使用

选择 Plot/Add Y Axis，屏幕上出现第二根 Y 轴，原来的轴自动标号为 1。添加 Vi：＋，两根 Y 轴的使用波形如图 14 - 30 所示。

由图 14 - 30 可见，V（OUT）采用的是 1 号 Y 轴，Vi：＋采用的是 2 号 Y 轴，两根轴的刻度及取值范围是不同的。

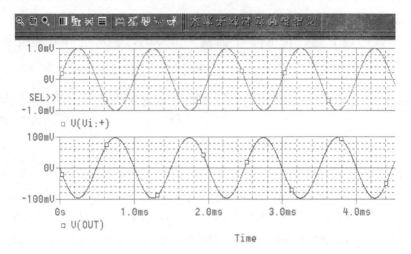

图 14-29　多窗口显示

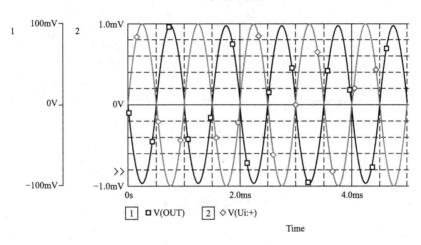

图 14-30　两根 Y 轴的使用

单击 Plot/Delete Y Axis，选中的 Y 轴及信号波形被删除，单击坐标轴线的左侧可选中该轴。

五、参数扫描分析

参数扫描分析是对电路中某一参数的每一变化值重复进行基本电路特性分析（比如瞬态分析），此分析可用于优化确定元器件参数。

下面以图 14-22 所示固定偏流电路中的 Rb 参数为例来说明。

（一）参数设置

在图 14-22 所示中用鼠标左键双击 Rb 的 300kΩ，在 "Display Properties" 设置框中将 300kΩ 改为 {Rval}，按 OK；然后从 SPE-CIAL 特殊符号库中调出 PARAM 的符号置于 Rb 旁边，电阻参数设置如图 14-31 所示。双击 PARAMETERS：出现元器件属性参数编

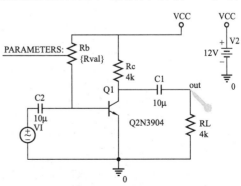

图 14-31　电阻参数设置

辑器，按 New 按钮，在 Add New Property 框中键入 Rval 并按 OK，出现如图 14‐32 所示
的新增 Rval 参数的设置框，在 Rval 下面键入 300kΩ，表示进行其他分析时，Rb 仍
取 300kΩ。

		Source Package	Power Pins Visible	PSpiceOnly	ID	Rval
1	⊞ SCHEMATIC1 : PAGE1 : 7	*PARAM*	☐	TRUE		300k

图 14‐32　新增 Rval 参数的设置

扫描分析参数设置窗口如图 14‐33 所示。此时，Options 复选 Paranetric Sweep，扫描
变量 Sweep variable 单选全局参数 Global paranete，Paranete 中填 Rval，扫描类型 Sweep
type 为线性，阻值由 100kΩ 到 500kΩ，步长为 200kΩ，同时设置好瞬态分析参数。

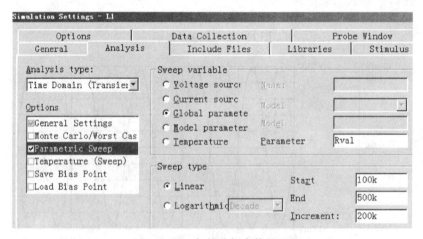

图 14‐33　扫描分析参数设置

（二）结果输出

在 Capture 主菜单中单击 PSpice/Run，单击 Trace/Add 或单击第二行工具按钮中左数
第 9 个按钮，选择 V（OUT）作输出变量，不同 Rb 下的瞬态分析曲线如图 14‐34 所示。

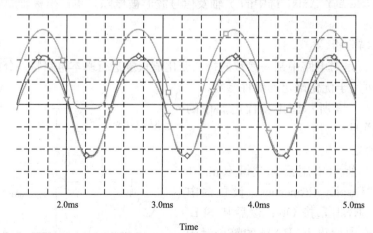

图 14‐34　不同 Rb 下的瞬态分析曲线

依图 14 - 33 所示的参数设置，三根曲线中最上面一根是 Rb＝100kΩ 的线，为饱和失真；中间一根是 Rb＝300kΩ 的线，不失真；最下面一根线是 Rb＝500kΩ 的线，产生了截止失真。

14.4　印制电路板 PCB 设计

OrCAD/Layout Plus 是印制电路板 PCB 的专业设计软件。和绘图软件 OrCAD/Capture、仿真软件 OrCAD/PSpiceA/D 一起集合为统一的软件包，为电路设计带来了极大方便。

一、进入 Layout Plus 之前的准备工作

以下工作都是在 OrCAD/Capture 中进行。

（1）在图 14 - 11 和图 14 - 18 所示的属性参数编辑对话框中，元件封装 PCB Footprint 一栏要指定合适的封装。

（2）电路中的元件序号要正确，不能遗漏也不能重复。

（3）创建网表文件如下：

1）在图 14 - 35 所示项目管理窗口中，选择待创建网表文件的电路。

2）在项目管理窗口中，执行 Tools/Create Netlist 命令，出现如图 14 - 36 所示的创建网表对话框。

此对话框上部有八个标签页分别对应 CAD 应用软件的不同网表格式要求，选 Layout，其他所有选择如图所示即可。生成的网表文件是默认设置，格式是一种二进制文件，和电路设计文件同名，位于同一路径下，扩展名为 MNL。至此，进入 Layout Plus 之前的准备工作已完成，Capture 的任务也告一段落。

图 14 - 35　项目管理窗口

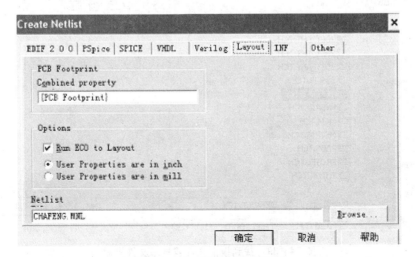

图 14 - 36　创建网表对话框

二、建立 Layout Plus 电路板文件

有了网表文件，就可着手建立电路板文件了。创建 Layout Plus 电路板文件的程序框图如图 14 - 37 所示。

单击 ▓开始 按钮，选择"程序/OrCAD Demo/Layout Plus Demo"，启动图 14 - 38 所示 OrCAD Layout Plus 管理窗口。

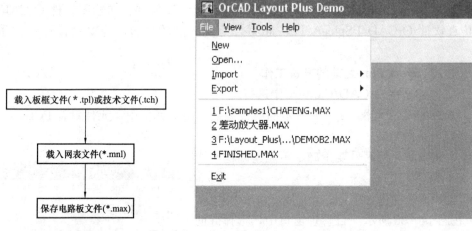

图 14 - 37　创建 Layout Plus
电路板文件的程序框图

图 14 - 38　OrCAD Layout Plus 管理窗口

依以下步骤建立电路板文件

（1）载入板框文件（ * .tpl）或技术文件（.tch）。激活 File/New 命令，在 Layout _ Plus\Data 文件夹下选择默认技术文件 DEFAULT. TCH，界面如图 14 - 39 所示，打开这个文件。此技术文件为 Level A 等级，焊盘尺寸为 62mil，钻孔直径为 38mil，布线与过孔的栅格间距为 25mil，元件之间的栅格间距为 100mil，布线的安全间距为 12mil。1mil＝千分之一英寸。当然也可选其他技术文件，得到另外的相关尺寸。

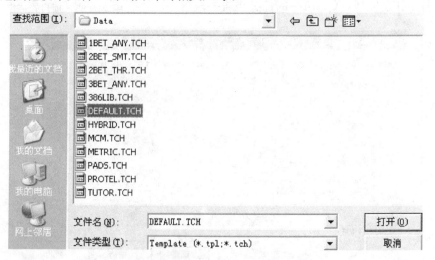

图 14 - 39　找到板框文件或技术文件界面

（2）载入网表文件（＊.mnl）。所要载入的网表文件和电路设计文件在同一文件夹下，找到网表文件（如图 14-40 所示），按 打开(O) 按钮。

图 14-40　找到网表文件

（3）保存电路板文件（＊.max）。在进入 Layout Plus 之前，程序将要求先存盘。此时只需按保存电路板文件对话框（如图 14-41 所示） 保存(S) 按钮即可。

如果在编辑原理图时没有指定元件封装或封装错误，则会出现如图 14-42 所示的对话框。此时单击"Link existing footprint to component..."按钮，以便指定合适的封装；如果在所有库里找不到所需的封装，则需单击"Create or modify footprint library..."按钮，自己建封装；如果单击"Defer remaining edits until completion..."按钮，屏幕中出现的只有 Layout Plus 编辑环境，没有任何元件，这时应回到 Capture，检查错误，重新来过。

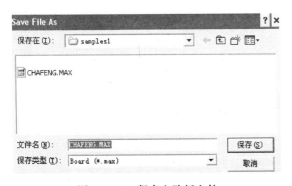

图 14-41　保存电路板文件

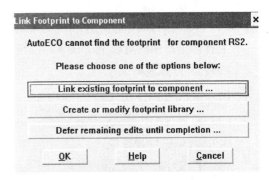

图 14-42　没有指定元件封装或封装错误

如果没有错误，电路板文件的建立就此完成，出现如图 14-43 所示的 Layout Plus 电路板编辑窗口，窗口中已有新建的电路板文件。电路板文件和电路设计文件、网表文件的主文件名相同且在同一文件夹下，电路板文件的扩展名为 MAX。

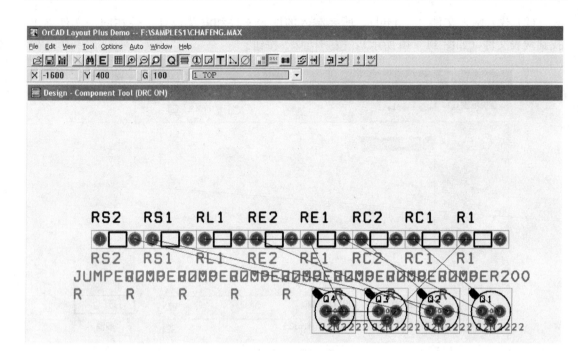

图 14 - 43　电路板编辑窗口

当然也可以在图 14 - 38 Layout Plus 的管理窗口中激活 File/Open 命令，选择已建立的电路板文件。

三、Layout Plus 电路板的编辑

（一）Layout Plus 操作环境

图 14 - 43 所示的 Layout Plus 窗口，其菜单栏里有八个菜单。File、Edit、Window、Help 与一般菜单类似，其他四个菜单的作用如下：

（1）View：窗口显示、表格切换等。

（2）Tool：图件的操作工具。

（3）Option：提供各式设定。

（4）Auto：自动布置元件和自动布线等。

工具栏里常用的有以下工具（即按钮）：

（1）⊞ 打开表格。

（2）⊞ 元件操作模式。

（3）① 焊盘操作模式。

（4）⊿ 障碍物操作模式。

（5）T 文字操作模式。

（6）↘ 网络操作模式（编辑预拉线）。

（7）⊘ 错误符号操作模式。

（8）▦ 设定板层或图件的颜色。

（9）▦ 激活设计规则检查。

(10) ■重新连接线路模式。

(11) ■■■■四种手工编辑模式。

(12) ■重画画面。

(13) ■进行设计规则检查。

（二）编辑电路板

先来认识一下14-43图，由于采用的技术文件是默认文件，图中有四层布线板层，两个电源板层；图中的细线为预拉线，是依网表文件中各元件之间的电气连接关系自动生成的；最上面一排字符表示元件序号，其余的字符表示的是元件序号、元件值及元件封装名称。

1. 删去不必要的字符

前面说过，图14-43中除第一排的字符，放置的是元件序号、元件值及元件封装名称，它们在AST层，这些字符使图形显得很繁杂，完全可以删去，只留下第一排元件序号的字符就可以了。这个操作非常简单，只须按 ■ 按钮，在工具栏下面的下拉菜单中选择AST层，采用鼠标窗选法，即鼠标在绘图区用左键手动画一矩形框，将要清除的字符框住，按del键即可；也可画完矩形框后单击鼠标右键弹出快捷菜单，选取delete命令，轻轻松松将除第一排的其他字符擦干净。如果不怕麻烦，按鼠标左键，选中要删掉的字符，按del键也可达到目的。图14-44所示的删去不必要的字符后的图形就清楚多了。

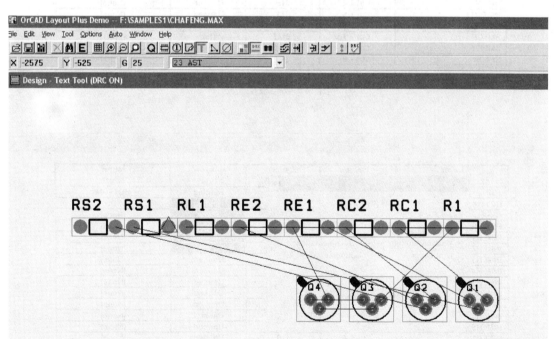

图14-44 删去不必要的字符后的图形

2. 布线板层设定

由于选择技术文件时选的是默认文件，而默认文件采用的是四层板的布线，如不需要这么多层，则需重新设定布线层板。方法如下：鼠标左键按 ■ 按钮拉出选单，选Layers项，得到板层表格如图 14‑45 所示。表格中：Layer Type 一栏为设定板层的状态，Routing 表示该层为布线板层，Plane 为电源板层，Unused 为不使用该板层，Doc 表示该板层是与布线无关的文字丝印层。从 TOP 层到 INNER2 层有四个布线层、两个电源层，如只要布线 TOP 层，其他层都改成 Unused，则需先在表格 Layer Type 一栏中，选中从 BOTTOM 层的 Routing 到 INNER2 层的 Routing，按鼠标右键弹出快捷菜单，选取其中的 Properties 命令，在出现的对话框中，单选 Unused Routing，在图 14‑46 所示选择板层状态下，按 OK，则所选的栏都成了 Unused，只剩 TOP 是布线板层了。

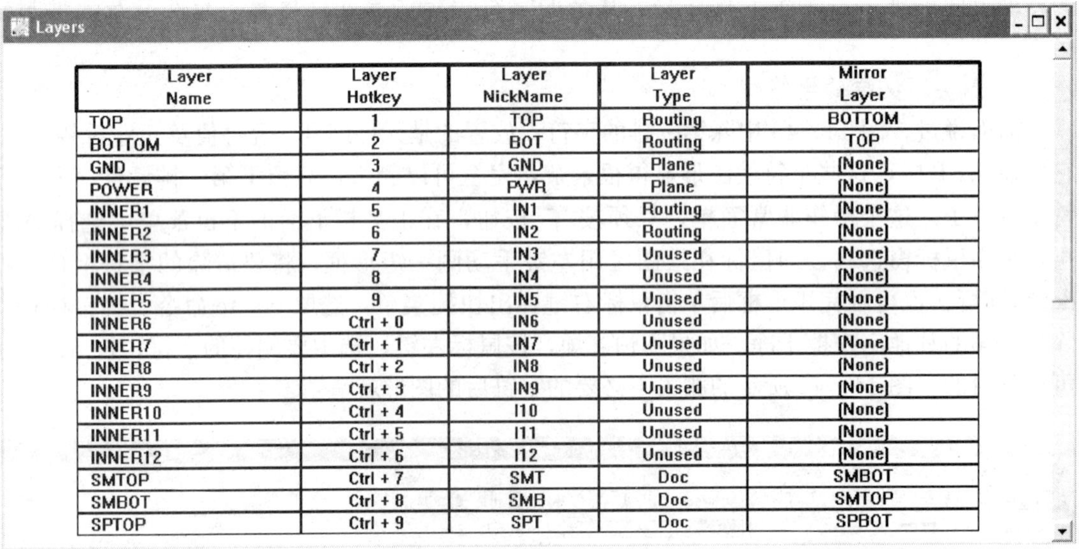

Layers

Layer Name	Layer Hotkey	Layer NickName	Layer Type	Mirror Layer
TOP	1	TOP	Routing	BOTTOM
BOTTOM	2	BOT	Routing	TOP
GND	3	GND	Plane	(None)
POWER	4	PWR	Plane	(None)
INNER1	5	IN1	Routing	(None)
INNER2	6	IN2	Routing	(None)
INNER3	7	IN3	Unused	(None)
INNER4	8	IN4	Unused	(None)
INNER5	9	IN5	Unused	(None)
INNER6	Ctrl + 0	IN6	Unused	(None)
INNER7	Ctrl + 1	IN7	Unused	(None)
INNER8	Ctrl + 2	IN8	Unused	(None)
INNER9	Ctrl + 3	IN9	Unused	(None)
INNER10	Ctrl + 4	I10	Unused	(None)
INNER11	Ctrl + 5	I11	Unused	(None)
INNER12	Ctrl + 6	I12	Unused	(None)
SMTOP	Ctrl + 7	SMT	Doc	SMBOT
SMBOT	Ctrl + 8	SMB	Doc	SMTOP
SPTOP	Ctrl + 9	SPT	Doc	SPBOT

图 14‑45　板层表格

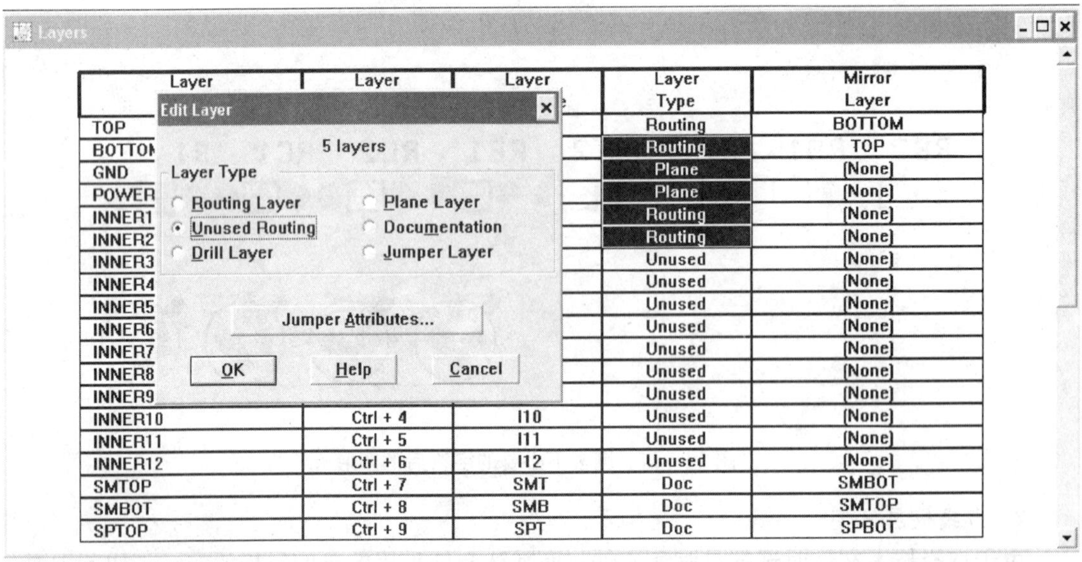

Layers

Edit Layer

5 layers

Layer Type
○ Routing Layer　　○ Plane Layer
◉ Unused Routing　　○ Documentation
○ Drill Layer　　　　○ Jumper Layer

Jumper Attributes...

OK　　Help　　Cancel

Layer	Layer	Layer	Layer Type	Mirror Layer
TOP			Routing	BOTTOM
BOTTOM			Routing	TOP
GND			Plane	(None)
POWER			Plane	(None)
INNER1			Routing	(None)
INNER2			Routing	(None)
INNER3			Unused	(None)
INNER4			Unused	(None)
INNER5			Unused	(None)
INNER6			Unused	(None)
INNER7			Unused	(None)
INNER8			Unused	(None)
INNER9			Unused	(None)
INNER10	Ctrl + 4	I10	Unused	(None)
INNER11	Ctrl + 5	I11	Unused	(None)
INNER12	Ctrl + 6	I12	Unused	(None)
SMTOP	Ctrl + 7	SMT	Doc	SMBOT
SMBOT	Ctrl + 8	SMB	Doc	SMTOP
SPTOP	Ctrl + 9	SPT	Doc	SPBOT

图 14‑46　选择板层状态

3. 定义板框

将板层切换到 Global Layer 层，如图 14－47 所示定
义板框。也可选 TOP 层，因为现在只留下了顶层。按
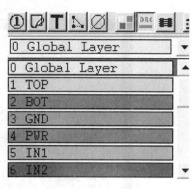

图 14－47 定义板框

按钮，进入障碍物操作模式，鼠标指向要绘制的板
框起点，按下鼠标左键，松开，鼠标右移，拉出一条横
线，再按左键，将该线固定；鼠标下移，拉出一个三角
形，再按左键，将该三角形固定；再左移鼠标，即可拉出
一矩形，如图 14－48 所示，按鼠标左键，固定矩形。最后
按鼠标右键，在弹出来的快捷菜单中选择 End Command
结束板框的定义；也可直接按键盘上的 ESC 键结束。

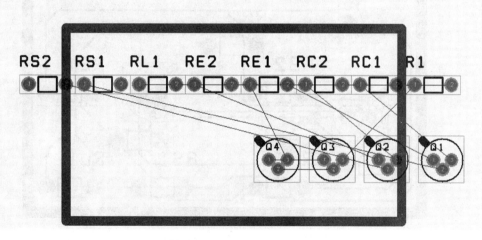

图 14－48 定义板框

4. 元件自动布置

在 Layput Plus 窗口，激活 Auto/Place/Board 命令，程序元件自动布置如图 14－49
所示。

5. 自动布线

在 Layput Plus 窗口，激活 Auto/Autoroute/Board 命令，程序自动布线，一块 PCB 印
制板的编辑就此初步完成；如图 14－50 所示。

6. 完善 PCB 板

审视图 14－50，有诸多不满意的地方，比如元件布置不合理，有的走线宽度不够，边
框的宽窄、文字的大小等等都需要调整，因此要完善一下。

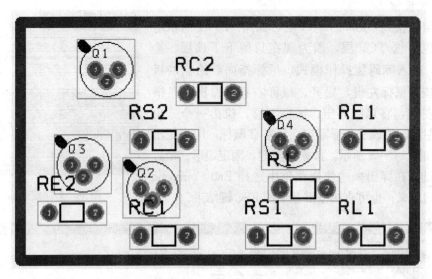

图 14 - 49　元件自动布置

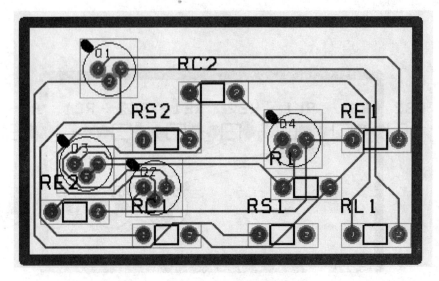

图 14 - 50　自动布线

（1）编辑板框线。按 [✏] 按钮，进入障碍物操作模式，鼠标指向板框线，双击鼠标左键。出现如图 14 - 51 所示的编辑板框线对话框，改变对话框中 Width 的值，可改变板框线的宽窄，图 14 - 52 中 Width 的值由 50 改成了 20，边框线变窄了。

（2）元件布置。审视图 14 - 49，元件布置不是很恰当，需手工重新布置元件。首先按 [▦] 按钮，激活 Auto/Unroute/Board 命令，拆除整块电路板上走线，然后按 [▦] 按钮，进入元件操作模式，要移动某元件，鼠标指向该元件，按下左键或空格键，该元件的封装变色，出现和其他元件连接的预拉线，光标成小十字形，移动元件至目的地，按鼠标左键或键盘上空格键即可将该元件固定。同样，也可将元件旋转、翻转、复制、删除。

（3）设定布线宽度。按 [▦] 按钮，取其中的 Nets 选项，打开网络表，所有的布线宽度如

图 14-52 所示。假如只想将电源线加宽，不想改动别的走线，可将光标指向 VCC 的 Width
Min Con Max 栏，双击鼠标左键，或按鼠标右键拉出快捷菜单，取 Properties 命令，在如
图 14-53 所示的设定布线宽度对话框中，把 Min Width、Conn Width、Max Width 依次改
成 20、20、22；按 OK，关闭 Nets 对话框。

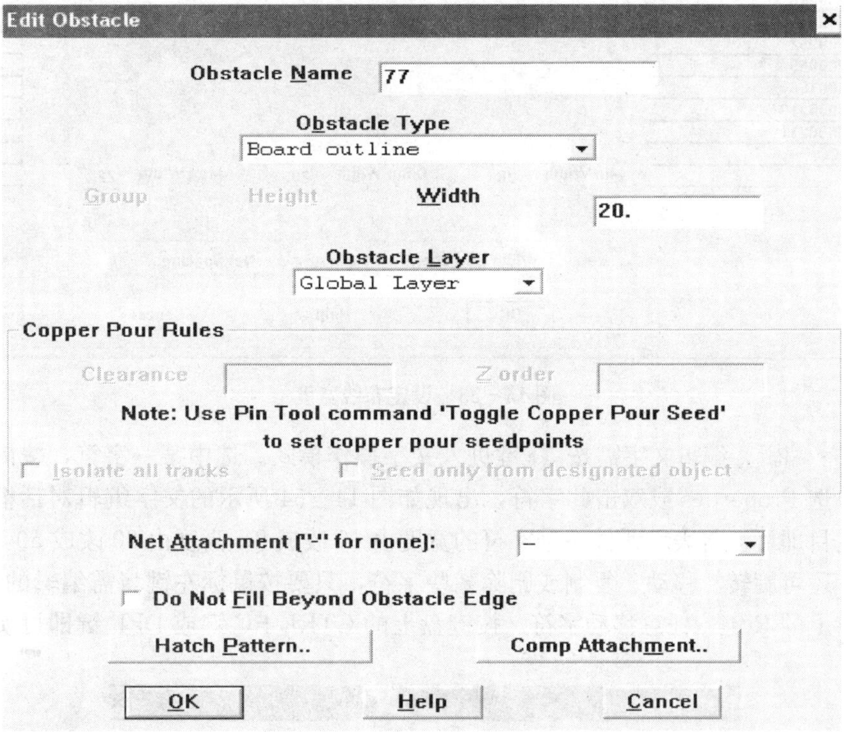

图 14-51 编辑板框线

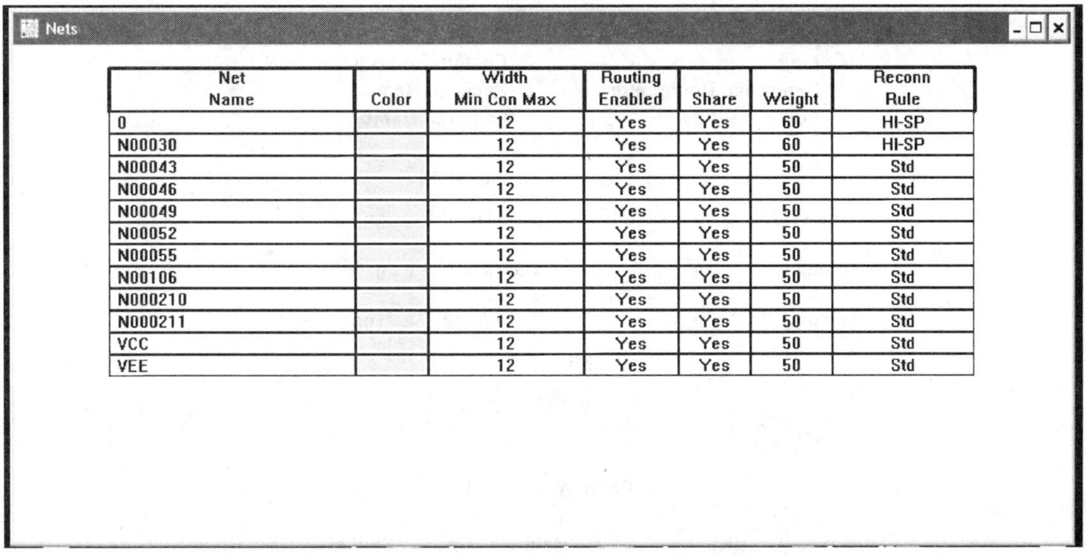

Net Name	Color	Width Min Con Max	Routing Enabled	Share	Weight	Reconn Rule
0		12	Yes	Yes	60	HI-SP
N00030		12	Yes	Yes	60	HI-SP
N00043		12	Yes	Yes	50	Std
N00046		12	Yes	Yes	50	Std
N00049		12	Yes	Yes	50	Std
N00052		12	Yes	Yes	50	Std
N00055		12	Yes	Yes	50	Std
N00106		12	Yes	Yes	50	Std
N000210		12	Yes	Yes	50	Std
N000211		12	Yes	Yes	50	Std
VCC		12	Yes	Yes	50	Std
VEE		12	Yes	Yes	50	Std

图 14-52 所有的布线宽度

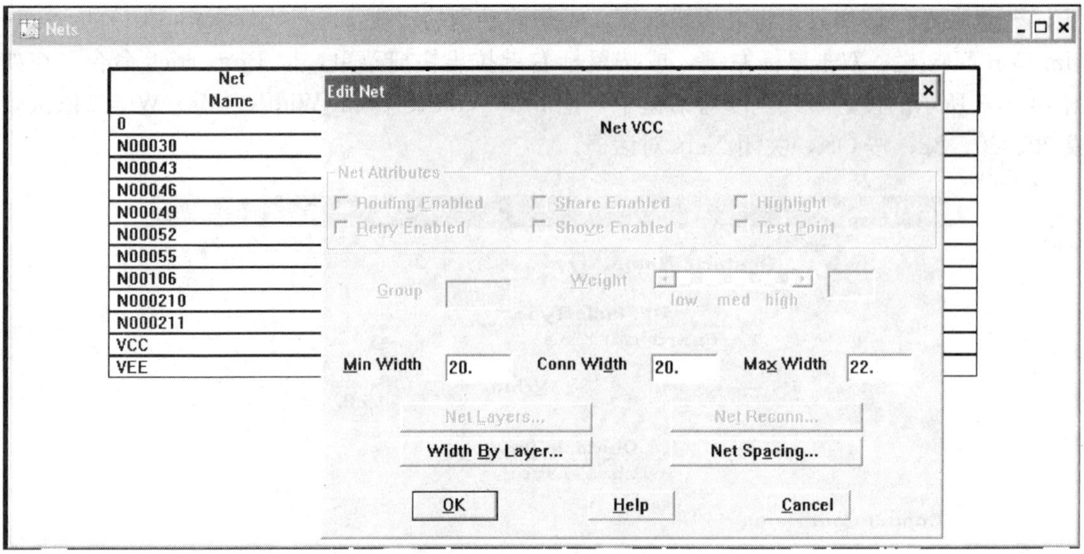

图 14-53　设定布线宽度

（4）文字编辑。编辑文字需按 **T** 键进入文字操作模式。选中某一字符，按鼠标右键拉出快捷菜单选 Properties 或双击此字符，出现如图 14-54 所示的文字编辑对话框，按需要填写相关栏目即可。将表示元件序号字符的宽度由 10 改成 8，高度由 80 改成 50，字符缩小了。当然，还可旋转、移动、复制或删除某些字符，只要按鼠标左键将需编辑的字符抓住，分别按键盘上的 R 键、任意移动字符、按键盘上的 CTRL＋C 键或 DEL 键即可实现上述四

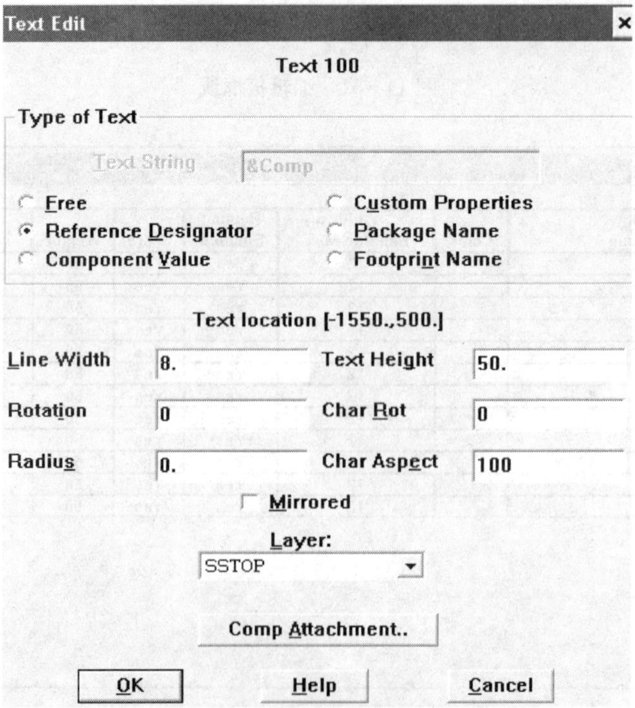

图 14-54　文字编辑对话框

种功能。元件重新布置及文字编辑后的图形如图 14-55 所示。

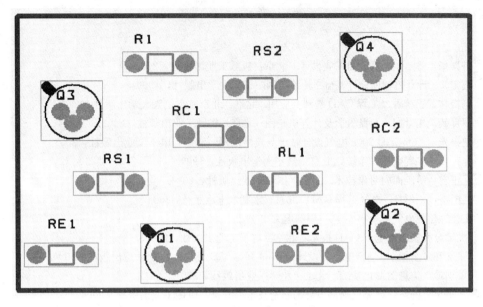

图 14-55　元件重新布置及文字编辑后的图形

（5）重新自动布线。前面已经进行过自动布线，而经过拆线还要重新自动布线，必须先激活 Auto/Unroute/Board 命令，屏幕将恢复各元件之间的预拉线，这就消除了原来已布线的记录。再激活 Auto/Autoroute/Board 命令，程序重新自动布线后的 PCB 板，如图 14-56 所示。

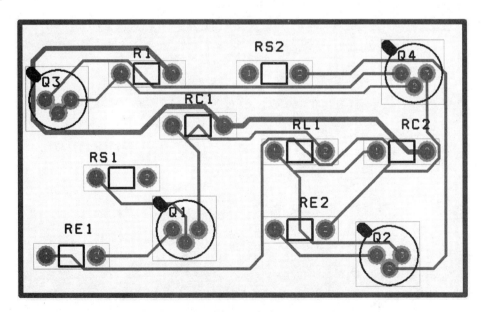

图 14-56　重新自动布线后的 PCB 板

对比图 14-50，边框线细了，元件布置合理了，电源线加粗了，字符变小了。至此，一块 PCB 印制板才真正完成，只剩下存盘与打印输出了。

参 考 文 献

［1］许喜华，等. 计算机辅助工业设计. 北京：机械工业出版社，2001.

［2］程宝义. 计算机辅助设计基础. 长沙：国防科技大学出版社，1999.

［3］杨松林，王桂香. 工程 CAD 基础及应用. 北京：北京航空航天大学出版社，2008.

［4］罗良武，王常娟. 工程图学及计算机绘图. 北京：机械工业出版社，2003.

［5］纪银光. AutoCAD 2008 电气设计基础与典型范例. 北京：电子工业出版社，2007.

［6］宛延闿. 工程数据库系统. 北京：清华大学出版社，1999.

［7］邓正宏，等. 面向对象技术. 北京：国防工业出版社，2004.

［8］刘国亭，刘增良. 电气工程 CAD. 北京：水利水电出版社，2008.

［9］王佳. 建筑电气 CAD. 北京：中国电力出版社，2005.

［10］关键，张晓娟. 电子 CAD 技术. 北京：电子工业出版社，2006.

［11］张义和. 全能 OrCAD 电路板设计 Layout Plus V9. 北京：中国铁道出版社，2000.

［12］戴立玲. 信息图形化基础. 北京：化学工业出版社，2004.

［13］江平宇. 网络化计算机辅助设计与制造技术. 北京：机械工业出版社，2004.

［14］潘云鹤. 智能 CAD 方法与模型. 北京：科学出版社，1997.

［15］冯林桥，许文玉，王姿雅. 电力系统及厂矿供电 CAD 技术. 长沙：湖南大学出版社，2004.

［16］谭咏. 电气设备用图形符号应用手册. 北京：中国标准出版社，2009.

［17］王晋生. 2002 年版新标准电气制图. 北京：中国电力出版社，2003.

［18］付家才. 电气 CAD 工程实践技术. 北京：化学工业出版社，2007.